マングローブ林の生態系生態学

ダニエル M アロンギ〔著〕
今井 伸夫　古川 恵太
中嶋 亮太　檜谷　昂〔訳〕

Fiona、Morrigan、Ligeiaに捧ぐ

序　文

本書は、マングローブ林における樹木や他の生物の成長と分解、土壌の堆積と侵食、ガスの循環、隣接する沿岸水系との物質の交換などのプロセスについて記したものである。簡単に言うと、森林の生理や代謝についてまとめたもので、その対象は個葉から生態系全体（水系を含む）にまで及ぶ。マングローブ林は、比較的最近まで、異臭漂う沼地だと考えられてきた。しかし今では、多くの人々が、生態学的・経済的な資源として価値があり保全すべき湿地だと考えている。しかし、このような認識の変化にも関わらず、21世紀になってもマングローブ林の減少速度は1-2%/年と衰えを知らない。最大の脅威は、都市開発、養殖業、漁業による乱獲である。熱帯沿岸域における人口の増加に伴って、マングローブ資源に対する開発圧は近い将来さらに増大することが予想される。

なぜ本書を書いたのか？マングローブに関する本やレビューは、たくさんある。実際、最近の科学論文を注意深く読んでみると、マングローブ林における生態学・分類学的研究がかなりのスピードで進んでいることが分かる。こうした論文は、マングローブ林における生物学や森林の構造、食物網など多方面を扱っている。例えば、系統分類、植物誌の研究、群集構造、種の分布や生物多様性、あるいは樹種組成は塩分や土壌などの非生物的要因の傾度に対してどのように変化するのか、といった内容が含まれる。そうした情報は、マングローブの理解にとって非常に重要である。一方、マングローブ林の物質循環に関する詳細な情報は欠けている。マングローブ林の保全と持続的利用に寄与するためには、個体から生態系までを対象としたプロセスベース・アプローチによるマングローブ研究が必要である。温暖化による気候と海水準の変化が予測されている。このかけがえのない美しい森が、ますます厳しくなっていく環境下でどのように生育しどのように応答していくのかを知ることは、差し迫った課題である。賢明な生態系管理のためには、生態系の構造だけではなくその機能も理解する必要がある。生態系管理者や関係機関の方々に、マングローブ生態系はどのように機能しているのかという複雑な事象を深くご理解頂けたなら、本書の目的は達成されたと言えよう。

本書の執筆にあたり、オーストラリア海洋科学研究所の所長、Steven

HallとIan Poinerからの支援と励ましに感謝いたします。常に監視の目を光らせてくれていたBritta Schaffelke、分かりづらい引用文献を我慢強く探してくれた司書のJoanna RuxtonとMary Ann Temby、とても素晴らしい図表を提供してくれた妻のFionaとTim Simmondsに感謝いたします。最後に、レビューをし、多くの有益なコメントをくれた友人であるCathy Lovelock、Eric Wolanski、Dave McKinnonに感謝いたします。

オーストラリア海洋科学研究所
オーストラリア クイーンズランド州タウンズビル
ダニエル M. アロンギ

目　次

第1章　序論 ……… 1

第2章　樹木と樹冠 ……… 7

2.1　はじめに ……… 7

2.2　バイオマス配分 ……… 8

2.2.1　樹木のバイオマス配分 ……… 8

2.2.2　マングローブ林バイオマスのグローバルパターン ……… 12

2.2.3　栄養塩の配分 ……… 16

2.3　生理生態 ……… 19

2.3.1　酸欠 ……… 19

2.3.2　塩分 ……… 21

2.3.3　炭素固定と水分損失のバランス ……… 23

2.4　樹木の光合成と呼吸 ……… 26

2.4.1　光合成速度 ……… 26

2.4.2　呼吸 ……… 29

2.5 一次生産 ……… 30

2.5.1　方法とその限界 ……… 32

2.5.2　一次生産の炭素配分 ……… 35

2.5.3　純一次生産 ……… 37

2.5.4　栄養塩制限とその利用効率 ……… 44

2.5.5　他の一次生産者 ……… 49

2.6　樹冠と根の表在性生物 ……… 50

第3章　水とセジメントの動態 ……… 53

3.1　はじめに ……… 53

3.2　潮汐 ……… 53

3.2.1　潮流と地形 ……… 53

3.2.2　水流と植生や他の生物構造との関係 ……… 57

3.3　地下水 ……… 61

3.4　波 …… 63
3.5　セジメントの輸送と凝集 …… 66
3.6　堆積と降着：短期と長期のダイナミクス …… 70
3.7　水とセジメントがもたらす化学的・生物学的な影響 …… 73

第4章　潮汐水の生物 …… 75
4.1　はじめに …… 75
4.2　物理化学・生化学的な特性 …… 75
4.3　微生物ループ、連鎖、ハブ …… 77
4.4　植物プランクトンの動態 …… 83
4.5　マングローブ水域は従属栄養か独立栄養か？ …… 86
4.6　動物プランクトン …… 91
4.6.1　個体数、種組成、バイオマスに影響する要因 …… 91
4.6.2　食物と摂食速度 …… 93
4.6.3　二次生産 …… 95
4.7　ネクトン：食物、成長、栄養リンク …… 96
4.7.1　クルマエビ類 …… 96
4.7.2　魚類 …… 99
4.8　マングローブと漁業生産との関係 …… 102

第5章　林床 …… 105
5.1　はじめに …… 105
5.2　土壌組成と物理化学性 …… 105
5.3　林床の生物 …… 109
5.3.1　カニによる散布体とリターの消費 …… 110
5.3.2　リターの微生物分解パターン …… 115
5.3.3　生態系エンジニアとしてのカニ類 …… 118
5.3.4　他の大型底生生物の栄養動態 …… 120
5.3.5　枯死木の分解 …… 122
5.3.6　根の分解 …… 124
5.4　森林土壌における微生物プロセス …… 126
5.4.1　細菌による土壌有機物の分解速度とその経路 …… 127

5.4.2 硫酸還元 …… 131
5.4.3 鉄還元とマンガン還元 …… 134
5.4.4 メタン放出 …… 135
5.4.5 窒素プロセスと樹木とのつながり …… 137
5.4.6 リン循環 …… 149

第6章 生態系動態 …… 153
6.1 はじめに …… 153
6.2 物質交換：流出仮説 …… 153
6.2.1 海洋と大気への炭素放出 …… 154
6.2.2 溶存態窒素・リンの交換 …… 159
6.3 マングローブ生態系における炭素収支 …… 160
6.3.1 生態系全体における炭素収支 …… 160
6.3.2 マス・バランス（物質収支）法 …… 163
6.4 マングローブ生態系における窒素フロー：Hinchinbrook島の例 …… 167
6.5 栄養塩循環 …… 172
6.6 生態系解析：生態系機能間のリンクの理解 …… 173
6.6.1 ネットワークモデル …… 174
6.6.2 生態水文学：生態系管理に向けた物理学と生態学のリンク …… 178
6.7 生態経済学とマングローブの持続可能性 …… 180
6.7.1 資源経済モデル …… 180
6.7.2 生態系データを使って持続可能性を定量化する …… 183

第7章 結論 …… 193
7.1 グローバルな視点から …… 193
7.1.1 物質収支とその意義 …… 193
7.1.2 海洋炭素循環におけるマングローブの寄与 …… 195
7.2 マングローブ林のエネルギー動態において最も重要な事実 …… 197
7.3 エピローグ …… 210

“熱帯におけるとても魅惑的な植物の中に、河口や海岸の潮間帯に生育するマングローブがある。…これらの樹木は、新しい堆積地の形成を助ける。幹からかなり遠くまで弓なりに伸びる気根の集まりが、泥や浮遊物を集め、地盤を上昇させて固めていく。一方、幼木がしばしば枝の先端から落下し、その植生を急速に、出来る限り遠くまで広げていく。枝もバニヤン（クワ科イチジク属の高木）の細い根のように垂れ、やがて独立した木になる。こうして、迷宮の森は作られてゆく。頑丈な根と幹のネットワークは、潮汐に耐え、熱帯の大河から流れてくる泥を急速に陸地に変えてゆく。”

（アルフレッド・ラッセル・ウォレス 1878, Tropical Nature and Other Essays）

第1章　序論

その森林は、熱帯の海の端部にある。アルフレッド・ラッセル・ウォレスが熱帯での踏査の間に記したように、マングローブ林は陸と海の境界付近に優占する、熱帯・亜熱帯の海岸線における重要な生態系である。マングローブ林は、それそのものがエコトーン（移行帯）である。これは陸と海の両方の生態系の特徴を持つとか、単に移行的といったことではなく、この森林特有な生態学的特徴を持っているということである。

マングローブ林は、構造的に単純である。陸域の熱帯林と比べてみると、樹種数はごくわずかでシダや低木などの下層植生を欠く。しかし、そうした単純さにもかかわらず、マングローブ林のバイオマスは莫大である。特に赤道付近では、陸域の熱帯雨林のバイオマスに匹敵する。

マングローブ林は、熱帯・亜熱帯に成立する。その分布は、冬期海水温の20℃等温線と主要な海流によって決まっている（図1.1）。マングローブ植物

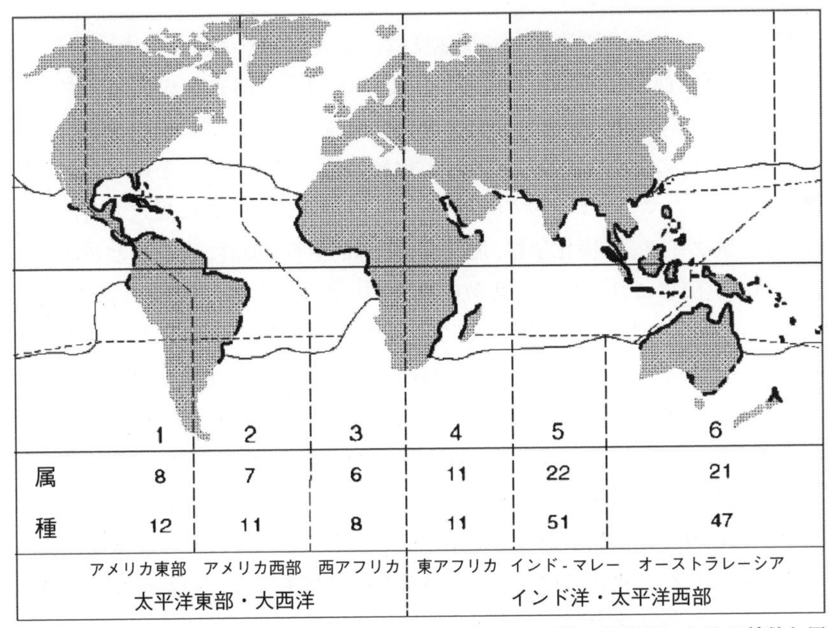

図1.1　世界のマングローブ林の分布。太線がマングローブ林。各地域における種数と属数を、地図の下部に示した（Spalding et al. 1997とDuke et al. 1998を改変）

には、9目20科27属約70種が数えられる。最も種分化が進んでいる地域は、インド・西太平洋地域である（図1.1）。世界のマングローブ林の約43%がインドネシア、オーストラリア、ブラジル、ナイジェリアに見られ、その合計面積は約16万 km^2に達する（FAO 2003）。

グローバルスケールでは、マングローブの分布は温度によって決まっている。しかし、地域・局所スケールでは、降雨量、潮汐、波、河川水がマングローブの分布やバイオマスの主な規定要因となっている。マングローブ林のタイプを分類する試みがいくつか行われてきた。しかし実際にはほとんどのマングローブ林が、河川あるいは潮汐の影響が卓越する系、よく冠水する河川流域、泥炭地など、様々な形態タイプが連続的に存在する中のどれかに当てはまると言える（Woodroffe 1992）。ひとつのエスチュアリ（河口や入江）の中でさえも、物理的・生物的に大きな違いがみられる。例えば、波、潮汐、川の流れ、降雨の違いは、移流や縦方向の混合、沿岸水のトラップを通して水の循環に影響をあたえる（Wolanski 1992）。これらの時空間的な変化によって生じる乱流は、マングローブの定着・成長の足場である土壌の侵食と堆積の速度に影響を及ぼす。

個々の樹木の光合成速度や成長速度は、太陽放射や温度、酸素、栄養塩、水の利用可能性などによって規定されている（Ball 1988, 1996）。マングローブは、垂直的には平均海水面から大潮時の高潮位までの間に分布する。また、海岸線と平行に海から内陸に向かって樹種が次々に変化するという顕著な特徴がある。このマングローブの成帯構造（zonation）の重要な規定要因として、塩分、土壌タイプ、土壌化学性、肥沃度、生理的耐性、捕食、競争などが知られている。実際はこれらの中の複数の要因が（より正確には、複数の要因の様々な違いが）、時空間的に作用し続けてマングローブ種の潮間帯上の位置を決めているのだろう（Ball 1996; Bunt 1996）。マングローブ生態系のある側面に注目しようとすると、厄介なことに、他とはまた異なる時間スケールを適用する必要が出てくる。例えば、微生物や生理的なプロセスの変化は数秒から数時間、栄養的な相互作用は数分から数カ月、樹木の成長や更新は数カ月から数年、森林の遷移は数年から数十年という時間スケールでその現象は起こる。

こうした自然の変化に対して、人為撹乱の問題もある。自然撹乱と人為撹乱は、私達の識別能力がとても限られているため、互いに関連し合っているように見えてしまいしばしば区別がつかないことがある（Alongi 2008; Piou et al. 2008)。サイクロン、雷、津波、洪水、病気や害虫は、マングローブ林に自然撹乱を引き起こす。炭化水素、除草剤、殺虫剤、重金属、下水や酸などの汚染物質によってストレスを受けていると、森はさらに撹乱の影響を受けやすくなる。マングローブは、撹乱に対してかなり高いレジリエンス（回復力）を持っている。これはマングローブ林とその生態系が、地質学的時間においてはかなり速やかに、海岸線の形状変化に即応する形で絶え間無く変化し続けていることが影響している（Woodroffe 1992; Berger et al. 2006）。撹乱に対する森林の応答（競争や分散など）の結果として、様々な遷移段階のパッチが形成される。マングローブ林は、この様々な遷移段階のパッチから成るモザイク構造を示す（Berger et al. 2006; Alongi 2008; Piou et al. 2008）。

その高いレジリエンスにもかかわらず、過去半世紀で世界のマングローブ林は約50％も失われてしまった（Alongi 2002）。この破壊の主な原因は、都市開発、養殖、採掘、木材・魚類・甲殻類・貝類の乱獲である。皮肉なことにこの喪失によって、マングローブが貴重な経済的資源であること、鳥類、魚類、甲殻類、両生類、貝類、爬虫類、哺乳動物の重要な繁殖と生息の場となっていること、再生可能な木材資源であること、堆積物、炭素、汚染物質、栄養塩の堆積地として機能していることを示した。マングローブはまた、海岸侵食、津波のような大惨事から保護する役割も果たしている。

発展途上国の経済を考えると当然ではあるが、マングローブの最も重要な価値というのは漁業と木材生産にある。マングローブの経済的価値は、平均で10,000 USドル/ha/年と推定される。この経済的価値は、エスチュアリと藻場の合計に次いで2番目、またサンゴ礁、大陸棚、外洋の合計よりも高い。世界のマングローブ林の経済的価値は、1809億USドルにも達する（Costanza et al. 1998）。

人による利用とマングローブ保全は、互いに競合関係にある。これに関連した科学的情報を収集し、こうした情報に基づいた適切な管理計画が策定できれば、その競合関係も管理可能だろう。エコシステム（生態系）アプローチは、生物–物理的環境–人による利用の関係を統合したアプローチで、木材や魚介類の最大持続生産量（maximum sustainable yield: MSY）のような、マングローブ林が沿岸域において果たしている機能的役割について重要な示唆を与えてくれる。

マングローブ樹木は、すべての森林生態系と同じように、生物圏における究極のエネルギー源である太陽エネルギーをエネルギー源としている。風、雷、潮汐など他のエネルギー源も重要ではあるが、樹木の生産は太陽エネルギーを得ることで直接起こる。またエネルギーは、熱（呼吸）として、あるいはデトリタス（有機堆積物）のように元と違う形に変形してから、生態系から流出してゆく。全ての生物にとって必須の水、気体、栄養塩も絶えず出入りしている。魚類、プランクトン、種子、胞子などの生物もそうである。こうした生態系構成要素の動きを単純な生態系モデルとして、エネルギーと物質のフローをやや強調した形で図1.2に示した。

エネルギーは、栄養塩や水とは異なって再利用することができない。エネルギーの多くは、生物群集によって一方向的なフロー（例：有機物への変化）を経た後に、熱として生態系から出て行く。生物群集は、機能的に見て「独立栄養生物」と「従属栄養生物」から成る。独立栄養生物（樹木、植物プランクトン、底生藻類）は、太陽エネルギーを固定し、単純な無機物を使って複雑な有機物を作り出している。従属栄養生物は、独立栄養生物が固定し生態系内に加入してきた有機物を利用したり、変化させたり、分解したりする（Falkowski et al. 2008）。もちろん、この「生産者-消費者」という見方は単純すぎるだろう。しかしこの見方は、マングローブを含むほとんどの生態系

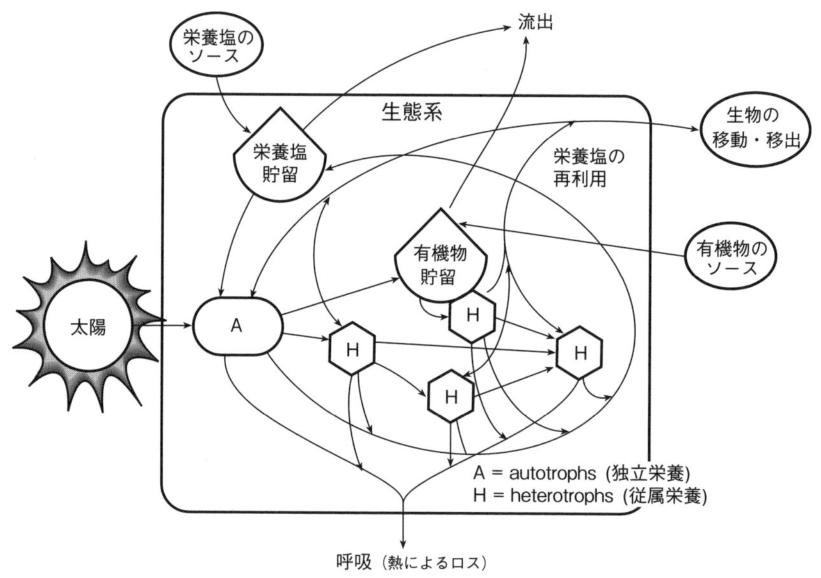

図1.2　単純化した生態系におけるエネルギー・物質フローの概念モデル

における エネルギー・物質フローの概略を示しているものと言える。

環境要因とその時空間変化は、すべての生態系にとっての重要な駆動因である。水、CO_2や他の気体、酸素、窒素、カルシウム、硫黄、リン、アミノ酸などの無機・有機溶質は、生態系を規定する重要な要因である。しかし、これらの必須栄養塩の大部分は生物が利用しづらい形態で土壌や水に存在するため、生物がすぐに利用できる量は非常に少ない。

必須元素や化合物の無機化速度、太陽放射、日長や温度、他の気象要因の変化は、生態系機能を規定する最も重要なプロセスである。さらに、潮汐と塩分濃度の変化も、マングローブの重要な規定要因に加えることができる。究極的には、生態学的なエネルギー動態は、熱力学の法則（エネルギー保存の法則、エントロピーの法則）によって制約されている。生態系と生物群集は、環境との間でエネルギーと物質が絶え間なく交換され続ける（内部エントロピーが減少する一方、外部エネルギーが増大する）、開放的で非平衡なシステムである（Odum and Barrett 2005）。エントロピーとは「乱雑さ」として理解することができ（エントロピーが低い＝乱雑さが低い）、生物や生態系の「乱雑さ」は群集全体の呼吸（すなわち熱の散逸）によって維持されている。これにより、なぜ一次生産者から二次消費者に至る過程でエネルギー（そして生産量）が減衰していくのかが分かるだろう（図1.3）。

次章では、マングローブ林の最も明瞭で主要な特徴である「樹木と樹冠」が、熱帯の厳しい塩分や酸欠環境にどのように対処しながら成長しバイオマスを生産しているのかを見てゆく。それに続く章では、潮汐水の複雑な動き（3章）とそこに生きる生き物たち（4章）、林床や地下のプロセス（5章）、そしてマングローブの生態系動態（6章）にまで考察をひろげる。

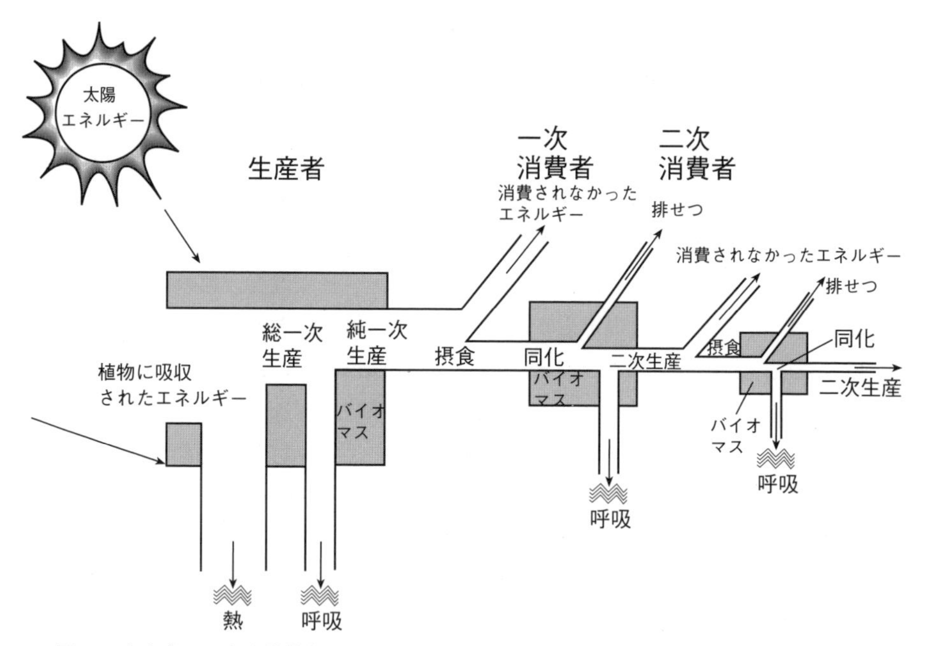

図1.3　生産者から高次消費者までのエネルギーフローの減衰に関する概念モデル（Odum and Barrett 2005を改変）

第2章　樹木と樹冠

2.1　はじめに

マングローブ樹木やその森林は、陸域の森林と明らかに類似している点がある。しかし、生理的・形態的な特殊化を伴ういくつかの特性が、マングローブを構造的にも機能的にもユニークなものにしている。その特性として、以下が挙げられる。

・気根
・胎生芽
・潮汐による種子散布
・低木層の欠如
・年輪の欠如
・栄養塩保持のための効率的なメカニズム
・塩分耐性のための生理メカニズム

熱帯は太陽放射や気温が高いために、マングローブ植物をC_4やCAM植物と思われている方もいるかもしれない。しかし、多くのマングローブ樹種について^{13}C同位体分析を行うと、C_3化合物だけが合成されていることが分かった（Andrews and Muller 1985）。*Rhizophora*属においてC_4経路が改変された経路が存在することが、いくつかの研究により示されている。しかし全ての生理学的研究が、マングローブはC_4経路を用いずに、水を吸収し、乾燥を防ぎ、緊密に気孔コンダクタンスとCO_2同化を連係させていることを明らかにしてきた（Joshi et al. 1984; Martin and Loeschen 1993）。他のC_3的植物特性として、温度依存的なCO_2補償点が40-90 /μLであること、光合成の最適温度が35℃以下であることが挙げられる（Clough 1992のレビューを参照）。

マングローブ樹木は、効率的な受光と軟泥上での安定した成長を可能にする樹形（アーキテクチャ）を備えている。*Rhizophora*属樹木は、支柱根の発達、懸垂根（枝から垂れ下がるように伸びる根）、萌芽幹といったユニークな樹幹発達パターンをもつ。こうした特徴のため、低木層をほとんどあるいは全く欠いた高密度の林冠層を形成する（Halle et al. 1978; Tomlinson 1986）。分厚い常緑葉を持つこと、主根の発達が実生発芽時に限られる一方で側根や不定根の発達の方が卓越することも、マングローブの特徴である。解剖学的適応として、明瞭な乾燥耐性と塩性植物的な特徴を持つ、複雑な葉組織を備えていることが挙げられる。例えば、塩分泌機能のある腺毛を持った特殊な表皮細胞、複数種の葉が下皮内にタンニンを含む細胞を持つこと、シュウ酸カルシウムを持つこと等が挙げられる（Roth 1992)。異なる樹種が、それぞれ様々な特殊な細胞を持っている。気根などもそうである（Tomlinson 1986)。

ほとんどのマングローブ種は両性花であり、各種それぞれ特有な花や繁殖器官を持っている。受粉はほとんどコウモリ、鳥類、ガ、チョウ、ハチやその他の昆虫など樹冠徘徊者によって行われる。発芽は、陸域の植物のように様々なタイプがある。子葉が果実の中に残っていて、幼根と胚軸が裸出しているようなユニークなものもある。胎生（および半胎生）芽は、マングローブ全種のうちの約1/3にみられる。胎生芽の利点は、実生が速やかに定着できることであろう（Krauss et al. 2008)。またそのために、ほとんどのマングローブ種は自殖できるのだろう。マングローブの胎生芽[1]は、水に浮いて散布体となる。ただ、必ずしも雨季の終わりまでずっと浮力があって水に浮くわけではない。マングローブの繁殖生態や解剖学的特徴は、Tomlinson (1986)、Saenger（2002)、Krauss et al.（2008）に詳細に記されている。

2.2　バイオマス配分

2.2.1　樹木のバイオマス配分

マングローブ樹木における光合成由来炭素の各器官間での配分パターンは、他の森と同じように、樹種や樹齢によって変化する。もちろん、塩分濃度など他の要因も重要である（Clough 1992)。バイオマスの正確な測定は、樹木の成長や森林動態を理解するために重要である。

光合成産物を根、幹、枝、葉の生産にそれぞれどのように分配しているのか？という問いに対し、異なるサイズのマングローブ樹木の相対成長（アロメトリー）データは有用である（Komiyama et al. 2008)。*Rhizophora*属の場合、バイオマスの大半は幹に存在し、支柱根、枝、葉へのバイオマス配分は

[1] 胎生芽：ヒルギ科を中心とした多くのマングローブ植物では、母樹に付いたまま発芽して胚軸を伸ばす「胎生芽」を持つ。古くは胎生種子、あるいは胎生稚樹とも言うが、本書では胎生芽とした。また、一般的な種子と胎生芽を同時に指す場合は「散布体」、森林の生産性に関して花と胎生芽を同時に指す場合は「繁殖体」とした。

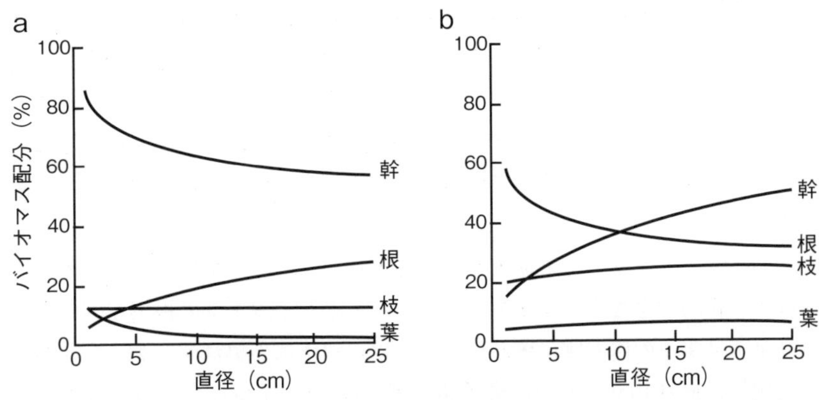

図2.1　湿潤熱帯のクイーンズランド（a）と乾燥熱帯の西オーストラリア（b）における、*Rhizophora stylosa*の地上部バイオマス配分の直径による変化（Clough et al. 1997aを改変）

少ない（Clough 1992）。*Rhizophora*属は、サイズの増加とともに、幹重より地上部支柱根への配分比率を増加させる。これは、サイズが大きな個体ほどより多くの支持を必要とするためだろう（図2.1）。

樹木の成長に伴って炭素はどのように器官間で配分されているのか？という問いに対し、こうした各器官のバイオマス増加速度はその推定値を出してくれる。これは、幹や支柱根からの呼吸による炭素放出についての測定例がない場合、特に有効な情報となる。逆に、花・葉・樹皮・枝は1年中リター[2]として落ちており、そうした器官の交替や樹冠拡大のためにも炭素を配分しなければならない（Clough 1992）。

対照的な環境下に生育する同一種のバイオマス配分に関する比較研究は、どのようにマングローブ樹木が環境ストレスに応答しているのか？という問いに対して示唆を与えてくれる。湿潤熱帯のオーストラリア・クイーンズランド州および乾燥した沿岸域である西オーストラリア州に生育する*Rhizophora stylosa*間で、バイオマス配分に顕著な違いがみられた（図2.1、Clough et al. 1997a）。湿潤熱帯では、総乾燥重量に対する幹の比率は、直径5 cmから25 cmにかけて71%から57%にまで減少した。支柱根の比率は、同じ直径範囲で12%から28%へと増加した。逆に乾燥熱帯では、幹の比率は25%から50%へと増加したが、支柱根の比率は減少した（40から30%へ）。こうした違

[2] リター：Litter。森林内の地面に落ちてくる葉や枝（落葉落枝）および枯死根の総称。落葉落枝のことは特にリターフォール（Litterfall）という。

いの合理的な説明は、マングローブの水分生理が湿潤と乾燥熱帯間で全く異なるということである。乾燥した西オーストラリア州では、土壌の塩分濃度が高く、水利用に負の影響を及ぼしているだろう（Passioura et al. 1992; Ball and Passioura 1995）。こうした環境下の樹木は、水分獲得を最大化するために、より広範囲に根系を成長させる方向に炭素を投資するほうが有利だと考えられる。

このオーストラリアでの研究から、地上部根系と地下部根系のバイオマスには正の相関が予想されるかもしれない。しかし、地下部の根生産への炭素配分を定量するのは非常に難しい。それは、地下部の根は柔らかく、非木質で、側根は直径10 mm未満、繊維状の細根は1 mm未満にもなってしまうためである（Gong and Ong 1990; Robertson and Dixon 1993）。地下部根系は、樹木バイオマス全体の10–15%を占めるだけかもしれない（Gong and Ong 1990; Alongi et al. 2003a）。しかし、枯死した根や根毛を交代するための炭素配分はかなり多い（McKee and Faulkner 2000; Cahoon et al. 2003; Sánchez 2005）。

ほとんどの細根は枯死根であることが、シリカ粒子懸濁液によって枯死根と生根を分類した研究において繰り返し報告されている（Robertson and Dixon 1993; Gleason and Ewel 2002）。これは、細根の高い回転速度と根分解の遅さによるのだろう（McKee 2001）。生きた細根の垂直分布で重要なのは（枯死細根でもそうだが）、土壌表層（0–40 cm）に最も多い一方で、少なくとも約1 m深まで分布していることである（図2.2）。

マングローブにおける巨大な枯死根バイオマスは、栄養塩保持の機能を果たしている。枯死した大径根さえも、この機能を果たしている。McKee（2001）は中央ベリーズにおいて、*Rhizophora mangle*と*Avicennia germinans*の枯死根でできたトンネルを調べた。分解されてゆく枯死根の中では、枯死根が放出する栄養塩を回収でき、かつ弱い抵抗で広げることもできるため、根が急成長していた。

マングローブ林の地下部バイオマスを調べた例は非常に少ない（Komiyama et al. 1987, 2008; Matsui 1998）。ただ、マングローブは他の植生よりもバイオマスの地下部/地上部比が高い（Saenger 1982; Snedaker 1995; Sánchez 2005）。これは、マングローブは炭素をより根系へ配分しているという考えを支持するものである。しかし、生根と枯死根を区別した最近の研究からは異なる見方もできる（表2.1）。全ての樹種や林齢を平均すると、バイオマス

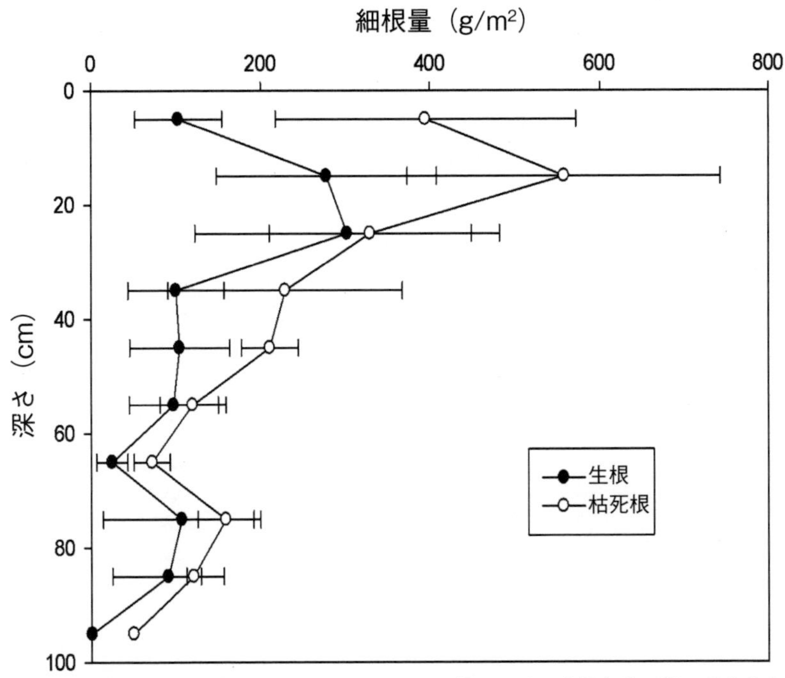

図2.2　中国南部の潮間帯下部の*Kandelia obovata*林における生根と枯死根の垂直分布（Alongi et al. 2005b）

の地下部/地上部比は19%（7-55%）である。南アフリカでの研究も同様に低い値を示したが（9%）、生根と枯死根は区別されていない（Steinke et al. 1995）。熱帯林のバイオマスデータからは、全体平均で18%（3-50%）という値が得られている（Fittkau and Klinge 1973; Golley et al. 1975; Proctor 1987; Medina and Cuevas 1989; Yamada 1997; Barnes et al. 1998; Clark et al. 2001）。値のレンジが広い（7-55%）ことを考えると、「マングローブ林のバイオマスの地下部/地上部比は高い」というこれまで繰り返されてきた見方を単純に支持することはできない（Komiyama et al. 2008; Lovelock 2008）。マングローブは、枯死根に対する生根の割合が陸域の森林よりも低いという点が（もちろん生態系間で重複はあるだろうが）他の熱帯林と異なるのだろう（Murach et al. 1998）。

表2.1は、地下部/地上部バイオマスの配分比に種間差があることも示している。また、器官間でのバイオマス配分には、樹形が違うとはいえ明瞭な種間差がある（図2.3）。*Rhizophora*属は、樹形の違う他種に比べて、明らかに

表2.1　アジアとオーストラリアのマングローブ林における地上部および地下部バイオマス（トン/ha）。林齢を、分かる限り示した（データはAlongi and Dixon 2000; Alongi et al. 2000a, 2003a, 2004a, b, 2005b; Clough 1998; Matsui 1998; Alongi and Clough 未発表）

樹　種	場　所	地上部バイオマス	地下部バイオマス	地下部ネクロマス	バイオマスの地下部/地上部比（%）
Rhizophora stylosa	西オーストラリア州	246.7	44.8	251.2	18
	西オーストラリア州	282.8	55.8	104.4	20
	西オーストラリア州	207.9	36.3	153	17
Avicennia marina	西オーストラリア州	45.8	21.2	201.3	46
	西オーストラリア州	147.6	11.5	91.7	8
	西オーストラリア州	90.5	16.1	366	18
R. stylosa, R. apiculata	クイーンズランド	619	53.2	322.2	9
R. apiculata	タイ（3年生）	65.4	11.2	258.7	17
	タイ（5年生）	42	23.1	117.5	55
	タイ（25年生）	344.2	35.6	317.1	10
	マレーシア（5年生）	106	9.8	231.8	9
	マレーシア（18年生）	352	24.5	143.6	7
	マレーシア（85年生）	576	48.1	223.3	8
Kandelia obovata	中国（5年生）	16	4.3	12.6	27
	中国（20年生）	93	18.3	34.4	20
	中国（30年生）	133	13.9	32.5	10

支柱根に多くの炭素を配分している。ただ、同種内でも地域差があることが知られており（Alongi et al. 2003a）、これは環境や遺伝子の違いによるのだろう。

器官間でのバイオマス配分比は、他の森林と同じように、林齢とともに変わってゆく（Fromard et al. 1998; Matsui 1998）。樹木サイズの増加とともに、葉バイオマスへの配分比がやや低下し、その分だけ幹への配分が増加していた（図2.4）。サイズ（樹齢）の増加とともに、少なくとも*Rhizophora stylosa*若齢林では、バイオマスの地下部/地上部比は増加する（図2.5）。データは少ないものの、マングローブが器官間でのバイオマス配分を他の熱帯樹木と同じように行っていることを示している（Turner 2001; Lovelock 2008）。

2.2.2　マングローブ林バイオマスのグローバルパターン

マングローブ林のバイオマスは、世界的にみて極めて大きなばらつきを示す。また、林齢、種組成、環境条件への応答といった多くの要因による地域内でのばらつきもある。このようなばらつきの大きさにもかかわらず、植生

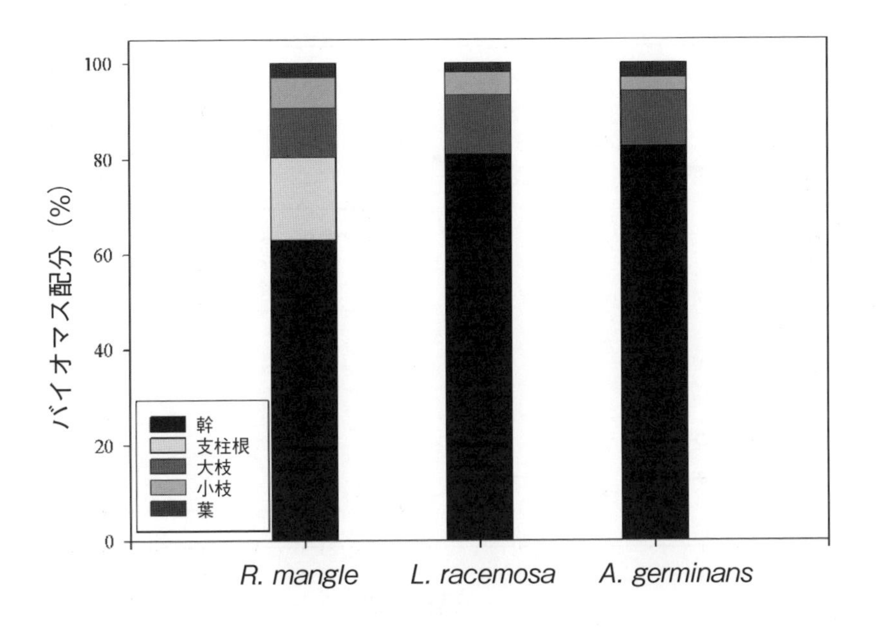

図2.3　ドミニカ共和国のマングローブ種3種におけるバイオマス配分（Sherman et al. 2003）

高と緯度には明瞭な関係性があり、この2要因はバイオマスに影響する（Saenger and Snedaker 1993）。既存の地上部バイオマスデータをまとめると、赤道から距離的に離れるほど森林バイオマスは減少することが分かる（図2.6）。これは、マングローブが熱帯と亜熱帯の緯度間に生育が限定されていることと対応する。地上部バイオマスは、オーストラリアHinchinbrook Channelの発達した*Rhizophora*林における619トン/haから（Clough 1998）、ニュージーランドTuff Craterの*Avicennia marina*矮生林における6.8トン/ha（Woodroffe 1985a）まで大きな幅がある。未発表のオーストラリア海洋科学研究所（AIMS）のデータ（図2.6には含まれていない）における、パプアニューギニアFly Riverデルタの*Rhizophora*と*Bruguiera*の巨大な混交林では、680トン/haという値が得られている。データの回帰式は、y＝285.979－6.043xで相関係数は0.188（$P<0.001$）である。この相関係数の低さは、データのばらつきの大きさを反映している。樹齢、土性、肥沃度、降水量、塩分濃度、気温に応じて、森林の構造や種組成に大きな違いがあるためである。

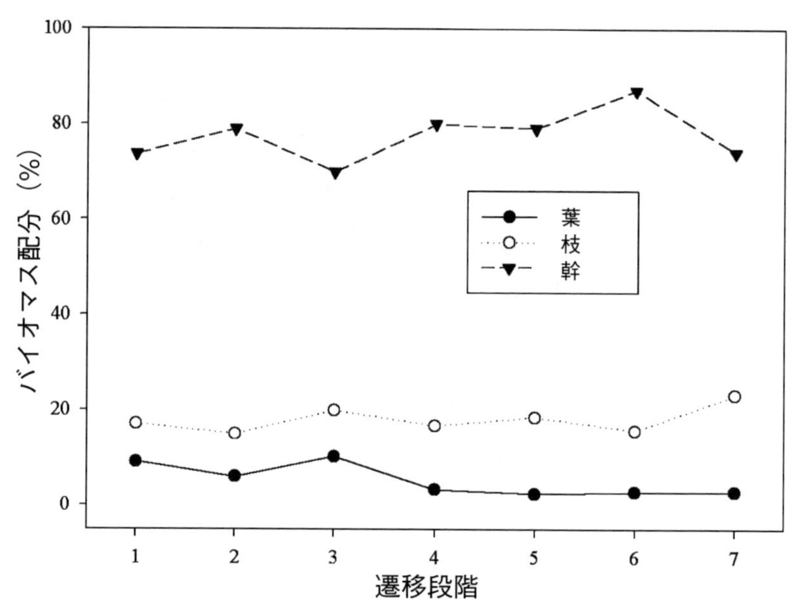

図2.4　仏領ギアナのマングローブ林における遷移の進行に伴うバイオマス配分の変化。1-3段階はパイオニアおよび若齢林、4-7段階は発達した森林（Fromard et al. 1998）

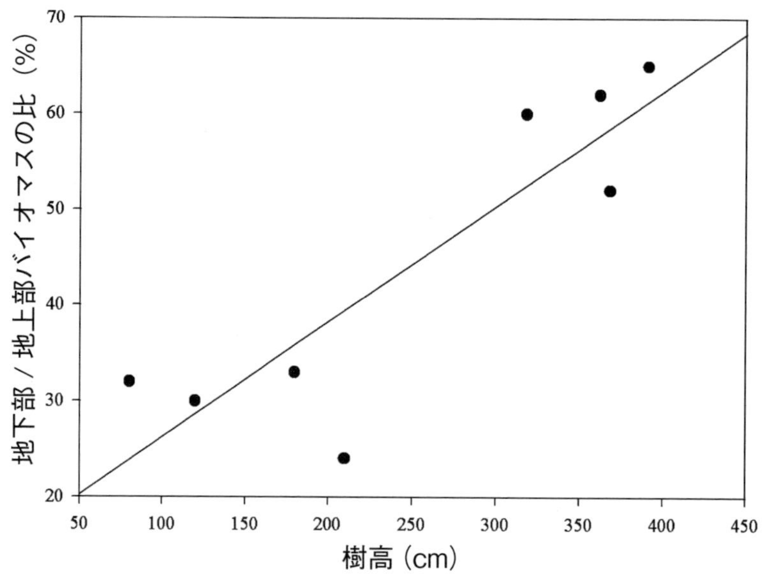

図2.5　西表島の若齢*Rhizophora stylosa*林における、樹高の増加に伴う地下部/地上部バイオマスの比の増加（Matsui 1998）

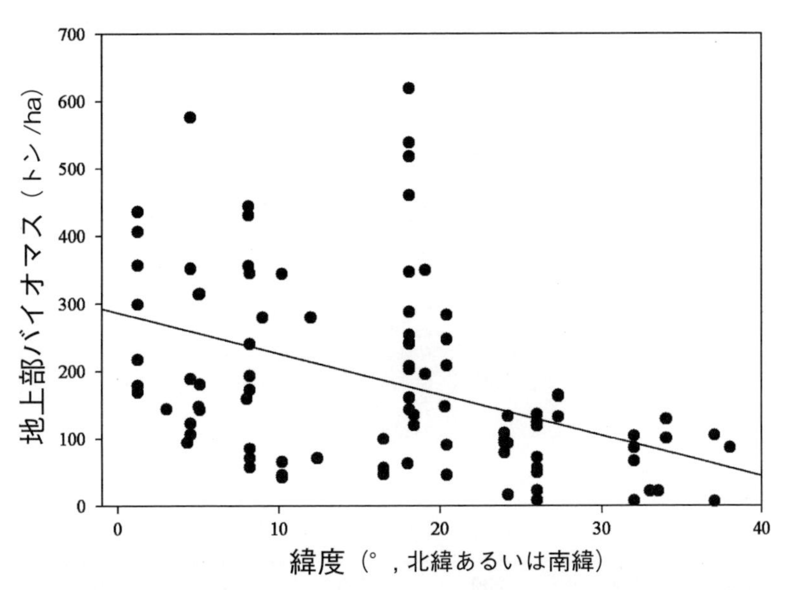

図2.6　マングローブ林のバイオマス（トン/ha）の緯度傾度に沿った変化。実線は、Saenger and Snedaker（1993）のデータに、以下のデータを加えた回帰直線である；Clough 1998; Fromard et al. 1998; Alongi and Dixon 2000; Alongi et al. 2000a, b, 2004a, 2005b; Sherman et al. 2003; Alongi and de Carvalho 2008

マングローブ林の地上部バイオマスは、陸域の熱帯林と比較するとどうだろうか？図2.7は、北緯20°から南緯20°に見られる発達した陸域の森林とマングローブ林における、地上部バイオマスの中央値と第1及び第3四分位を示している。調査手法が不明瞭だったり情報源が不明なデータ、植林地、若齢林は除外してある。陸域熱帯林のバイオマスの中央値は262 トン/ha、第1及び第3四分位はそれぞれ181および347 トン/ha、平均は246 トン/haであった。マングローブのバイオマスの中央値は193 トン/ha、第1及び第3四分位はそれぞれ135および347 トン/ha、平均は247 トン/haであった。バイオマスの中央値は陸域熱帯林のほうが高いが、バイオマスの両森林間の細かい違いに注目しなければ、実質的には平均バイオマスに差はない。これらのデータは地下部根系バイオマスを含まないため、森林バイオマスを過小評価していることは常に念頭に置いておくべきである。

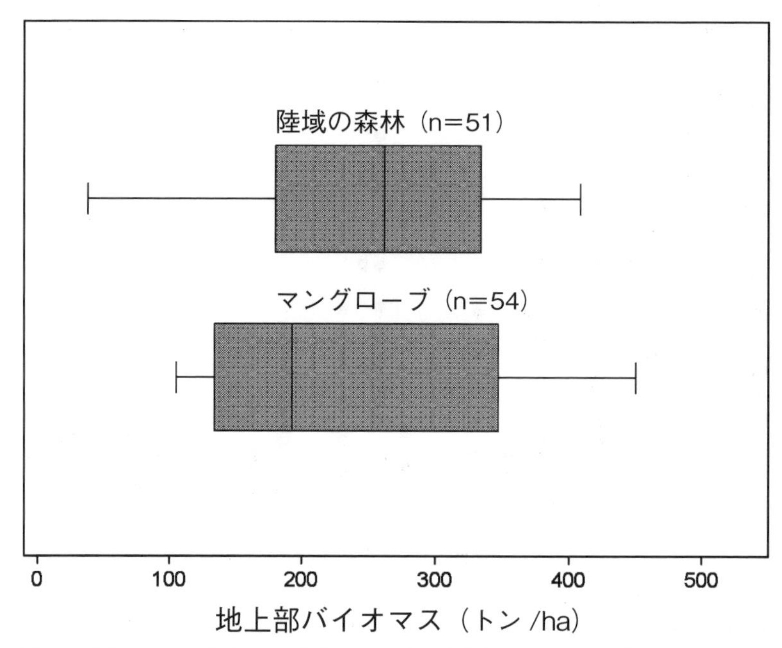

図2.7　北緯20°から南緯20°に成立する陸域の森林とマングローブ林の地上バイオマスの比較。マングローブのデータは図2.6、陸域の森林のデータは以下；Fittkau and Klinge 1973; Golley et al. 1975; Grubb and Edwards 1982; Vitousek and Sanford 1986; Medina and Cuevas 1989; Bruenig 1990; Yamada 1997）。箱ひげ図の箱内の縦棒は、左からそれぞれ25パーセンタイル（第1四分位数）、中央値、75パーセンタイル（第3四分位数）である

2.2.3　栄養塩の配分

栄養塩類の各生態系構成要素への配分に関する研究は、マングローブ林では少ない。生葉についてだけは、多樹種かつ多元素について研究が蓄積している。栄養塩の各生態系構成要素への配分パターンに関する情報は、生態系内での栄養塩の貯蔵・利用について深い洞察を与えてくれる。そのため、森林全体の栄養塩のインベントリ情報が欠けていることは非常に残念である。一方、こうした情報は陸域熱帯林については豊富にある（Vitousek and Sanford 1986; Barnes et al. 1998; Perry et al. 2008）。

マングローブでも多少はデータが得られていて、樹木と土壌における栄養塩の分布は他の熱帯林のそれと似ていることは分かっている（Alongi et al. 2003a, 2004b）。西オーストラリアの乾燥した海岸沿いの*Rhizophora stylosa*林と*Avicennia marina*林での研究を紹介する。ここでは、バイオマスが個体内

表2.2　西オーストラリア州の乾燥した*R. stylosa*林と*A. marina*林における、生立木、枯死細根、土壌に含まれる元素貯留量（kg/ha）。値は、各樹種の3林分における平均値（Alongi et al. 2003aから引用）

	R. stylosa			*A. marina*		
	立木	細根	土壌	立木	細根	土壌
C	114,780	60,133	169,266	55,387	79,167	117,733
N	532	100	10,330	412	168	11,653
P	59	53	2,050	61	66	2,663
Mg	2,410	1,129	74,110	308	1,291	100,330
Ca	1,505	2,086	384,000	1,025	2,457	344,000
S	2,108	10,572	85,330	576	12,346	44,667
K	581	279	30,333	419	1,037	44,000
Cl	4,606	10,342	99,333	1,440	10,929	106,667
Na	3,156	6,765	110,666	990	8,695	126,333
Si	193	269	2,052,000	34	286	1,544,333
Fe	637	4,737	149,667	138	8,063	211,333
Mn	7	13	1,033	2	15	1,500
Zn	1	4	183	1	5	250
B	9	86	280	3	115	366
Mo	2	9	51	1	31	115
Cu	1	2	87	1	5	115

表2.3　タイ南部の3、5、25年生*R. apiculata*林の生立木バイオマスにおける各元素の配分比（%）。各元素プールの残りは、土壌と枯死根に貯留されている（データはAlongi et al.2004b）

元　素	3年生（%）	5年生（%）	25年生（%）
C	10	13	53
N	2	3	12
Mg	0.4	3	3
Ca	6	3	34
S	0.4	0.6	2
K	0.6	0.5	2
Na	1	2	10
P	3	2	13
Mn	1	2	4
Fe	0.06	0.2	0.2
Zn	0.2	0.3	0.8
Cu	0.7	0.3	0.6
Mo	0.6	0.7	2

で最も多くの配分されていたのは、*R. stylosa*では支柱根、*A. marina*では幹であった。ただ、両樹種とも栄養塩のほとんどは生葉と生根に貯留されていた（Alongi et al. 2003a）。栄養塩の大半は土壌に貯留されており、樹木バイオマスにはごく少量しか貯留されていなかった。全ての林分で、地下部貯留量のうちの多くが枯死細根によって占められていた。この量は、樹木バイオマスの36–88%に相当する。*Rhizophora stylosa*では、カルシウム、硫黄、塩素、ナトリウム、シリカ、鉄、マンガン、亜鉛、ホウ素、モリブデン、銅の量は、枯死根の方が樹木バイオマスよりも多かった。*A. marina*林では、全元素で枯死根の方が樹木バイオマスよりも多かった。根に含まれる鉄とマンガンの割合は、際立って高い。これは、マングローブの根に金属斑がみられることと一致する。

必須元素の配分は、林齢とともにどのように変化するのだろうか。タイ南部においてAlongi et al.（2004b）は、林齢の異なる*Rhizophora apiculata*林（3、5、25年）で、樹木と土壌における各元素の配分と貯留量を調べた（表2.3）。林齢の増加に伴って、以下の3つのパターンが見られた。

・樹木の様々な器官において、多くの元素（全てではないが）の濃度は低下した
・多くの元素の土壌貯留量は、低下した
・地上部バイオマスにおけるC、N、S、Na、Mn、Zn、Moの割合は増加した

こうしたデータは、森林の発達に伴って栄養塩が蓄積していることを示している。陸域の森林でも、樹体中の栄養塩濃度は林齢とともに減少する。これは、林齢に伴って光合成速度、成長速度、土壌肥沃度、栄養塩利用効率が低下するためである（Golley et al. 1975; Nwoboshi 1984; Folster and Khanna 1997; Wardle et al. 2004）。同じ理由がマングローブにも当てはまるのだろう。

熱帯林は、高緯度地域の森と比べて、土壌よりもバイオマスにより多くの栄養塩を貯留する。いくつかの研究から、マングローブではこのパターンがあてはまらないことが分かっている（Grubb 1995; Barnes et al. 1998; Perry et al. 2008）。マングローブは、生態系全体の窒素量に対するバイオマス窒素量の割合が、寒帯林、温帯林、他の熱帯林よりも低い（Golley et al. 1975; Jordan 1985; Proctor 1989）。バイオマス窒素量は、寒帯林や温帯林と同程度だが、熱帯雨林やサバンナよりも少ない。これはマングローブにおける栄養塩の循環速度や平均滞留時間が、他の生態系と異なることを意味しているのかもし

れない（6章5を参照）。

生葉の元素濃度は、多樹種かつ多元素について報告されている（Spain and Holt 1980; Silva et al. 1990; Jayasekera 1991; Thomas and Fernandez 1997; Alongi et al. 2003a, 2004b）。それらの値は、他の熱帯樹木で報告されている値よりも低いか下限付近にある（Drechsel and Zech 1991, 1993; Epstein 1999）。さらに、マングローブ生葉におけるほとんどの元素の濃度は、生育環境によってそれほど大きく変化せず、一定の範囲内に収まる。これは、マングローブが陽イオンと陰イオンの生理的バランスを、環境ストレスの程度にかかわらず維持していることを示唆している。こうした維持コストは高いだろう（López-Hoffman et al. 2007）。

2.3　生理生態

マングローブ樹木は、潮間帯における酸欠と塩分という2つの制限要因に対して、生理的に耐えるか、あるいは回避している。マングローブの生理生態については多くの優れたレビューがある（Ball 1988, 1996; Clough 1992; Lüttge 1997; Saenger 2002）。ここではその要約とともに、最近の研究もいくつか示してみよう。

2.3.1　酸欠

潮汐による冠水とそれによる活発な微生物相によって、マングローブ土壌の表層から数mm以深は酸素欠乏状態にある。酸素は、土の割れ目や底生動物の巣穴を通って深部土壌にも到達しうる。土壌の酸欠はマングローブの成長に対し、次のような影響を及ぼしうる。

- 酸素が十分に無いと、地下部根系はその酸素欠乏を埋め合わせるためにガスの内部輸送に依存せざるを得なくなる
- 低い酸化還元条件下では、植物に吸収されやすくなる元素もあれば、されにくくなる元素もある
- 酸欠下で生じるH_2S、還元鉄、マンガン化合物、一部の有機酸などの微生物の代謝産物は、植物にとって有毒である

植物の生存と成長は、根系内の酸素レベルが維持できるかどうかにかかっているため、マングローブの根系は短時間の酸欠に対処しなければならない。マングローブに見られる浅い根系、多くの皮目や通気組織は、酸素の利用可

能性を上げる。多くの種の根は特徴的な構造をしていて（呼吸根、膝根、支柱根、板根）、少なくとも干潮時に大気に晒されている間、根に酸素を供給している（McKee 1993）。いくつかの種は地上部根系が光合成能力を持っていて、酸素を地下部根系に直接供給することができる（Yabuki et al. 1985; Dromgoole 1988）。

地下部根系への酸素供給量は、根呼吸で必要とされる量を上回る。そのため、酸素は根内部から根圏土壌にまで拡散する。これは、*Avicennia*属など数属で知られているように、根の周りに酸化した根圏を発達させることになる（Andersen and Kristensen 1988）。そのため、根圏土壌の酸化還元電位は、非根圏土壌や無植生地の土壌よりも高い（Thibodeau and Nickerson 1986; McKee and Mendelssohn 1987; Youssef and Saenger 1996）。

マングローブは酸欠回避のための形態的、生理的なメカニズムを持つにもかかわらず、冠水によって悪影響を受けてしまう（Ball 1988, 1996; Farnsworth 2004）。冠水に対して、次のような応答をすることが知られる。

・根からのサイトカイニン放出の減少
・葉におけるアブシジン酸の蓄積
・気孔閉鎖
・急速な葉の老化と落葉
・葉中ナトリウムの増加
・シュート成長の遅れ
・水吸収と蒸散の減少
・不定根の形成

酸素欠乏それ自体は、多くのマングローブ種の実生成長に悪影響を及ぼすことは少ない（Youssef and Saenger 1998）。Youssef and Saenger（1998）は、根の酸素欠乏の効果をいくつかの毒成分（還元鉄、マンガン、硫化物）の有り無し条件下で実験的に調べた。*Bruguiera gymnorrhiza*と*Hibiscus tiliaceus*の実生は、酸欠によって同化速度が減少した。いくつかの樹種（*Avicennia marina*、*Bruguiera gymnorrhiza*、*Aegiceras corniculatum*）は、還元鉄とマンガンの影響を受けていた。しかし対象とした5樹種すべてで、硫化物のみ、あるいは3つの毒成分の混合によって光合成が完全に阻害された。酸欠条件が10日程度と長引いてくると、*Aegiceras corniculatum*、*Avicennia marina*、*Excoecaria agallocha*、*Rhizophora stylosa*の根にはエタノールが多量に蓄積していた（Youssef 1995）。しかし、*Bruguiera gymnorrhiza*と*Hibiscus tiliaceus*には、エタノール蓄積の兆候さえ見られなかった。*Avicennia marina*だけが、長期の酸欠下でエタノール濃度を高レベルで維持していた。マングローブは、酸欠に対して様々な生化学的応答を利用している。エタノールの蓄積やその後の周辺環境への拡散もこれに含まれる。リンゴ酸を生産するために、エタノールとシキミ酸経路も変化させているかもしれない。リンゴ酸はイオンバランスと塩分吸収に関わるため、この変化は優れた適応戦略である可能性がある（Saenger 2002）。

根系における酸欠に対して、*Rhizophora mangle*、*Avicennia germinans*、*Laguncularia racemosa*は生理的、形態的に変化することが知られている（McKee 1996）。酸欠の長期実験において、*Rhizophora mangle*実生はあまり影響を受けなかったが、*A. germinans*と*L. racemosa*では根の酸素濃度、呼吸速度、成長速度がかなり低下した。この結果は、無酸素土壌への適応能力に種間差があることを示している。

こうした嫌気条件では、ほとんどのマングローブ種で高塩分耐性能力が低下する。これはおそらく、遊離酸素の不足が、塩排出とカリウム選択性を妨げるためだろう（Ball 1988, 1996）。カリウムは、タンパク質合成と他の代謝プロセスのために、比較的高濃度で維持されている必要がある（Ball et al. 1987）。

2.3.2 塩分

マングローブは塩分環境に適応するために、少なくとも1つ以上の戦略を有している。マングローブはナトリウムと塩化物イオンを吸収する一方で、その吸収速度を水分バランスの許容範囲内に抑えられるようにコントロールすることができる。マングローブは、耐塩性とともに、塩分を回避しつつ制御する発達したメカニズム（つまり塩への抵抗性）を持っている（Popp 1995）。抵抗戦略には、塩の除去や排出、貯留、多肉化、局在化、浸透圧調整などがある（こうした多様な戦略についてはSaenger（2002）の3章を参照）。

種間で耐塩性が異なるため、塩分に対する成長速度の応答には大きな種間差がある。*Avicennia marina*を含むいくつかの種は、淡水では成長できない純粋な塩性植物である。それ以外の樹種は淡水でもよく生育し、ごく微量の塩分を除けば塩分は必須条件ではないと考えられる（Clough 1992）。自然条件下では、耐塩性に明瞭な種間差がみられる（表2.4）。

表2.4　マングローブ各種の耐塩性と生育する潮間帯上の位置 (Clough 1992を改訂)。とても高い耐塩性 (+++++) から耐塩性無し (+) までを評価

樹　　種	耐塩性	潮間帯上の位置
Acanthus ilicifolius	++	低 → 高
Aegialitis annulata	++++	中 → 高
Aegiceras corniculatum	+++	低 → 中
Avicennia germinans	+++++	低 → 高
Avicennia marina	+++++	低 → 高
Bruguiera cylindrica	++	中 → 高
Bruguiera exaristata	+++	中 → 高
Bruguiera gymnorrhiza	+++	中 → 高
Bruguiera parviflora	++	中 → 高
Bruguiera sexangula	+	中 → 高
Ceriops decandra	++	中 → 高
Ceriops australis	++++	中 → 高
Ceriops tagal	++++	中 → 高
Cynometra iripa	++	高
Diospyros ferrea	+	高
Excoecaria agallocha	+++	中 → 高
Heritiera littoralis	++	中 → 高
Kandelia candel	+++	中 → 高
Lumnitzera littorea	++++	高
Lumnitzera racemosa	++++	高
Nypa fruticans	+	低 → 中
Osbornia octodonta	+++	高
Rhizophora apiculata	+++	低 → 中
Rhizophora lamarckii	+++	低 → 中
Rhizophora mangle	++++	低 → 中
Rhizophora mucronata	++	低 → 中
Rhizophora stylosa	++++	低 → 中
Sonneratia alba	+++	低 → 中
Sonneratia caseolaris	+	低 → 中
Xylocarpus granatum	+++	中 → 高
Xylocarpus mekongensis	+++	中 → 高

高塩分は、干ばつ条件下にある陸域の植物と似た生理的反応を引き起こす。これは高塩分土壌が、マングローブの水分生理を制限してしまうほど浸透圧が低いためである (Ball 1988, 1996; Popp et al. 1993)。一般に、昼前から昼過

ぎの日射量のピーク時には水分損失が水分吸収を上回るが、夕方にかけて日射量が低下してくるとシュート[3]の水ポテンシャルが急激に回復する、という日変化を示す。土壌よりも植物側の水ポテンシャルが低い場合にのみ水収支は正になり、光合成を維持することができる。高塩分土壌において水収支を維持しようとすると、浸透圧バランスを保つために大量の無機イオンを吸収しなければならない一方で、細胞質内での高イオン濃度による悪影響も回避しなければならない、というジレンマに直面する。無機イオンを液胞に貯留することで、生理的ダメージを最小限にしようとしているのだろう。細胞質では、浸透圧バランスを維持するために有機溶質が合成されている（Popp 1995）。有機溶質を合成するための代謝コストは高いと考えられ、この溶質に利用される分の炭素と栄養塩は成長に回すことができない。

2.3.3　炭素固定と水分損失のバランス

マングローブは一般に、熱帯における強い日射にさらされている。吸収した光エネルギーは熱エネルギーに変換され、林冠葉は外気温より温かくなる。そのため、葉と外気との飽差（vapor pressure difference：VPD）は増加し、水分損失の速度も増加する。上述のように、マングローブ葉には水分損失を減らすための形態的な適応がみられる。しかし必ずしも、そうした適応と気孔開度の減少によって水分損失を完全に埋め合わせられるわけではない（Clough 1992）。

気孔は、光合成のためのCO_2吸収も規定している。マングローブは、CO_2を光合成のために吸収しながら水分損失も最小限にする必要があり、このバランスをいかに取るかという問題を抱えている。マングローブは、その特異な生育環境のために、蒸散速度を低く抑えている。雨季の間は、水の利用可能性が増して熱に関する問題が減るために、蒸散速度は増加する。根が水を吸収すればするほど、根から排出することができる塩分量は少なくなる。したがって、マングローブの蒸散速度が低いことは、根圏への塩類集積を抑えることに寄与しているとも言える。実際、マングローブには蒸散速度に上限がみられる。Passioura et al.（1992）は、蒸散速度の上限を1 mm/日と算出した。これは、2 mm/日という蒸発速度の野外データと一致していた。発達

[3] シュート：Shoot。茎とそれについている多数の葉のこと。

した森林では、最大7 mm/日の速度で蒸散できる。なぜマングローブが水分損失と塩吸収を最小化するためのメカニズムを発達させているのか、この値をみればその理由は明らかだろう。

蒸散速度には種間差があり、0.5–6.96 mmol/m^2/秒まで幅がある。他のC_3植物と比べて、マングローブは蒸散速度と気孔コンダクタンスが低く、水利用効率が高い（Ball 1988; Lovelock and Ball 2002）。多くのデータが、マングローブの水利用戦略は保守的で、その保守性は水ストレスがかかるほどより強まることを示している。耐塩性の高い種ほど水利用効率は高いものの（Ball 1996）、蒸散速度はつまるところ（耐塩性そのものではなく）シュートと葉における通導抵抗性によって規定されている（Sobrado 2000）。

蒸散速度、水利用効率、気孔コンダクタンスを同時に測定している研究データ（Saenger 2002の表3.6より）を使って散布図を描いてみると、水分保持とCO_2吸収の間には機能的なトレードオフがあることが見て取れる（図2.8）。これは、水利用の最小化と光合成の最大化のせめぎ合いを反映しているのだろう。蒸散速度の増加とともに、水利用効率は低下する。さらに、気孔コンダクタンスが低いと水分損失とCO_2吸収が抑制される一方で、水利用効率は高くなる。蒸散速度と気孔コンダクタンスの間には正の相関がある（図2.8）。Clough and Sim（1989）は、塩分が少ない森において、気孔コンダクタンスは79–271 mmol/m^2/秒、同化速度は5.8–19.1 μmol CO_2/m^2/秒であったと述べている。乾燥した環境では、光合成と同様に、気孔コンダクタンスと同化速度も低くなる（Cheeseman et al. 1997）。乾燥したハビタット[4]では、強い日射のような環境ストレスが光阻害を引き起こす。これは、蒸散速度の日周パターンに明確に見られる。湿潤熱帯では、ほとんどのマングローブ樹種の蒸散速度は、正午頃に最大になり夕方にかけて徐々に低下してゆく。乾燥環境下では、水分損失を避けるため、蒸散速度は正午頃に最小となる。また葉温が高くなり過ぎないように、葉の向きも変わる。気孔コンダクタンスと同化速度はどちらも、葉温が25–30℃の時に最大となり、35℃以上になると急速に低下する（Ball 1988）。

---

[4] ハビタット：生物の生育環境。

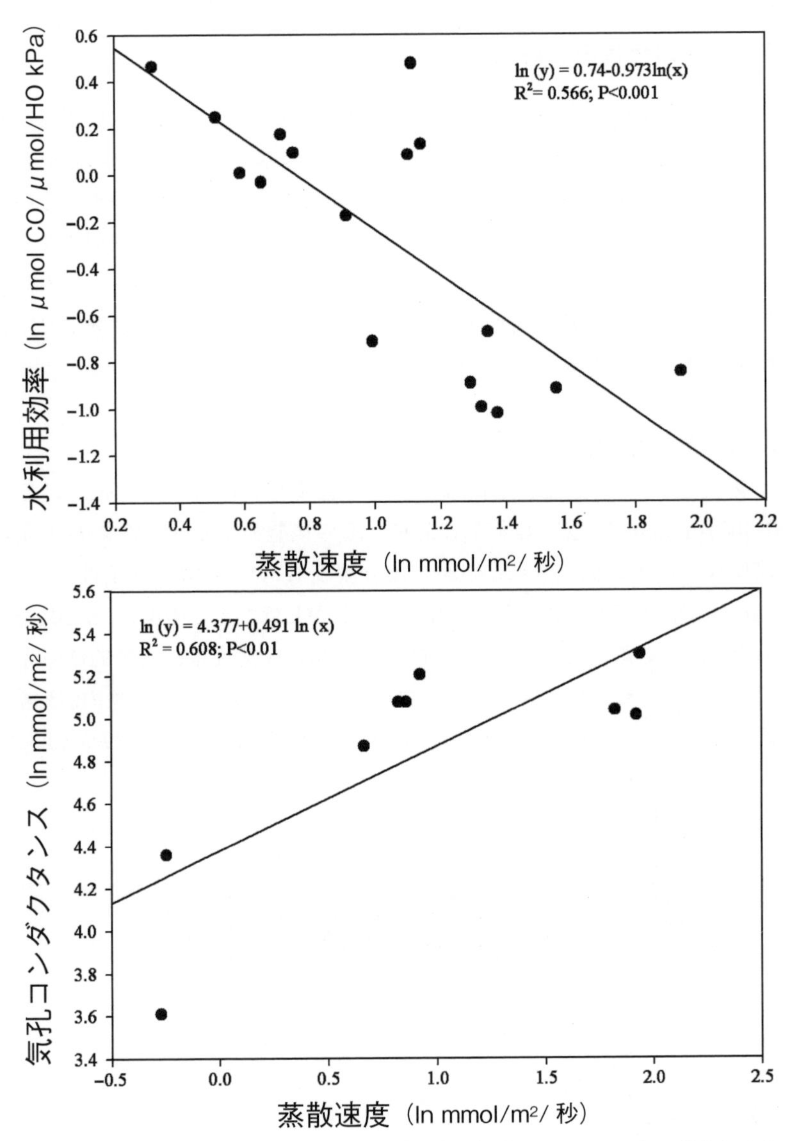

図2.8　蒸散速度と水利用効率（上図）、蒸散速度と気孔コンダクタンスに見られるトレードオフ関係（下図）（Saenger 2002の表3.6より）

2.4 樹木の光合成と呼吸

マングローブは、高い水利用効率と低い蒸散速度のような、水分損失を最小化しつつ炭素獲得を最大化するための適応的な戦略をもっている。そのため、様々な環境条件に柔軟に適応することができる。例えば、雨季あるいは短期的に淡水に浸かる期間中に、成長を速めるとともに繁殖も同期させることで、全体的なエネルギー消費を最小化しているような種もいる。このような生理的可塑性は、潮間帯という環境でマングローブがこれほど繁栄している理由のひとつである。

2.4.1 光合成速度

マングローブの光-光合成曲線は、他の植物種と同様に、光強度にして300-400 μmol/m^2/秒までは線形に急増しその後飽和する（図2.9）。最大光合成速度は、飽差が低く（<22 mbar）塩分濃度も低い（<15）好条件下では、25 μmol CO_2/m^2/秒を超えることもある。しかしほとんどの場合、5-20 μmol CO_2/m^2/秒である（表2.5）。マングローブの光合成速度は、比較的低い光強度で飽和する。これは、マングローブの気孔コンダクタンスと葉内CO_2濃度が低いためである（Clough 1992; Cheeseman 1994; Tuffers et al. 1999; Cheese-

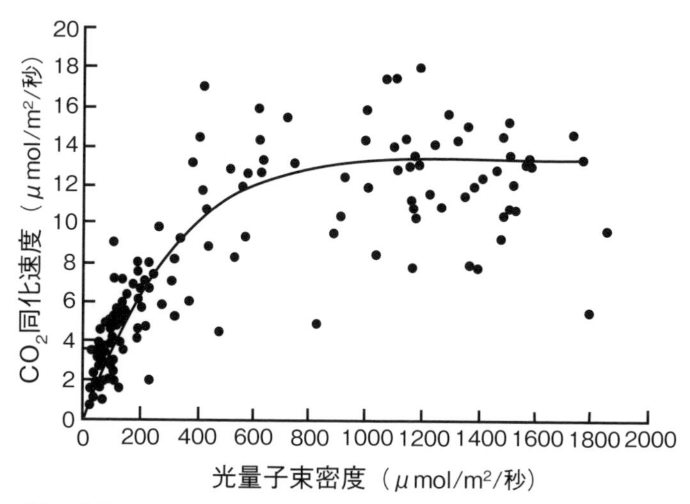

図2.9 半島マレーシアMatangマングローブ保護区における10年生*Rhizophora apiculata*の光-光合成曲線（Gong et al. 1992）

表2.5 様々なマングローブ樹種、地域における飽和光下の最大光合成速度（A、μmol CO_2/m^2/秒）。データは以下。Miller 1975; Ball et al. 1988; Björkman et al. 1988; Clough and Sim 1989; Smith et al. 1989a; Gong et al. 1992; Lin and Sternberg 1992; Ong et al. 1995; Cheeseman et al. 1997; Clough et al. 1997b; Clough 1998; Naidoo et al. 1998, 2002; Snedaker and Araújo 1998; Theuri et al. 1999; Patanaponpaiboon and Poungparn 2000; Sobrado 2000; Mehlig 2001; Das et al. 2002; Cheeseman and Lovelock 2004; Parida et al. 2004

樹　種	A	場　所
Avicennia marina	22	オーストラリア
Rhizophora apiculata	23.2	マレーシア
R. apiculata	20.1	マレーシア
A. marina	17.6	南アフリカ
Hibiscus tiliaceus	9.1	南アフリカ
Rhizophora mangle	11.9	ブラジル
A. marina	12.5	ブラジル
R. mangle	15.9	アメリカ
Avicennia germinans	20.9	アメリカ
Lumnitzera littorea	25	アメリカ
Conocarpus erectus	22.8	アメリカ
Bruguiera gymnorrhiza	11.8	インド
R. apiculata	15.3	インド
Bruguiera cylindrica	20.5	インド
Ceriops tagal	3.2	ケニア
Rhizophora mucronata	4	ケニア
Rhizophora stylosa	7.5	西オーストラリア州
R. mangle	6.8	ベリーズ（フリンジ型）
R.mangle	5.8	ベリーズ（ドワーフ型）
B. gymnorrhiza	8.3	オーストラリア
Ceriops australis	6.1	オーストラリア
R. apiculata	10.3	オーストラリア
R. stylosa	12.9	オーストラリア
Bruguiera parviflora	13.2	インド
Avicennia alba	17.9	タイ
Excoecaria agallocha	14.2	タイ
L. littorea	17.4	タイ
Ceriops decandra	7	タイ
A. germinans	5.6	ベネズエラ
B. gymnorrhiza	10.6	南アフリカ

man and Lovelock 2004)。Clough and Sim (1989) は様々なハビタットに生育する19種のマングローブを調べ、光飽和 (>800 μmol/m²/秒) 時の光合成速度は塩分と飽差の増加とともに減少することを示した。*Avicennia marina* は、*Rhizophora*属や*Bruguiera*属よりも一貫して高い光合成速度を示した。

光合成速度は、種間で大きく異なる。光合成速度の主要な制限因子として、土壌塩分、光強度、葉と周辺空気との飽差などが挙げられる (Lovelock and Ball 2002)。マングローブと陸域熱帯の間で光合成速度を比較すると、光合成速度の中央値はマングローブの方が高い (図2.10)。陸域熱帯の方は、陰樹も陽樹もどちらも含んでいる。光合成速度の種特性、樹冠内の位置、樹齢、環境要因、土壌肥沃度は様々であるため、光合成速度は森林タイプ間あるいはタイプ内で大きく重複している。陸域の陽樹における光合成速度の中央値は13 μmol CO_2/m²/秒で、マングローブのそれとほぼ同じ (12 μmol CO_2/m²/

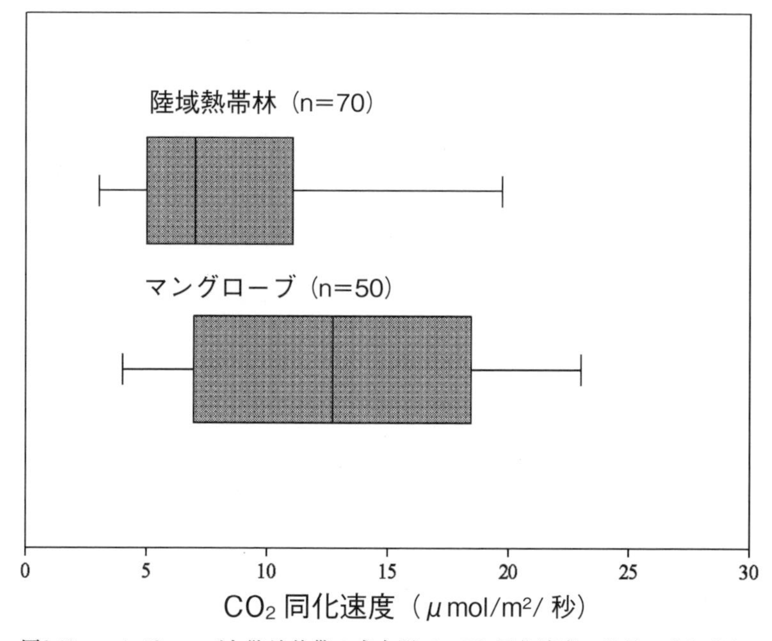

図2.10 マングローブと陸域熱帯の成木間でのCO_2同化速度の比較。それぞれ、様々な樹種を含む。マングローブのデータは表2.5、陸域のデータはTurner (2001) の図2.29及び以下の文献；Doley et al. 1987; Roy and Salager 1992; Königer et al. 1995; Krause et al. 1995; Nygren 1995; Zotz et al. 1995; Swanborough et al. 1998; Eamus et al. 1999; Ishida et al. 1999a, b; Lopez and Kursar 1999; Lovelock et al. 1999; Marenco et al. 2001; Leakey et al. 2003; Kenzo et al. 2004

秒）である。陸域の樹木をすべて合わせると、中央値は7 μmol CO_2/m^2/秒である（図2.10）。明瞭な違いは、両タイプとも乾燥熱帯域で測定されたものであろう下限値の違いである。

2.4.2 呼吸

マングローブ林における土壌呼吸の測定例は少ないが（5章4.1）、マングローブの葉の暗呼吸や根・枝・幹の構成呼吸や維持呼吸の測定例のほうがより少ない。他の樹種のように、マングローブも光合成由来炭素のうちのごくわずかな量のみ（およそ10%）が非同化器官の呼吸に使われていると考えられる（Barnes et al. 1998）。しかし、そうしたデータはすべてのバイオームにおいて極めて限られている（Perry et al. 2008）。

マングローブの葉と根については、呼吸データがいくつかある。マングローブ葉の暗呼吸速度は0.2–1.4 μmol CO_2/m^2/秒（表2.6）、光合成/呼吸比率（P/R比：photosynthesis to respiration ratio）は2.1–11.2であった。これらは陸域熱帯樹木の上限付近にあたる（Reich et al. 1997）。

マングローブの根については、Golley et al.（1962）がプエルトリコの*R. mangle*林で初めて大規模野外観測を行い、支柱根の平均呼吸速度が169 mmol C/根表面積m^2/日であることを報告した。この観測は最近の研究に比べれば粗いものではあったが、根呼吸が葉呼吸に次いで2番目に大きな炭素放出源であることが分かった。Scholander et al.（1955）は、マングローブ

表2.6 マングローブの暗呼吸速度（R、μmol CO_2/m^2/秒）と光合成/呼吸比率（P/R比）。データはGolley et al. 1962; Lugo et al. 1975; Smith JAC et al. 1989; Gong et al. 1992; Clough 1998, 未発表データ

樹　種	R	P/R比	場　所
Rhizophora mangle	1.1	3.5	プエルトリコ
Ceriops australis	0.6	10.1	オーストラリア
Rhizophora apiculata	1.4	7.4	オーストラリア
Avicennia germinans	0.5	11.2	ベネズエラ
Conocarpus erectus	0.2	9.4	ベネズエラ（乾季）
C. erectus	0.7	5.8	ベネズエラ（雨期）
R. mangle	0.7	6	アメリカ
Lumnitzera racemosa	1	3.4	アメリカ
A. germinans	0.4	2.1	アメリカ

の根呼吸をより細かいスケールで初めて観測した。しかし、こうした研究のほとんどは*Avicennia*属の呼吸根にのみ焦点をあてている（Scholander et al. 1955; Burchett et al. 1984; Curran 1985; Kitaya et al. 2002）。Burchett et al.（1984）は、*A. marina*の根端部と主根における根呼吸速度は、1/4希釈海水で最大になり（3.2 μmol CO_2/根湿重g/時）、淡水、1/2海水、全海水ではこれより遅くなることを示した（それぞれ2.8、3.1、2.1 μmol CO_2/根湿重g/時）。Kitaya et al.（2002）は、沖縄の*Sonneratia alba*（ハマザクロ）、*Avicennia marina*（ヒルギダマシ）、*Bruguiera gymnorrhiza*（オヒルギ）、*Rhizophora stylosa*（ヤエヤマヒルギ）を対象に、根系のガス交換と酸素濃度を詳細に調べた。*S. alba*と*A. marina*の呼吸根、*R. stylosa*の支柱根の光合成速度は、それぞれ0.6、0.2、0.1 μmol CO_2/m^2/秒であった。*B. gymnorrhiza*の膝根では、光合成活性は検出されなかった。*S. alba*、*A. marina*、*R. stylosa*の根呼吸速度はそれぞれ、1.3、0.8、2.5 μmol CO_2/m^2/秒であった。水耕栽培によって*R. mangle*の細根呼吸を調べた研究では、3-6 nmol CO_2/g/秒という値が得られている（McKee 1996）。同じような値（0.5-6 nmol CO_2/g/秒）が中米ベリーズの同種から得られている（Lovelock et al. 2006c）。根呼吸に及ぼす窒素・リン施肥の影響は、あまりはっきりしていない（Lovelock et al. 2006c）。以上の根呼吸速度は、他の被子植物の樹木の値（3-55 nmol CO_2あるいはO_2/g/秒）と比べても低い（Reich et al. 1998; Burton et al. 2002; Cheng et al. 2005）。

2.5　一次生産

マングローブがある地域あるいは世界全体の炭素循環の中でどのような位置づけにあるのかを評価する上で、最も重要なことは純一次生産を正確に推定することである。地表に到達する放射エネルギーのうちの約2%が、植物によって、大気CO_2を有機化合物に同化する際に利用されている。この有機化合物は、新しく葉、幹、枝、根を作り上げ、様々な器官を維持し、貯蔵物質を生産し、昆虫・病原体・草食動物に対する化学的防御物質（例：ポリフェノール）を作り出すことに利用されている。図2.11は、マングローブ樹木における炭素配分をまとめたものである。純一次生産は、葉における光合成と暗呼吸のバランスによって決まり、また成長や器官維持に利用できる炭素量にも影響する（図2.12）。先述のように、光合成は多くの要因、とくに光強度、温度、土壌栄養、水分、塩分、潮差、林齢、種組成、波、天候によっ

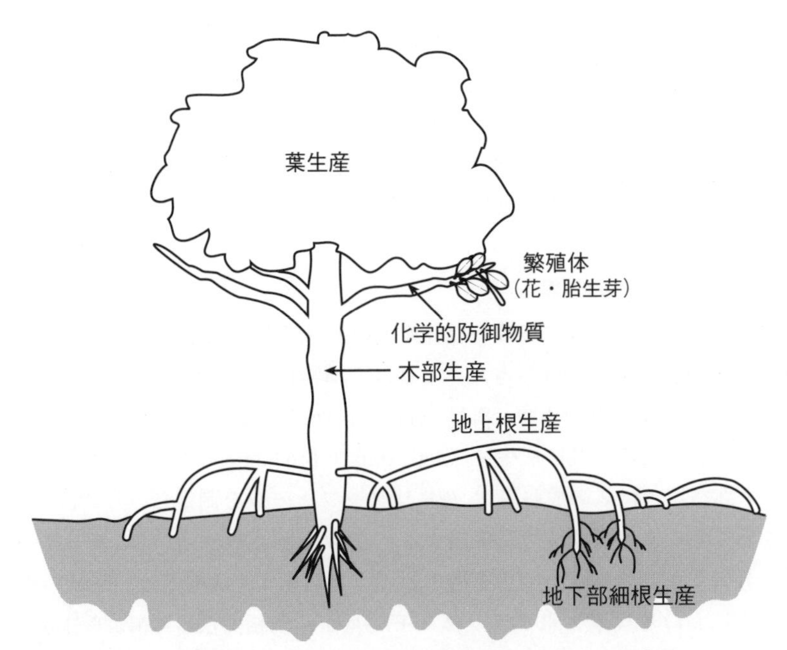

図2.11　マングローブ樹体内における光合成由来炭素の配分に関する概念図

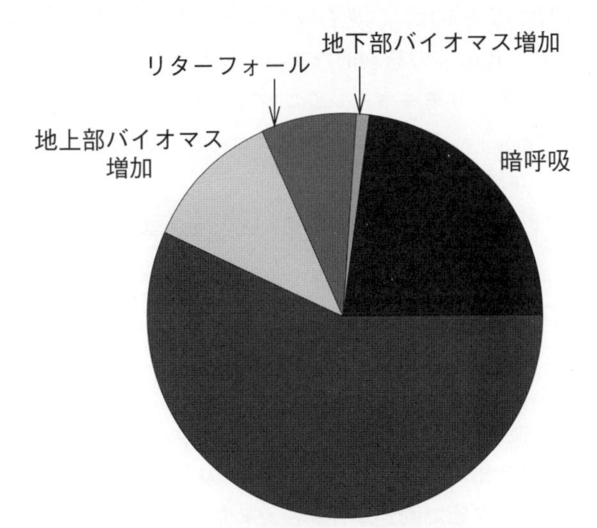

図2.12　半島マレーシアMatangマングローブ保護区における22年生*Rhizophora apiculata*林の炭素収支（Clough et al. 1997b）

て変化する。さらに、気候変動の長期的影響についても、アジアやアフリカの*R. mucronata*林や*R. aipulata*林における年輪に関する研究（Yu et al. 2004; Verheyden et al. 2004, 2005）、またミクロネシアの*S. alba*林や*B. gymnorrhiza*林における樹木成長の季節性（Krause et al. 2008）に関する研究から、気候変動の長期的影響に関する証拠も得られている。

2.5.1　方法とその限界

マングローブ林では、陸域の森林で用いられてきた生産性の測定手法のなかの一部のみが用いられてきた。これは、植物体全体のCO_2交換が初めて計測されたのが20世紀初め頃（Baldocchi and Amthor 2001）であることを考えると不思議である。純一次生産（net primary production：NPP）は伝統的に、(1) 木部バイオマスの成長量と (2) リターフォールを測定し、この2つを合計することによって間接的に算出する。こうした伝統的手法は、地下部の成長を考慮しないので真のNPPを過小評価してしまう。最近では、陸域の森林生態系における炭素・水フラックスモデルが、渦相関法（林床から林冠上までガス交換を調べる方法、6章3.1参照）のデータとよく一致することが知られている。こうしたモデルは、C_3光合成のファーカーモデル（Farquhar et al. 1980）、環境への気孔応答の経験的なモデル、従属栄養呼吸の推定値などを統合したものである。リモートセンシングやクロロフィル蛍光を含む生態系レベルの手法（Nichol et al. 2006）のマングローブへの適用は、まだ緒に就いたばかりである（6章3.1）。

マングローブの純一次生産の測定において、最もよく使われる手法は以下の5つである。

・リターフォールと木部成長
・伐倒試験
・ガス交換
・光減衰/ガス交換
・樹木個体群動態と相対成長（アロメトリー）の変化

リターフォールは、安価で測定が容易なため最も一般的な方法である。しかし、葉生産を測定できるだけで、他器官の成長は測定できない。伐倒試験は、労働集約的で時間がかかり、通常は森林施業の一貫としてデータが得られるのみである。伐倒試験は、地上部の生産のみを考慮したものである。ただし、葉の生産は考慮していない。ガス交換の測定は正確で迅速だが、小面積（通常は少数の樹木個体）で得られたデータを林分全体に外挿するため、誤差の問題が付きまとう。さらに、ガス交換の測定のみに依存することは、樹木の呼吸を考慮しないため純一次生産を過大評価してしまう。測定手法を組み合わせることで、樹木各器官の全てあるいは大部分の生産を考慮に入れることができる。リターフォールと木部成長は、地上部純一次生産のほぼ全てを占める（ただし地下部純一次生産は含まない）。

純一次生産の最良の測定手法の1つは、葉群を通ってくる光の減衰を測定することである。初期の研究では（例えばBunt et al. 1979）、純一次生産を比較的迅速かつ容易に推定しようとした。しかし、実際の光合成測定を欠くこと、温帯林の光減衰モデル（Kirita and Hozumi 1973）に基づく多くの未検証な仮定を置いている、などの問題を抱えていた。この方法は、マングローブ林の葉群における総クロロフィル量と葉群で吸収される光量の関係に依存する。J. Ong、B. Clough、W. Gongらは、葉群下におけるより正確な光量子束密度の計算手法と、葉の光合成測定とを組み合わせた、改良型の光減衰法を開発した（Gong et al. 1991, 1992; Clough 1997; Clough et al. 1997b）。ただし、この改良型の手法は依然として、葉面積指数（leaf area index：LAI）を推定するための葉群による光吸収の測定を必要とする。葉面積指数とは、土地面積に対する総葉面積の比率である。葉面積指数（L）は、次式で求められる。

$$\mathrm{L} = [\log_e (I)_{mean}] - [\log_e (I_o)_{mean}] / -k$$

ここで、$(I)_{mean}$は葉群下における平均光合成有効放射（photosynthetically active radiation：PAR）、$(I_o)_{mean}$は入射PAR、kは葉群の減光係数である。Clough（1997）による多くの測定結果によると、様々なマングローブの葉群におけるkは、一般に0.4-0.65、平均は0.5である。そして葉面積指数（L）は、次式によって純群落光合成（net daytime canopy photosynthesis：PN）を算出する際に用いられる。

$$\mathrm{P}N = \mathrm{A} \times d \times \mathrm{L}$$

dは日長（時間）、AはCO_2交換の測定で得られる単位葉面積あたりの光合成速度（表2.5を参照）である。Clough et al.（1997b）は、この改良手法を用いてより正確な推定値を算出し、以前の光減衰法の結果と比較した（表2.7）。その結果、元の方法が純群落光合成を12倍も過小評価していることが分かった。Bunt et al.（1979）の手法を用いて報告されてきた多くの測定値は、こ

表2.7 Bunt et al.（1979）の測定手法とClough（1997）及びClough et al.（1997b）の改良手法で得られた群落光合成速度（トン/ha/年）の比較。半島マレーシアの22年生*Rhizophora apiculata*林において測定された

測　定	光減衰法	改良法
1	11	135
2	13	161
3	13.7	165
4	14.3	157
平　均	13.0±1.4	155±13

表2.8 半島マレーシアの様々な林齢の*R. apiculata*林における、5つの主要測定手法で得られた純一次生産（トン/ha/年）（Gong et al. 1984, 1992; Ong et al. 1995; Clough et al. 1997b; Alongi et al. 2004a）

樹　齢	ガス交換	リターフォール	木部増加＋リターフォール	光減衰法	光減衰法の改良版
5	132	7	19	14	37
10	122	10	34	19	
20	240	10	30	16	65
70	NA	8	NA	21	102

の係数（12倍）を用いて補正し、マングローブ林の群落光合成を以前の推定値から大幅に増やす必要がある。

ガス交換、リターフォール、木部増加とリターフォールの合計、光減衰法、光減衰法の改良版を比較すると（表2.8）、方法間で値は顕著に異なり、マングローブ林における純一次生産の正確な測定の難しさを示している。

純一次生産は明らかにリターフォール法では過小評価、ガス交換法では過大評価されてしまう。改良版の光減衰法は、純一次生産をある程度合理的に推定できているように見える。木部増加とリターフォールの合計による地上部純一次生産（地下部は含まない）では、陸域の森林に匹敵する値が得られている。改良版の光減衰法は、日中の総炭素固定量を測定し、樹木生理と炭素収支に基づいた最も信頼のおける仮定を基礎に置いている。しかし、本手法では純一次生産を正確に推定できないと考えられる。それは、(1) 潜在的な群落光合成と実際の純一次生産との関係性はまだよく分かっていない、(2) 単位葉面積あたりの平均光合成速度はそれぞれのサイトで実際に測定さ

れるべきである、(3) 本手法は、枝、幹、根の呼吸および葉の暗呼吸を考慮していない、ためである。本手法で得られる値は、日中の群落光合成（純一次生産ではなく）と考えるのがよいだろう。

最近は地上部純一次生産を、相対成長（アロメトリー）とリターフォールあるいは葉の回転率の合計として算出する研究が多い（Duarte et al. 1999; Coulter et al. 2001; Ross et al. 2001; Sherman et al. 2003）。Ross et al.（2001）は草原生態系で用いられてきた手法を応用し、各樹木種の詳細な相対成長（アロメトリー）と、葉群回転率を算出するための葉齢分布の調査を組み合わせた。彼らは自身の結果と他の手法のそれとを直接比較しなかったが、彼らの純一次生産は同じようなサイズの森林の中では上限値付近であった。同じくCoulter et al.（2001）も、枝の節数から葉生産速度を推定した。葉と繁殖体の脱落痕数から推定した葉生産速度から、ベトナムの*Kandelia candel*の地上部純一次生産は先行研究に匹敵あるいはそれ以上であることが分かった（Coulter et al. 2001）。

2.5.2 一次生産の炭素配分

根生産の実測による推定値は、非常に少ない（McKee and Faulkner 2000; Gleason and Ewel 2002; Cahoon et al. 2003; Sánchez 2005）。Gleason and Ewel (2002) はミクロネシアのマングローブ林において、根バイオマス測定のためのコア採取時に開けた穴にイングロース・コアを設置し、コア内へ細根が再伸長してくる速度を調べた。表層30 cm深における細根成長速度は、*R. apiculata*林、*B. gymnorrhiza*林、*S. alba*林でそれぞれ0.29、0.33、2.78 mg DW/cm^3/年であった[5]。他の研究もこうしたイングロース・コア法を用い（McKee and Faulkner 2000; Cahoon et al. 2003; Sánchez 2005）、18–1,145 g DW/m^2/年という値を得ている。ただほとんどは307–378 g DW/m^2/年の範囲内にあった。これらの推定値は、陸域熱帯林における同様の測定値（Clark et al. 2001; Perry et al. 2008）と比較すると、下限付近にあたる。しかし、これらの測定の大部分は、沿岸を縁取るように形成されたフリンジ型のマングローブ林で行われたものである。マングローブの根は地下1–2 m以深まで分布していると考えられ（McKee et al. 2007）、より発達した森林では根生産もより

[5] DW：Dry weight。乾燥重量。同様にWW（wet weight）は湿重量、AFDW（ash free dry weight）は乾燥有機物重量。

高くなると考えられる。緯度10°以上における土壌呼吸の解析から、マングローブは陸域樹木よりも多くの炭素を地下部に配分していると考えられる(Lovelock 2008)。7章1.1で詳述するように、地下部生産はこれまで考えられていたよりもはるかに高い可能性がある。

対照的に、木部生産は、伐倒試験から得られる膨大なデータがあるため比較的よく分かっている。Saenger (2002) は、マングローブの年平均木部増加量について素晴らしい分析を行っている。地上部バイオマス増加と林齢との回帰分析から、0.65という有意な正の回帰係数が得られている。気候的に好適なマングローブ植林地は、陸域の植林地よりも樹木の成長が速い (Nambiar and Brown 1997を参照)。東南アジアにおける様々な林齢の*Rhizophora apiculata*植林について行われた成長速度の解析から、15年生の森林で成長速度は最大に達し、その後減少することが分かった (Saenger 2002)。この関係は、$y = -0.041x^2 + 1.342x + 1.101$で表すことができた。ここで、yは年平均木部増加量 (トン/ha/年)、xは林齢 (年) である。すべての種と林齢を込みにした時のマングローブ樹木の胸高直径成長は、0.1-1.8 cm/年であった。

改良版の光減衰法によって推定された純一次生産には、地下部生産が含まれている可能性があるが (現時点では不明)、マングローブ樹体内で炭素がどのように配分されているのかの共通認識はまだない。Clough et al. (1997b) はマレーシアの22年生の*Rhizophora apiculata*林を対象に、簡単な炭素配分モデルを作った (図2.12)。年間の総一次生産は56 炭素トン/ha/年で、そのうちの22%は葉の暗呼吸、8%はリターフォール、11%と1%がそれぞれ地上部と地下部バイオマスとして蓄積、残りの58%は枝、幹、根や他の木部の呼吸と根のターンオーバーのために利用されるとした。

Clough (1998) が指摘するように、実証的データの不足と、木部呼吸と根系プロセスの測定の困難さのために、正確なマングローブの炭素収支モデルを構築することはまだ不可能である。しかし、こうした概算的な炭素収支は、同化した炭素のおよそ半分が呼吸として最終的に消費されていることを示唆している。この値は陸域の樹木と同程度である (Barnes et al. 1998; Clark et al. 2001; Perry et al. 2008)。

(森林レベルではなく) 林冠レベルでは、正味の同化と呼吸のバランスについての推定例がある。フロリダのマングローブに関する初期の研究で (Odum et al. 1982にまとめられている)、林冠呼吸が総一次生産の58% (範囲：14.3-85.9

%）を占めることが示されている。Alongi et al.（2004a）はマレーシアのマングローブ林で、総一次生産に占める樹木呼吸の割合を41％と推定した。林冠光合成と林冠呼吸は、同時に測定された例がほとんどない（Clough 1992）。Suwa et al.（2006）は沖縄の*Kandelia obovata*（メヒルギ）[6]林冠において、光合成と呼吸を詳細に測定した。総一次生産（GPP）と暗呼吸の最大値は、林冠最上部から下部にかけて1/2-1/7にまで減少した。林冠総一次生産量は102.9 CO_2トン/ha/年、林冠呼吸量は44 CO_2トン/ha/年であった。したがって、純一次生産量は58.9 CO_2トン/ha/年で、GPPの57％であった。こうした結果間の類似性は、炭素の同化と配分の生理的限界と、生理学的プロセスに課される熱力学的制約を反映していると考えられる。

2.5.3　純一次生産

森林の純一次生産を、樹齢や環境条件が全く異なる森林において様々な測定法を用いて推定する場合は、解釈に注意を要する。ただ、これまでに得られたデータ（表2.9）からは、マングローブ林の純一次生産が、他のエスチュアリや沿岸の一次生産者のそれよりも高いということが読み取れる（Gattuso et al. 1998; Duarte et al. 2005）。

もし改良版の光減衰法で得られた値をマングローブ林における日中の純一次生産の値として信頼するならば、その平均値は64トン/ha/年となる。これと比較して、木部バイオマス増加とリターフォールの合計値に基づく純一次生産の平均値は、11トン/ha/年である。前者の数値は、純一次生産の真値ではない。しかしこれらはマングローブが、少なくとも日中は、これまで考えられていたよりも重要な炭素固定機能をもつことを示している。問題は、光減衰法によって測定されている値が何を示しているのかが不明なことである。マングローブとは異なり、陸域の森林における受光量のモデルは、より伝統的な伐倒試験で得られた推定値よりわずかに高いNPP値を導き出す

---

[6] *Kandelia obovata*（メヒルギ）：原文は*Kandelia candel*。*Kandelia*（メヒルギ）属は、もともと*K. candel*の1種のみから成る属だと考えられており、日本・中国・台湾のメヒルギには*K. candel*があてられてきた。しかし2003年、Sheueらの分類学的再検討（以下）により、南シナ海以北のものは*K. obovata*、以南のものは*K. candel*であることが分かった。本書では、日本・中国・台湾産の*Kandelia*については全て*K. obovata*とした。
Sheue C-R, Liu H-Y, Yong JWH（2003）*Kandelia obovata*（Rhizophoraceae), a new mangrove species from Eastern Asia. Taxon 52:287-294

表2.9 世界の様々なマングローブ林における純一次生産 net primary production（NPP、トン/ha/年）。様々な測定手法が用いられている。データは、Golley et al. 1962; Miller 1972; Hicks and Burns 1975; Lugo et al. 1975; Christensen 1978; Ong et al. 1984, 1985, 1995; Twilley 1985a, b; Putz and Chan 1986; Aksornkoae et al. 1989; Lee 1990; Atmadja and Soerojo 1991; Gong et al. 1991, 1992; Robertson et al. 1991; Amarasinghe and Balasubramaniam 1992; Sukardjo and Yamada 1992; Sukardjo 1995; Day et al. 1996; Clough et al. 1997b,1999; Clough 1998; Cox and Allen 1999; Alongi and Dixon 2000; Alongi et al. 2000a, 2004a; Kathiresan 2000; Coulter et al. 2001; Ross et al. 2001; Sherman et al. 2003; Hossain et al. 2008。a：改良版の光減衰法、あるいはオリジナル・データをその改良法で再計算した（本文参照）。表2.7と光減衰法での全てのデータに基づき、係数は4.8とした。これは、オリジナル・データ（n＝11）と改良版の光減衰法の平均NPPがそれぞれ11.85と57.08 トン/ha/年で、差が4.8倍であったためである。炭素から乾重への変換には、マングローブの木部炭素濃度である48%（Alongi et al. 2003a）を用いた。カッコ内に、オリジナルの光減衰法での値を示した。b：密度を0.9332 トン/m^3（Saenger 2002）と仮定。c：Sherman et al.（2003）

樹　種	場　所	NPP	方　法
R. mangle, A. germinans, L. racemosa	アメリカ	46	ガス交換
R. mangle, A.germinans, L. racemosa	アメリカ	26.1（フリンジ） 8.1（ドワーフ）	個体群動態/アロメトリー
A. germinans	アメリカ	20.5	ガス交換
R. mangle	アメリカ	16.9	ガス交換
R.mangle, A. germinans, L. racemosa	アメリカ	22.5	ガス交換
R.mangle, A. germinans, L. racemosa	プエルトリコ	58.4	ガス交換
R. apiculata	タイ	63.7[a]（13.1）	光減衰
C. decandra	タイ	48.7[a]（9.7）	光減衰
R. apiculata	マレーシア	112.1[a]	光減衰
R. apiculata（70年生）	マレーシア	102.2[a]（24.6）	光減衰
R. apiculata（18年生）	マレーシア	65.7[a]（14.7）	光減衰
R. apiculata（5年生）	マレーシア	36.5[a]（12.8）	光減衰
B. parviflora	マレーシア	27.4	伐倒/木部増加
R. mangle（5年生）	キューバ	1.6[b]	伐倒/木部増加
A. germinans	キューバ	5.9[b]	伐倒/木部増加
L. racemosa	キューバ	5.4[b]	伐倒/木部増加
Sonneratia apetala	バングラデシュ	12.5[b]	伐倒/木部増加
Sonneratia caseolaris	バングラデシュ	26.4[b]	伐倒/木部増加
Avicennia officinalis	バングラデシュ	7.6[b]	伐倒/木部増加
A. marina	バングラデシュ	4.4[b]	伐倒/木部増加
A. alba	バングラデシュ	2.1[b]	伐倒/木部増加
B. gymnorrhiza	バングラデシュ	0.6[b]	伐倒/木部増加
Bruguiera sexangula	バングラデシュ	0.1[b]	伐倒/木部増加
Excoecaria agallocha	バングラデシュ	4.7[b]	伐倒/木部増加
Xylocarpus moluccensis	バングラデシュ	0.5[b]	伐倒/木部増加
混交林	ミクロネシア	4.2[b]	伐倒/木部増加
R. apiculata, B. gymnorrhiza	マレーシア	8.7[b]	伐倒/木部増加
R. apiculata	ベトナム	4.9[b]	伐倒/木部増加

R. apiculata	ベトナム	19	木部増加
R. apiculata	タイ	15.7	木部増加
R. apiculata	タイ	10.6	木部増加
R. apiculata	ベトナム	9.4	リターフォール
R. apiculata	ベトナム	18.7	リターフォール
R. racemosa	ガンビア	18.8	リターフォール
Avicennia africana	ガンビア	11.6	リターフォール
R. racemosa	ガンビア	10.4	リターフォール
R. mucronata	インド	14.6	リターフォール
R. apiculata	インド	13.6	リターフォール
A. marina	インド	6.2	リターフォール
B. sexangula	中国	11	リターフォール
Kandelia candel	中国	13.3	リターフォール
K. candel	中国	24.4	リターフォール/アロメトリー
R. mucronata	インドネシア	23.4	リターフォール/木部増加
R. apiculata	タイ	13.5	光減衰
Aegiceras corniculatum	中国	11.3	リターフォール
K. candel	ベトナム	5.3	個体群動態/アロメトリー
K. candel	ベトナム	13.4	個体群動態/アロメトリー
R. stylosa	オーストラリア	40.5[a] (9.6)	光減衰
A. marina	オーストラリア	30.6[a] (6.4)	光減衰
R. mangle, A. germinans, L. racemosa の混交林	ドミニカ共和国	19.7[c]	個体群動態/アロメトリー
R. mangle, A. germinans, L. racemosa の混交林	グアドループ	21.2 (フリンジ) 6.2 (ドワーフ)	リターフォール/木部増加
R. mangle	ハワイ	29.1	リターフォール/木部増加
*Rhizophora spp.*の混交林	オーストラリア	29.2	光減衰
R. mucronata / *A. marina*	スリランカ	11	リターフォール/木部増加
R. apiculata, B. parviflora	パプアニューギニア	30.5[a] (9.7)	光減衰
Nypa fruticans	パプアニューギニア	30.1[a] (9.9)	光減衰
A. marina, Sonneratia lanceolata	パプアニューギニア	24.4[a] (6.8)	光減衰
R. apiculata, A. marina	インドネシア	104.6	光減衰
R. apiculata, A. marina	インドネシア	96.9	光減衰
A. officinalis, A. marina	インドネシア	103.2	光減衰
C. tagal, R. apiculata	インドネシア	106.1	光減衰
C. tagal, R. apiculata	インドネシア	109.4	光減衰
R. stylosa, S. alba	インドネシア	63.7	光減衰
R. apiculata, K. candel	インドネシア	74.3	光減衰

(Grace et al. 2001)。にもかかわらず、光減衰法による純一次生産を緯度に対してプロットすると（図2.13）、有意な負の関係が得られる。これは、赤道か

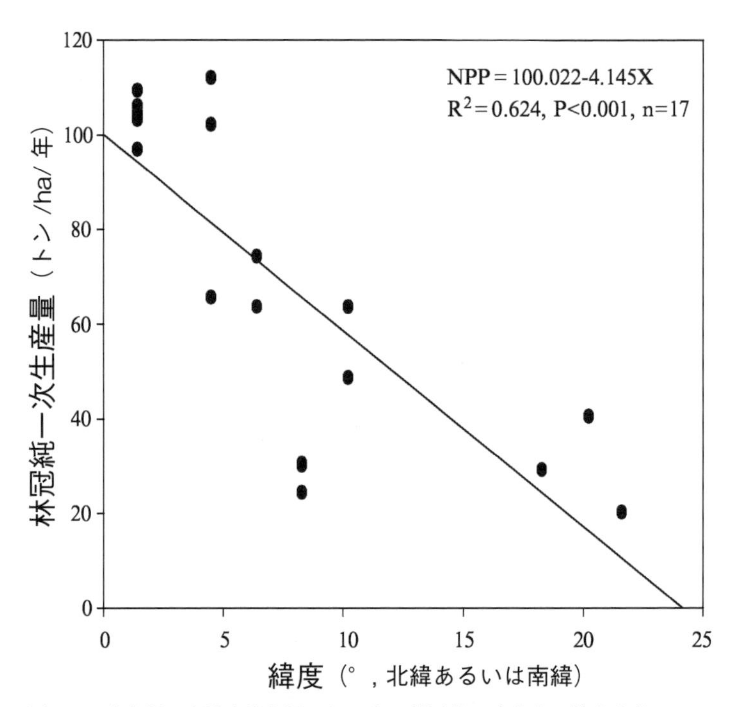

図2.13 改良版の光減衰法を用いた日中の林冠純一次生産の緯度変化。データは、Atmadja and Soerojo 1991; Gong et al. 1991, 1992; Robertson et al. 1991; Sukardjo 1995; Clough et al. 1997b; Clough 1998; Alongi and Dixon 2000; Alongi et al. 2000a, c, 2004a

ら高緯度へ行くほど、マングローブのバイオマス（図2.6）とリターフォール量（Snedaker 1993）が低下し、生産性も低下することを示している。

これとは真逆のパターンを示す事例もあり、Lovelock et al.（2007）は南緯36°から北緯27°の間に設けられた施肥プロットにおける樹木成長や葉の栄養濃度のデータからこれを示した。緯度に沿った植物体の窒素・リン濃度の増加について、以下の2つの仮説を検証した。1つめは、熱帯におけるリン可給性の地球化学的制限[7]が原因とする地球化学（geochemical）仮説。2つめは、

[7] 土壌風化が進むほど、土壌中の全リン量は低下するとともに、生物が利用しづらいリン画分（難溶性無機態および有機態）が優占する。一般に、高温多湿な熱帯の土壌は著しく風化が進んでおりリン可給性が低いため、熱帯低地林はリン制限環境下にある。樹木はこれに対し、落葉時のリン再吸収効率や光合成時のリン利用効率などを上げることで適応している。

温帯では熱帯より短い生育可能期間の間に成長と繁殖を完了するために、より多くの栄養塩を必要とするという成長速度（growth rate）仮説である。Lovelock et al.（2007）は、気温調整済みの樹木成長速度が緯度とともに有意に増加することを示し、成長速度仮説が支持されることを明らかにした。しかし、栄養塩の再吸収効率（生葉中の栄養塩が落葉までに引き戻される割合）と光合成リン利用効率は緯度が上がるにつれ減少していた。このことは、高緯度におけるリン制限の緩和が示唆され、地球化学仮説も若干支持できることが分かった。熱帯におけるリン欠乏が栄養利用効率に関わる植物の形質選択における重要な進化的駆動因であることを鑑みると（2章5.4を参照）、この2つの仮説は互いに排他的ではないのだろう。

こうしたマングローブの生産性データは、陸域の熱帯雨林と比較するとどうなのだろうか。当然、同じか似た手法で得られたデータで比較しなければならない。最も包括的なマングローブと陸域熱帯林のデータベースといえば、木部増加量とリターフォールのデータであろう。表2.9のマングローブのデータと、Clark et al.（2001）やScurlock and Olson（2002）が分析した陸域熱帯林のデータを用いて比較した（図2.14）。マングローブ（n＝29）における地上部純一次生産の平均は11.13トン/ha/年（材の炭素濃度を48%とすると、44.52 mol C/m^2/年に相当、Alongi et al. 2003a）、中央値は8.1、第1と第3四分位数はそれぞれ4.6、19.175トン/ha/年であった。陸域熱帯林における地上部純一次生産の平均は11.9トン/ha/年、中央値は11.4、第1と第3四分位数は8.8、14.4トン/ha/年であった。各森林タイプ内やタイプ間でのサイズや林齢、種の違いを鑑みれば、値は互いによく似ている。マングローブと陸域熱帯林における純一次生産速度は、ほぼ同等であると言ってよいだろう。これは、樹木の一次生産を制限している生理生態学的要因の類似性を示している。ただ、どちらの森林タイプでも、地下部生産のデータが非常に乏しいことを忘れてはならない（Komiyama et al. 2008）。また、根系や木部の呼吸も正確な炭素固定量の推定のために必要である（Komiyama et al. 2008）。

マングローブ林は他の森林と同じように、時間とともに林分構造、生産性、生産-呼吸バランスが変化してゆく。森林の成長を促進あるいは制限する要因間のバランスは長期的に変動するため、長期的パターンの理解は重要である。マングローブ林の成長動態は、長期観測あるいは異なる林齢における研究によって調べられてきた（Ong et al. 1985; Day et al. 1996; Fromard et al.

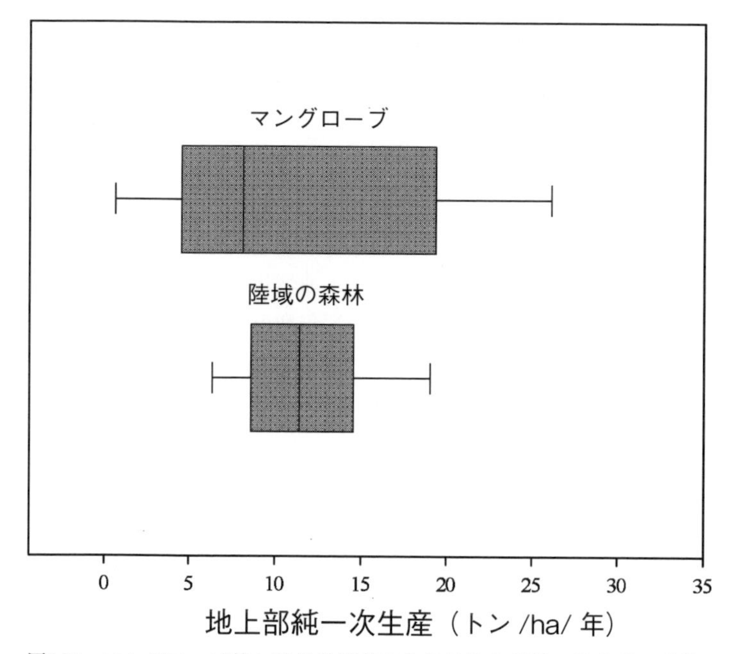

図2.14　マングローブ林と陸域熱帯林における地上部純一次生産の比較。データは全て、木部増加量とリターフォール量に基づく。箱ひげ図における箱内縦線は中央値、箱の左右端は第1と第3四分位数、ひげの左右端部は5および95パーセンタイル。データは、マングローブは表2.9、陸域の森林はClark et al.（2001）とScurlock and Olson（2002）

1998; Clough et al. 2000; Alongi 2002)。Day et al.（1996）はメキシコ・テルミノス湖のマングローブ林において、木部増加量とリターフォールを（1）*R. mangle*が混生する*A. germinans*林、（2）*A. germinans*低木林、（3）*A. germinans*成熟林において調べた。リターフォールの経年変化は、土壌塩分、降水量、気温のパターンとよく相関し、これら3要因でリターフォールの変動の74%を説明していた。地上部純一次生産の経年変化は、気候要因と有意な相関が見られなかった。気候要因（日射、気温、降雨量、蒸発散量、日長など）の季節・年変動が地上部純一次生産に及ぼす影響の度合いは、要因間で概ね同等なのだろう。

マングローブで見過ごされがちなのは、他の森林と同じように、遷移段階に沿って樹種や純一次生産が時間とともに変化していくことである。マングローブ林が時間とともにどのように変化してゆくのかを示した良い研究例が、

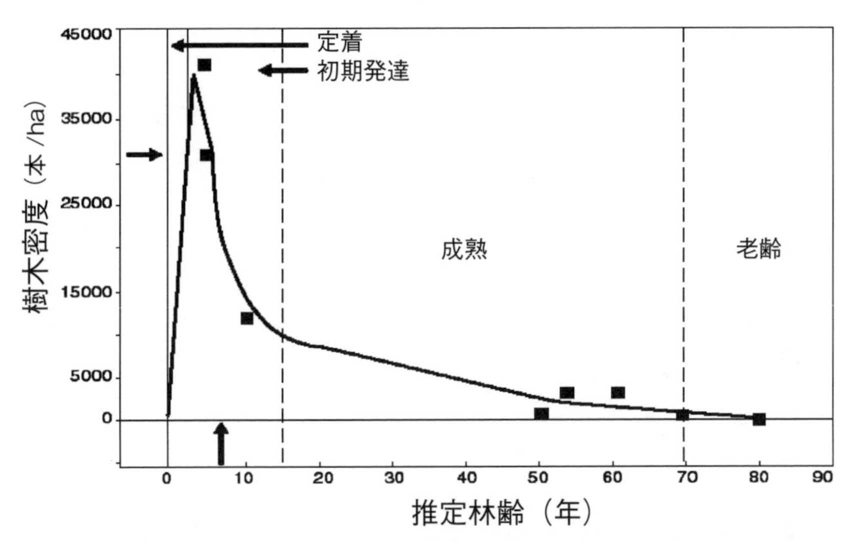

図2.15　マングローブ林の発達過程。Fromard et al.（1998）を改訂

アマゾン川の影響下にある仏領ギアナ沿岸のマングローブ林の例である（図2.15）。データは樹木密度で表されているが、地上部純一次生産は樹木密度の変化を反映していると考えられる。最初の5年間でパイオニア種の密度と成長速度が急増し、やがて50年にわたる成熟過程を経て約70年後には樹木密度は顕著に減少した（Fromard et al. 1998）。この発達プロセスは、Jiménez et al.（1985）による世界中のマングローブ林の樹木死亡率のパターンと同様である。

仏領ギアナのマングローブ林でみられた50年以上にわたる成熟過程は、陸域熱帯林のそれ（Barnes et al. 1998; Perry et al. 2008）と比べて長いようにみえる。長い成熟過程は、極相林が攪乱によってリセットされてからの発達の途上段階であることを示す。マングローブにおける林齢と光合成生産との関係性を見ると、この発達の長期化あるいは停止は攪乱後に普通に起こるものであることが分かる（Alongi 2002, 2008; Piou et al. 2008）。東南アジアの*Rhizophora apiculata*林における群落光合成と林齢との関係をプロットすると（図2.16）、約20年まで指数関数的に増加するが、その後NPPはほぼ1世紀に渡って大きく変化しない。これらのデータはすべて、伐採されたり何らかの攪乱（除草剤など）を受けた森林から得られたものである。最も古い森林でさえ、85年前に間伐されている。*Rhizophora apiculata*植林の例を見てみて

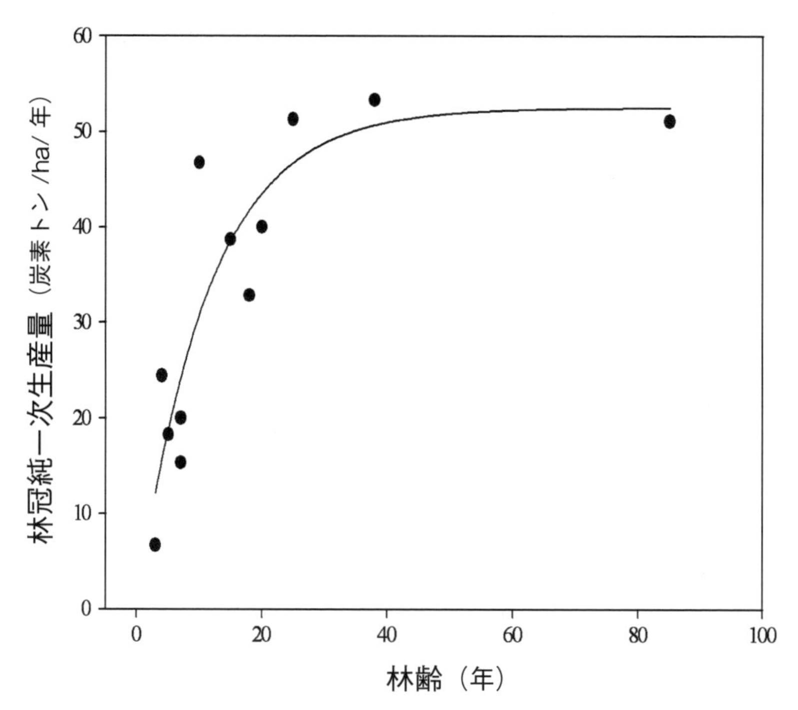

図2.16　タイ、マレーシア、ベトナムの*Rhizophora apiculata*林における林齢と群落光合成の関係（データはClough et al. 1997b, 1999; Alongi and Dixon 1999; Alongi et al. 2004a）

も（Clough et al. 2000）、6年から36年生にかけて有意に葉面積指数は低下したものの、この低下は比較的小さかった（4.9から3.3に）。熱帯域に原生林はもうほとんどないが、マングローブは最大1世紀にもわたって（その間に攪乱さえ受けなければ）炭素吸収源となるだろう。

2.5.4　栄養塩制限とその利用効率

すべての植物の成長と生産は、ハビタットや環境によって多少変わるものの、微量・主要栄養塩によって制限されている。マングローブを含むすべての樹木は、構造・繁殖器官を生産し細胞を生合成するために栄養塩を必要とする（Aerts and Chapin 2000）。その微量栄養塩とは、鉄、マンガン、銅、亜鉛、ニッケル、モリブデン、ホウ素、塩素、ナトリウム、ケイ素、コバルト、セレン、アルミニウムである。主要栄養塩とは、窒素、リン、硫黄、マグネシウム、カルシウム、カリウムである。マングローブは、エスチュアリや海洋のそばに成立するため、海水中に比較的多く含まれる硫黄、ホウ素、カリウム、マグネシウム、ナトリウムによる制限はほとんど受けない（Ball et al. 1987; Ball 1988; Boto 1991）。

窒素が決定的に必要なことは、様々なマングローブの室内栽培実験において繰り返し指摘されてきた（Clough et al. 1983; Boto et al. 1985; Naidoo 1987, 1990; Saberi 1992; Hwang and Chen 2001; Yates et al. 2002）。実際には、他の栄養塩や環境要因（塩分など）との相互作用が、植物栄養や栄養塩可給性にとって重要である。Yates et al.（2002）は、窒素、リン、カリウムをそれぞれ3濃度、塩分を2濃度用意し、マングローブ3種（*A. marina*、*Ceriops tagal*、*R. stylosa*）を室内栽培した。窒素が増えると、3種すべての葉数が増加した。N、P、K間の相互作用効果は明らかで、樹種間で相互作用のパターンは異なった。例えば、窒素施肥による*C. tagal*の展葉速度の増加は、低リン条件でのみ見られた。これは*Kandelia obovata*の応答（Hwang and Chen 2001）とは逆で、リン施肥は*K. obovata*の成長を窒素が存在する時にのみ促進した。室内栽培実験には、ほぼ生育最適条件にある実生に、生育が制限されない（あるいはわずかに制限される）濃度の栄養塩が供給されている、という批判がある。また、実生の栄養要求度は幼木や老齢木とは異なると考えられる（Aerts and Chapin 2000）。しかし、こうした研究は植物–栄養関係の複雑さを明らかにしている点で重要である。

野外における窒素・リン施肥に対し、マングローブの応答は土壌タイプ、土性、塩分、冠水頻度、樹種によって様々である（Boto 1991）。窒素とリンがマングローブ林の機能を制限しているかどうかを直接検証した最初期の研究は、オーストラリア北部の*Rhizophora*混交林において窒素・リン施肥を1年間にわたって行ったBoto and Wellington（1983）である。窒素制限は潮間帯全体にわたって見られたのに対し、リン制限は土壌リン濃度が低い高潮位帯の森林においてのみ見られた。

栄養塩制限の複雑さは、Koch and Snedaker（1997）、Ilka C. Fellerと彼女の共同研究者らが行ってきた広範なフィールド研究から分かっている（Feller 1995; McKee et al. 2002; Feller et al. 1999, 2002, 2003, 2007; Lovelock and Feller 2003; Lovelock et al. 2006a-c）。陸水の流入がほとんどない海洋的環境にあるベリーズのマングローブ林では、比較的低濃度であったリンと、重要度はやや低いものの窒素によって制限を受けていた。そして、各島の海側から内陸に向かって、窒素制限からリン制限への明らかなシフトが見られた。カリブ海のマングローブでみられた最も一貫したパターンは、海側の*Rhizophora mangle*は窒素制限、内陸の矮性低木はリン制限、そしてこの低潮位から高潮位にいたる移行帯では窒素・リンの共制限であった。リン制限下の樹木は水不足で、リン制限が施肥により解除されると、その構造や機能が窒素制限下の樹木よりも顕著に変化した（Lovelock et al. 2006a-c）。一方、フロリダのマングローブは、潮間帯全体にわたって窒素のみの制限を受けていた（Feller et al. 2003）。こうした野外施肥実験から、マングローブは窒素制限、リン制限、あるいは窒素リン共制限のいずれかの制限を受けていることが分かる。マングローブと栄養塩との関係を規定する要因は、ほんの数例挙げるだけでも、種組成、陸水の流入、土壌肥沃度や土性、酸化還元状態、塩分など多くを挙げることができる。また最近の研究から、潮汐水の冠水と排水が、マングローブの成長や栄養塩利用にとって重要であることも分かってきた（Krauss et al. 2006, 2007a, b）。これは潮汐変動が、堆積速度や栄養塩供給速度に影響するためである。

マングローブの比較的高い光合成速度は、高い栄養塩の要求性によって支えられている。これはすなわち、栄養塩の利用効率や再吸収率が非常に高いだろうことも示している。図2.17は栄養塩利用効率を、マングローブ、様々な森林タイプ（Aerts and Chapin 2000）、先駆性熱帯植林樹種（Hiremath et al. 2002）間で比較したものである。すべての森林タイプを込みにすると窒素・リン利用効率は非常に幅広い値を示すものの、マングローブの窒素利用効率はその範囲の上限に当たる。しかし、マングローブのリン利用効率は、すべての森林タイプの範囲のなかに収まっている。なぜだろうか？最良の答えはおそらく、一見すると成長に不適な環境に生育しているマングローブが、実際は比較的高い光合成速度を実現していることにある。頻繁に冠水し貧栄養で嫌気的な土壌に生育するマングローブは、生存のためには効率的でなければならない。

制限元素を節約するメカニズムは、そうしたハビタットでは明らかに有利である。栄養塩を効率的に利用するマングローブの戦略は、葉や木部の栄養塩濃度が低いことや（2章2）、落葉からの窒素・リン再吸収効率が比較的高いことと関連している（図2.18）。マングローブと他の森林生態系のデータを

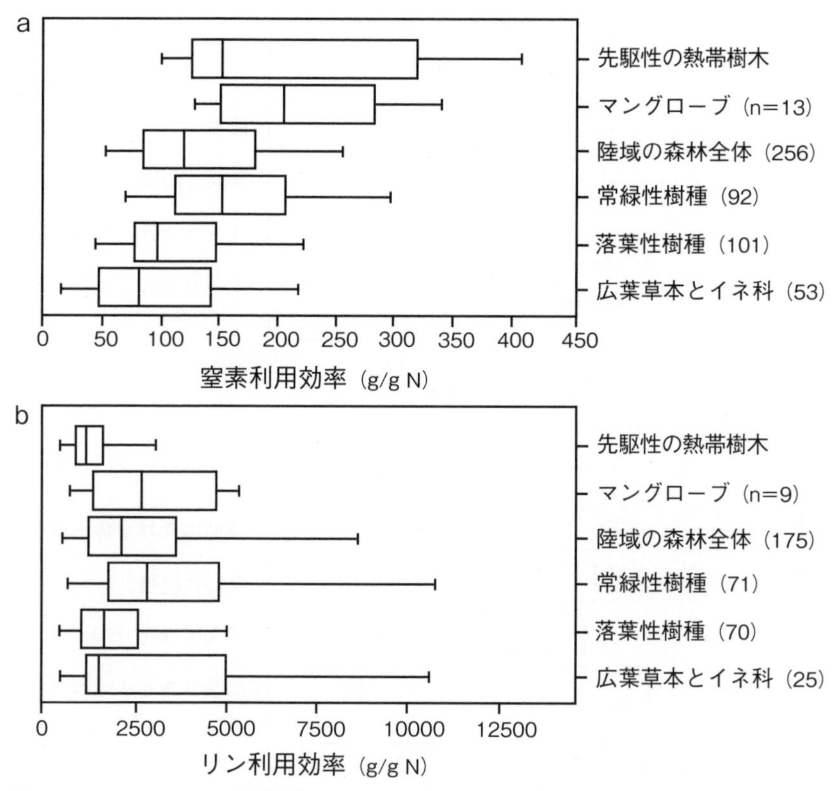

図2.17　マングローブ、熱帯植林、その他の森林タイプにおける栄養塩利用効率の比較。カッコ内の数値は調査地数。データはAerts and Chapin（2000）改変、植林データはHiremath et al.（2002）、マングローブのデータはLugo et al. 1988; Feller et al. 1999, 2003; Lovelock et al. 1999, 2006b; Lovelock and Feller 2003; Alongi et al. 2005b

比較すると、マングローブ樹木の窒素再吸収効率はその上限付近に当たる。リン再吸収効率は、他の森林生態系の中間にあたる。前述のように、マングローブは他にも窒素を保持するメカニズムを持っている（地下部に大量の枯死根を持つなど）。マングローブのデータの半分は乾燥地域のもので、そこの樹木はバイオマス配分が通常と異なるため、そうした森林では恐らく栄養塩再吸収のメカニズムが非常に発達していると考えられる。他の森林生態系と同様に、高い栄養塩利用効率は、栄養塩の生産性の高さとその滞留時間の短さを反映している（Alongi et al. 2005a）。

栄養塩利用効率には種間差があることが知られている（Yates et al. 2002;

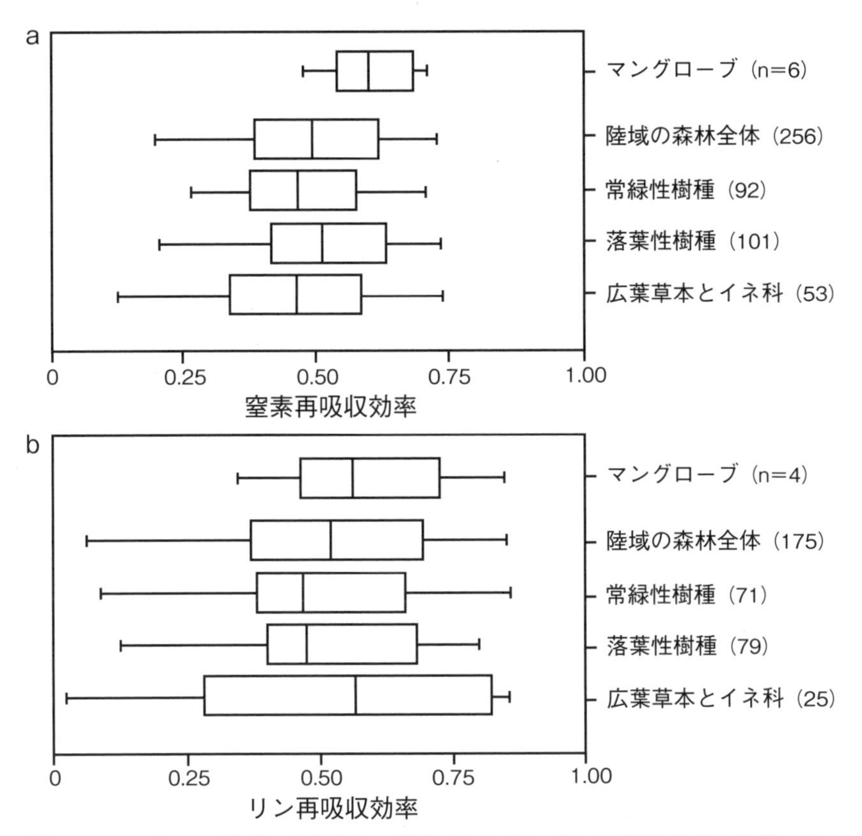

図2.18　マングローブと他の生態系との窒素（a）とリン（b）の再吸収効率の比較。データは図2.17と同じ

Lu et al. 2004; Lovelock and Feller 2003）。西オーストラリア州の*R. stylosa*林における窒素・リン滞留時間は、どちらも2-4年で、*A. marina*林のそれはこれより短かった（2年未満）（Alongi et al. 2005a）。こうした違いは、*R. stylosa*がより高い純一次生産につながるような栄養保持戦略を持っているためだと考えられる。これら以外にも、栄養塩利用に種間差が生じる要因として以下が挙げられる：

・栄養塩配分の種間差
・化学的防御に投資される栄養塩とエネルギーの割合の違い
・葉寿命の違い
・土壌物理化学性や生物地球化学的特性の違い

2.5.5 他の一次生産者

土壌表面に生育する緑色植物、珪藻、植物性鞭毛虫やシアノバクテリア、着生植物、枯死木、根、支柱根上に生育する大型藻類は、マングローブ林の炭素固定における主役の一人である。発達した樹冠下では、強い光制限のために藻類の生産は制限される（Alongi 1994）。藻類の生産が、マングローブ土壌や枯死木から溶脱する可溶性タンニンによって悪影響を受けることが知られている（Cooksey and Cooksey 1978）。樹冠が開けている場所、特に汚染された生態系では、光と栄養塩が豊富にあるため藻類の生産性は大きい。炭素固定に対する藻類の寄与は比較的小さい。これは、ほとんどの消費者が腐植よりも藻類を好む（4章6と5章3を参照）という栄養動態における重要性とは相反する。

シアノバクテリアは、支柱根や呼吸根上において垂直的に細かな帯状分布をしており、窒素固定を盛んに行っている（Potts 1979; Potts and Whitton 1980）。紅海の*Avicennia marina*林において、その呼吸根上に窒素固定シアノバクテリアであるヒゲモ科が見られた一方、土壌表面にはヘテロシスト（窒素固定を専門に行う細胞）を形成しないラン藻類など全く異なるフロラが見られた（Potts 1979）。低木がまばらに分布する紅海のマングローブでは、シアノバクテリアは豊富である（5.9-32.7 μg chl *a*/cm^3）。

底生独立栄養生物の総・純一次生産は、ごく一握りのマングローブ林で測定されている（Alongi 1989）。オーストラリアの発達した*Rhizophora*混交林における詳細な研究から、底生独立栄養生物の総一次生産は－281から1,413 μmol O_2/m^2/時で、潮間帯間や季節間で大きな変動があることが分かった（Alongi 1994）。ここの土壌におけるP/R比は－0.60～1.76、平均は0.15であったことから、正味では従属栄養であった。しかし、マングローブに隣接する裸地状の干潟では、藻類マットや様々な藻類食者を維持するのに十分なだけの光がある（Alongi 1994）。微生物マットが、マングローブ林、特に十分な光が土壌表面に到達できる矮生マングローブ林で見られる。ベリーズのTwin Cay島の矮生マングローブでは、藻類マットの総一次生産は光強度によって6-15、平均で12 mmol O_2/m^2/時であった（Joye and Lee 2004）。また藻類マットは、微生物窒素循環の活性が非常に高い場所である。マットの面積は広大であるため、栄養塩循環において重要な役割を果たしていると考えられる。

呼吸根や支柱根上に生育する大型藻類の光合成速度は、主にカリブ海のマングローブにおいて測定されてきた。ここでは、しばしば広大な大型藻類の群落がみられる（Burkholder and Almodóvar 1973; Rodriguez and Stoner 1990）。コロンビアの*Rhizophora mangle*の支柱根上では、通常*Bostrychia calliptera*（ハネコケモドキ）、*Catenella impudica*（シオカワモッカ）、*Caloglossa leprieurii*（アヤギヌ）などの紅藻類が優占する。この藻類群落の生産性は高い。Peña et al.（1999）は*B. calliptera*の最大光合成速度を水中と外気中で測定し、それぞれ126±4、52±9 μmol O_2/mg chl *a*/時という値が得た。*C. leprieurii*の水中と外気中での最大光合成速度は、それぞれ98±9、30±11 μmol O_2/mg chl *a*/時とやや低かった。一次生産の主要な制限要因は、光というよりは、乾燥ストレスであった。Clinton Dawesと彼の共同研究者らは、フロリダの*A. germinans*の呼吸根において、芝状および着生大型藻類の呼吸と光合成を測定した（Dawes 1996; Dawes et al. 1999）。6月と10月における芝状藻類のNPPは5.8-10.6 mg O_2/g/時で、P/R比は5.8-6.3であった。着生藻類のNPPとP/R比は、それよりやや高かった（それぞれ10-16.9 mg O_2/g/時、7.7-12.7）。外気中では、芝状および着生大型藻類の炭素固定速度は、それぞれ0.8、2.7 g C/m^2/日であった。こうした速度が樹木の生産性とどのように比較できるのかはよく分からない。ただおそらく、こうした群集は消費者の食物とレフュジア（生物の一時的な避難所）として重要な役割を担っていると考えられる。

2.6 樹冠と根の表在性生物

マングローブの樹冠や地上根における、植物-動物間のつながりは非常に多様である。マングローブと送粉者との密接な関係や、マングローブとアリ、チョウ、サル、鳥類との相互作用などが挙げられる（Ellison and Farnsworth 2001）。いくつかの相互作用は非常に複雑で、例えばカニ類による葉の被食をアリ類が間接的に保護している例や（Offenberg et al. 2006）、アリ類がカイガラムシ類の量を減らすといった直接的な影響などが知られている（Ozaki et al. 2000）。こうした相互作用について多くの研究があるものの、純一次生産や林冠棲動物の二次生産への実際の影響についてはよく分かっていない。

林冠における昆虫の影響については、カリブ海やオーストラリアのいくつかの森林で調べられている。ただし、結果は様々であった。Farnsworth and Ellison（1991）は、ベリーズのマングローブで最も一般的な植食性昆虫である鱗翅目（ガ類やチョウ類）の幼虫が、*R. mangle*の葉面積の4-25%、*A.*

*germinans*のそれの8-36%にダメージを与えていることを示した。平均して、*Avicennia*葉へのダメージは*Rhizophora*葉へのそれよりも小さかった。これは、Robertson and Duke（1987）がオーストラリア北部で明らかにした結果とは逆である。25種のマングローブの調査では、葉面積減少率は0.3-35%、変動係数は26.6%であった。*Rhizophora*属混交林の一次生産のうちの、わずか2%だけが生食連鎖系に入っていたことになる（Robertson and Duke 1987）。植食性昆虫は葉バイオマスのごく一部（たいてい10%未満）を減少させるに過ぎないが、林分全体を落葉させてしまうケースもある（Anderson and Lee 1995; McKillup and McKillup 1997; Duke 2002）。

マングローブの樹種や森林間での被食率の差は、葉の化学性や葉齢によってよく説明される。ポリフェノール（*Rhizophora*属）や毒性の樹脂（*Excoecaria*属）などの化学防御物質を含む葉や、厚い葉をもつ樹種は、葉のタンニン濃度が低い（*Avicennia*属）あるいは窒素濃度の高い樹種（*Heritiera*属）よりもあまり食べられないだろう。植食者群集の種組成や現存量、樹齢、気候、葉の栄養塩組成といった他の要因の違いも、葉被食率の違いにつながっているだろう（Saur et al. 1999）。ある森では葉がなくなるほど被食されたのになぜ別の森ではしなかったのかは、今後の研究課題である。

他の無脊椎動物（例えばイワガニ科）や大型哺乳動物（シカ、サル、ウシ、カバ）がマングローブの葉、つぼみ、花、果実を摂食することが知られているが（Barrett and Stiling 2006）、実際の消費量は不明である。材穿孔性昆虫による被食量は、最近まで定量化されてこなかった。ベリーズにおいてFellerらは、*R. mangle*の樹冠に及ぼす材穿孔性昆虫の影響を調べた（Feller and Mathis 1997; Feller 2002）。材穿孔性昆虫はマングローブ樹冠の50%以上を枯死させた一方で、葉食性昆虫によるそれは6%未満であった。枝や形成層に穿孔する昆虫もまた、シュートや分裂組織を損傷させ樹冠構造をも変えていた。他の地域でどれくらい材穿孔性昆虫がマングローブ樹冠を損傷したり枯死させているかは不明だが、相当なものだろう。

支柱根や呼吸根上に生育する着生藻類は、林床や樹木に生息する多くの植食者の主要食物源である（5章3）。これら移動性の高い植食者の大部分は、陸生、半陸生、海生の節足動物である。その分布や現存量は、着生藻類の被覆率や微細堆積物の量と関連するようである（Procheş et al. 2001; Procheş and Marshall 2002）。こうした無脊椎動物の多くは、体サイズとしてはメイオファウナ[8]で、着生藻類の被覆率や微細堆積物の量だけでなく、呼吸根上の高さや冠水頻度などによって非常に複雑な時間的・空間的パターンを示す。

根の表在性生物群集は、次のようなマングローブ林に多い。それは、藻類の光合成にとって十分なくらい潮汐水が透明である森林、また様々な無脊椎動物（海綿動物、二枚貝、コケムシなど）のコロニー形成が多く見られる森林である（Ellison and Farnsworth 2001）。マングローブ根の表在性生物群集の動態に関する研究の多くは、カリブ海の*Rhizophora mangle*の支柱根で行われてきた（Bingham and Young 1995; Lacerda et al. 2002; Engel and Pawlik 2005）。一般に、各生物種とそれらの乾燥耐性との関係によって、これらの群集は帯状分布を示す。これらの群集のエネルギー動態に関する研究はほとんどない。カキのような濾過食者は大量の有機物を水中から直接同化しているため、これを含む根表在性群集のエネルギー動態が分からないことはとても残念である（5章3.4を参照）。

このような生物多様性が高くて多彩な生物群集は、支柱根上で高いバイオマスを示すとともに、根の成長と生産を促進する（Ellison and Farnsworth 1992）。特に海綿動物は、等脚類による*Rhizophora*属支柱根への定着や損傷を防ぎ、付着動物が生成するアンモニウムを吸収する微細根形成を促して窒素吸収を促進する（Ellison et al. 1996）。実際、支柱根上の植物・動物相は栄養動態において重要である。オーストラリアの*Rhizophora*林における支柱根上の表在性生物相は、潮汐によって運ばれてきた窒素の62％相当の溶存無機態窒素と、生態系全体が吸収するケイ素の60％を吸収している。これらは、表在性藻類の光合成やあるいは樹皮形成のために使われている（Alongi 1996）。

マングローブ樹冠のバイオマス（地上根の着生植物を含む）は、ほとんど消費されることはない。しかし、様々な生物が、潮汐水、林床、地下において物質やエネルギーの流れに重要な働きをしていることを、この後の4・5章で示そう。しかし、マングローブ生態系のエネルギー動態を理解する上で、まずは水循環とセジメント[9]動態の重要性を理解することが重要である。

---

[8] メイオファウナ：Meiofauna。体長数十 μmから1 mmの小型底生生物。

[9] セジメント：Sediment。マングローブ生態系の中で、流れで輸送され林床に堆積する無機の土砂や砂泥の総称。「土砂」や「砂泥」は粒径サイズの範囲が限定されてしまうこと、「堆積物」は静的なものが想像されることから、本書ではそのまま「セジメント」とする。

第3章　水とセジメントの動態

3.1　はじめに

マングローブ生態系の最も顕著な特徴のひとつは、林内を蛇行する流路において、潮汐により水位が上昇したり下降したりすることである。マングローブ・エスチュアリに出入りする水とセジメントは、潮汐と波（発生頻度はやや低い）によって動かされる。どのエスチュアリにおいても、潮汐と波のエネルギーは貯留され再配分するいわゆる「エネルギー補償」のようなメカニズム、例えば、潮汐がマングローブ林で新たに固定した炭素を貯留し、その恩恵にあずかる動物たちへの配分に寄与するようなメカニズムを持つ。潮汐は、マングローブとその食物網に栄養塩、食物、セジメントをもたらす一方で、排泄物を運び去っている。このエネルギー補償メカニズムは、生物がこれらのプロセスにエネルギーを費やす必要がなく、成長や繁殖のためにより多くのエネルギーを配分できるという利点を生む。マングローブにおける物理的プロセスの役割を網羅的に述べている最新の文献として、本書の読者にはMazda et al.（2007）を勧めたい。

3.2　潮汐

3.2.1　潮流と地形

潮差には世界的に大きなばらつきがあるものの、マングローブ林内の流路内における潮汐による流れ（潮流）は、下げ潮と上げ潮の間での顕著な非対称性によって特徴づけられる。下げ潮の流れは、上げ潮の流れよりも短い時間に起こり、流速が速くなる。そうした河川内の流速はしばしば1 m/秒を超えるが、林内では0.1 m/秒にもならない（Wolanski 1992）。この非対称性は、潮汐が作用する流路において自己洗堀により流路の底のほとんどが岩、礫、砂で構成され、微細なセジメントがほとんどあるいは全く堆積していない状況を引き起こす。

潮汐による流れの速度は、究極的には生態系の形状、特に林床面積と水路

[10] タイダル・プリズム：潮汐の干満により河口部から出入りする水量。潮汐による浸水域の潮位差を面積積分することにより求めることができる。

面積の比および林床面の勾配によって決まる（表3.1）。このような測定値が存在するいくつかの地域では、林床/水路面積比はおよそ2-10である。林床面の勾配は非常に小さく、通常$1\times10^{-3}-4\times10^{-3}$の範囲に入る（Wolanski 1992）。このように、マングローブ・エスチュアリのタイダル・プリズム[10]は、林床面積と水路面積との比が大きくなるにつれて顕著に増加する。

潮流の非対称性を引き起こす原因となる感潮河川の形状とマングローブ林の相互作用の重要性は、数値モデルによって示すことができる。Mazda et al.（1995）は数値モデルによって、下げ潮が卓越するのはマングローブ林における流体抵抗（摩擦）によるものであることを示した。摩擦の大きさは、樹木密度によって変化する。林内における水位と流速は、植生による流体抵抗によって強く規定されている。樹木密度が高いほど、摩擦も高くなる。これによって流速は遅くなり、水路における潮汐の非対称性は大きくなる。しかし、この関係は単純ではない。水路における流速のピークは、潮汐の位相により異なる流体抵抗の増加に対応し、上げ潮時に減少し、下げ潮時に増加する。しかし流体抵抗が大きくなると、下げ潮時の流速は低下し、水路ではシルトの堆積がおこる。このように、植生-水-セジメントの間には、フィードバック関係が存在する。このフィードバック・メカニズムは、マングローブに対する人為影響について大きな示唆を与える。例えば（土地の埋め立てなどによって）マングローブ林面積が減少すると、潮流の非対称性が減少し、

表3.1　いくつかのマングローブ生態系における潮汐流の非対称性。林床/水路面積比も示した。データはWolanski et al. 1980, 1990; Woodroffe 1985b; Wolanski and Ridd 1986; Wolanski 1989; Wattayakorn et al. 1990; Mazda et al. 1995; Larcombe and Ridd 1996

場　　所	林床/水路面積比	最大流速（m/秒）	
		上げ潮	下げ潮
オーストラリア、Coral Creek	5.5	1.2	1.6
ニュージーランド、Tuff Crater	44	0.4	0.6
オーストラリア、Wenlock River	N/A	1	2
ザンジバル島、Chwaka Bay	N/A	0.3	0.5
オーストラリア、Dickson's Inlet	6.2	0.7	0.8
タイ、Klong Ngao	2.7	0.4	0.8
オーストラリア、Hinchinbrook Channel	2.1	0.5	0.9
オーストラリア、Ross Creek	N/A	0.4	0.8
日本、吹通川	12.8	0.5	0.7

水路へのシルトの堆積を引き起こす。

この潮流の非対称性は、発達した植生を持つ干潟（マングローブを含む）を持つエスチュアリに特有の現象である（Wolanski 2007)。実際、発達した植生を持たない他のエスチュアリの多くは、一般に上げ潮の流れは下げ潮の流れよりも強い（Aubrey 1986; Friedrichs et al. 1992)。これは、塩性湿地のような他の沿岸植生では、水流に同じレベルの底面摩擦が引き起こされないためだろう。例えば、マニング粗度係数として知られる潮流を推定するために用いられる底面摩擦係数は、一般にマングローブ林は0.2〜0.7で、塩性湿地よりも2-3桁も小さい（Friedrichs et al. 1992、ただしWolanski 2007も参照)。

マングローブにおけるもう一つの潮流の非対称性は、潮流とマングローブ林の相対的な位置関係に起因する。上げ潮では河岸に対して垂直に水がマングローブ林に流れ込んでくるが、下げ潮では河岸に対してある角度（一般に30-60°）を持つ（Wolanski et al. 1980)。これは、下げ潮時における潮流の経路を長くし、物質（マングローブの散布体など）が森から流出してしまう可能性を減少させる。

すべてのマングローブ生態系が潮汐の非対称性を示すわけではない。オーストラリア北部のココア・クリークは、摩擦係数が非常に低い無植生の干潟であるため、下げ潮がわずかに卓越するのみであった（Aucan and Ridd 2000)。下げ潮の卓越を減少させた主な要因は、非常に小さな林床面の勾配であった。上げ潮では流れが層流状態で植生を冠水させるが、下げ潮が始まると、塩性湿地やマングローブを覆っていた水は、マングローブや湿地植生によって残されたとても浅く細いクリークを流下する。これにより摩擦が増加し、マングローブ林や塩性湿地から水が引くのが遅れる。

マングローブ林や隣接水域内での潮流に対する流体抵抗とそれによる時間遅れは、マングローブにもう一つの特性をもたらすことになる。それは、水の混合および側方へのトラッピング効果である。潮流の滞留は、多くのマングローブ・エスチュアリで観察されてきた。これは最初に塩性湿地で観察されたもので、背の低い湿性植生によって弱められる（Wolanski 2007)。

マングローブ林内での側方へのトラッピングは、マングローブ水路における流れ方向の混合を規定する主要プロセスである（Wolanski and Ridd 1986)。このトラッピング効果は、エスチュアリを出入りする水の一部がマングローブ林に一時的に残り、後に主水路に戻る時に発生する。水のトラップは、浮力の効果が強くなる淡水の量が少ない乾季に強まる。雨季には、満潮時に淡水がマングローブ林にトラップされ、浮力の効果により干潮時に淡水レンズや川岸に沿った境界層として貯水される。この効果は、特に上げ潮の終わりにマングローブ林が淡水の流出を抑制することを意味する。タイのNgao川マングローブ林では、水がよく混合されていて、オーストラリアのエスチュアリと同様に正の塩分傾度（河口に向かって塩分濃度が増加）が見られた。この状態は、長い乾季の間に逆転し、塩分は内陸に向かって増加する。この塩分の変化は、おそらくマングローブ林からの蒸発散によって引き起こされている。水の蒸発と樹木の生理的活動（蒸散）によって生じる塩分の蓄積は、塩や他の物質に流れ方向、横断方向の勾配をつくるのに寄与している。マングローブ林と沿岸域の水のトラッピングは、アフリカのGazi湾でも観察されている。ここでは、物理的な力としてさらに海風が、サンゴ礁原・礁池に岸向きの吹送流を発生させている（Kitheka 1996）。このように、潮汐、海風、波は、マングローブ水路や沿岸において、河川水をトラップするために相乗的に作用する。

乾季のマングローブ・クリークにおける顕著な空間的な勾配は、蒸発散量の高さに起因している。マングローブに覆われた感潮水路の上流域では、雨期に河川淡水の流入の結果として、弱い成層化が生じる。ギニアのKonkoure川デルタでは、同じような塩分勾配と排水時間の遅延が見られた（Wolanski and Cassagne 2000）。乾燥地のマングローブ・エスチュアリでは、淡水の流入がなく蒸散速度が速いため、塩分構造は逆になる（Wolanski 1986; Ridd and Stieglitz 2002）。特にエスチュアリに接する塩性湿地やマングローブではそうで、塩分はしばしば50を超える。

潮汐水の動きもまた、流下方向に対して複雑である。流れ方向の拡散は、流速の2乗に比例し、流れが非常に小さいマングローブ・クリークの上流域では、混合率も非常に小さいことを意味している（Ridd et al. 1990）。水路に沿って、流速は河口から上流にかけて減少する。流速の流れ方向（および断面方向）の変化は、部分的には、マングローブ林の存在によって強化されるせん断分散プロセスの結果である。この拡散プロセスは、混合とトラッピングを促進する。こうした複雑なプロセスは全て、マングローブ水路の上流部付近における水の滞留時間に影響する。それは、特に乾季に長くなる。これは、上流部で取り込まれた汚染物質は下流部で取り込まれるよりも長くその場に保持されるため、生化学的に直接的な影響をもたらす（Wolanski et al. 2000）。

水循環の物理的複雑さに加えて、マングローブ植生を持つものも含むすべてのエスチュアリでは、主たる潮流による循環に重ねて二次流による循環パターンが見られる（Nunes and Simpson 1985）。上げ潮時の収束性の密度フロントにおいて、散布体を含むマングローブの浮遊デブリが捕捉される様子がしばしば観察されるが、それはこの現象（二次流による循環）に起因している（Stieglitz and Ridd 2001）。こうした循環は、オーストラリア北東部のNormanby川において詳細に測定されている（Ridd et al. 1998）。このエスチュアリでは発達した流軸方向の収束（密度フロント）が見られ、80 kmあるエスチュアリのうち30 kmのところまで侵入していた。この密度フロントは、よく混合されたエスチュアリにおいて、エスチュアリに対して横断方向の流れとエスチュアリに沿った密度勾配との相互作用によって起こる。底面摩擦によって、流速はエスチュアリ中心部より河岸近くの方が遅いため、上げ潮時に岸よりも中央部で密度が高くなる。エスチュアリ中央の重い水が沈み込み、2重セルの循環パターンを引き起こす。下げ潮が始まると、収束は急停止する。これらの循環パターンは、生物学的に明瞭に意味がある。Ridd et al.（1998）とStieglitz and Ridd（2001）は、実験に基づき次のような観察結果を得た。

・浮遊デブリ（散布体など）が、上流方向へ数 km/日オーダーで移動する。
・二重セル循環が存在する場合、散布体はエスチュアリ内のマングローブ林に入っていく可能性は低い。
・散布体は、マングローブ林より上流で、密度フロントの上流端にある「トラップ」に大量に集積する。
・散布体の上流でのトラップは、マングローブの種子散布戦略に寄与しない。

3.2.2 水流と植生や他の生物構造との関係

樹木、根系、動物の巣穴やマウンド、木材、他の林床にある腐朽した植物体は、マングローブ林内における潮汐水の動きを妨げる。樹木の抗力は、水面の傾きと植生による流動抵抗とのバランスに単純化することができる。マングローブ林内の水の流れは、全林床面積に対する樹木体積、有効樹木間隔 L_E（Mazda et al. 1997b）によって変化する。L_E（effective vegetation length scale）は、L_E＝（V - V_M）/Aで表される。ここでVは、少なくとも1本の樹木（プラス地上部根系）の広がりの面積と高さから得られる体積である。これは、あるサイズの箱（長さ×幅×高さ又は深さ）が林床に置かれている状況を想像すればよい。式のAは箱内の植被率（V）、V_Mは箱内の植生の体積（V）である。L_Eは、箱の高さ（又は深さ）に強く左右される。例えば、水深0.5 mを超えるような満潮時には、L_Eは1.0 mに近づき、実際の樹木間の平均間隔にほぼ等しい。水深が0.1 m未満の場合、L_Eはマングローブ種に応じて0.15-0.25になる。

流れの抵抗は抗力係数（drag coefficient：C_D）で近似することができ、マングローブ林のC_Dは0.4-10であった（Mazda et al. 1997b, 2005）。抗力係数は、レイノルズ数（R_e）によって変化する。R_eは、$R_e = uL_E/\nu$で表される。ここで、L_Eは先述通り、uは流速の深度平均（一方向性）、νは動粘性率で、海水密度に対する動的粘性（海水がそれ自体にとらわれる傾向の指数）の比である。Mazda et al.（1997b, 2005）は、様々なマングローブ種の抗力係数とレイノルズ数の両方を測定し計算した。彼らは、抗力係数がレイノルズ数の増加に伴い減少するというユニークな関係を見出した（図3.1）。生物学的な観点から、レイノルズ数が5×10^4以上の場合、抗力係数は0.4の値に収束することに留意することが重要である。抗力係数0.4とは、1つの円柱（1本の樹幹）の周

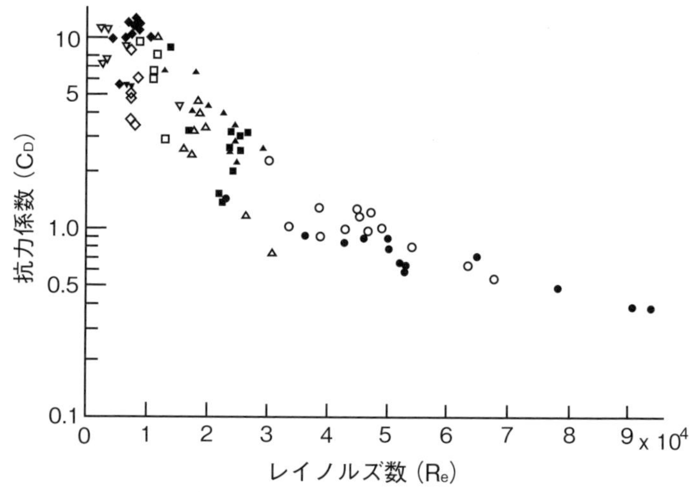

図3.1　オーストラリアと日本のマングローブ林で計算された抗力係数とレイノルズ数の関係（Mazda et al. 1997b改変）

りの流速のことである。逆に、レイノルズ数が低くなると抗力係数は10に近くなる。これは、高密度林分が冠水し水深が浅い（典型的には深さ1 m未満）間は、支柱根や呼吸根がマングローブ林内の潮汐水の流れに重要な役割を果たすことを意味する。計算されたレイノルズ数は一般に大きく（10^4オーダー）、マングローブ林における慣性力（推進力）は粘性力よりも相対的に重要であることに注意する必要がある。つまり、潮汐による慣性力は、土壌表面との摩擦を含む障害物の存在によって誘発されるせん断力よりも大きい。こうした結果により、マングローブ林内の潮汐流は木の種類、植生密度、潮汐の状況により変化することがわかる。

植生の影響はやや複雑で、マングローブ林における流れは無視できない。密な植生により満潮時にマングローブ林に入ってくる流れに二次流による循環が生じる。この二次流による循環は、潮汐のトラップ効果を強める（Mazda et al. 1999）。Mazda et al.（1999）は数値モデルを用いて、抗力が次の2つの影響を持つことを見出した。

(1) マングローブ林への浸水が抑制され、この水量の減少により分散が弱まる
(2) マングローブ林における水のトラップが強まり、分散が促進される

ただし、これらの効果は非線形であり、中程度の抗力で分散が最小になる一方、植生密度が高いか無いと分散が高まる。単に、潮汐トラップの強さは植生のために牽引力に依存し、そして分散の強さは最終的には植生密度に依存すると言える。水流に対するマングローブ樹木の抵抗力は、人口水路において実験的に検証されてきた（Struve et al. 2003）。松田義弘と彼の共同研究者らがモデルで予測したように、抗力係数は一般に0.4-0.5で、抗力は樹木の表面積と樹木密度の増加とともに増加した。

動物が作った構造も、マングローブの水循環に影響を与える（Ridd 1996; Stieglitz et al. 2000a, b; Heron and Ridd 2001, 2003, 2008; Susilo and Ridd 2005; Susilo et al. 2005）。カニや他の底生生物は、マングローブ林床に多数の巣穴や他の生物由来の構造物を作り出し、そこに潮汐水が入ってくる。Ridd（1996）による初期の実験で、潮汐水は、相互に連結した穴の迷路を地表の流れと同じ方向に流れることが分かった。巣道を通る水の流れは、複数の穴の開口部間の圧力差によって引き起こされ、流速は最大30 mm/秒になる。巣穴密度の控えめな推定値を使用すると、マングローブ林1 km^2の巣穴に流

れ込む水量は1,000-10,000 m^3で、マングローブ林に入ってくる水量の0.3-3%に相当する。Peter V. Riddと彼の共同研究者らは、トレーサーとして塩を使用した追加実験で、甲殻類の巣穴における受動的導水量を調べた（Steiglitz et al. 2000a, b）。巣穴は互いに20 cm以上離れている箇所が無いくらい密集していて、マングローブの根系から滲出した塩の拡散距離を短くすることに寄与していた。これは生物学的に重要で、よく海水交換される巣穴は、塩を根系から運び去る効率的なメカニズムとなっていた。ほとんどの樹木根にとって、塩を林床に拡散するより、巣穴へ拡散する方が効率的かつ迅速である。

より洗練された流体力学モデリングは、動物の巣穴を通る水の流れが、巣穴の構造と深さ、林床の傾斜、巣穴内の巣道のループ数、巣穴に対する根系の位置に大きく影響されることを示している（Heron and Ridd 2001, 2003, 2008）。1.2 m深の巣穴において、巣穴の開口部の間にマングローブの根がある場合と巣穴の下流側にマングローブの根がある場合において、海水交換時間はそれぞれ5分と28分と計算された。巣穴に2段階目のループをモデル計算によって追加すると、これら2つの根の位置における海水交換時間はそれぞれ15分と38分に延長された。モデルで推定された全ての海水交換時間から、巣穴は1潮汐で十分に海水交換されることが分かった。複数のループから成る巣穴も1潮汐で海水交換されるが、ループ上部は完全に排水され構造全体で交換される水量が増えるため、海水交換がより強化されることがモデリングにより示された。ただし、ループの複雑さと林床面に対する角度によって、一部のループでは海水交換される深さに限界（30-35 cm深程度）があるようだ（Heron and Ridd 2008）。

マングローブの根から供給される塩分は、巣穴を流れる水の密度を変化させるため、海水交換時間に影響を与える。Heron and Ridd（2003）は、水の密度が高いと、流れが制限されたり止まったりすることさえあることを示した。モデルでは巣穴が空であることを仮定しているため、生物が存在すると実際の海水交換時間が長くなる（動物が巣穴に積極的に水を引き入れていないとして）。巣穴、巣道、マウンド、他の生物由来の構造は、水の流れを顕著に遅らせ、マングローブ林内に水をトラッピングすることを助ける。この影響は、特にこれらの構造物に生物が生息している場合、潮汐水によって運ばれる物質にも影響を及ぼす。たとえば、トビハゼ*Periophthalmodon schlosseri*は巣穴に空気を貯蔵する（Ishimatsu et al. 1998）。これは、彼らの穴に入る前に頬咽頭腔を膨張させ穴の中に息を吐くという行動によるものである。トビハゼは巣穴の天井に卵を堆積し産卵室を形成するため、巣穴内への空気の蓄積は、卵や成長中の胚への十分な酸素供給につながる。このような行動には生物地球化学的影響があり、土壌中の微生物代謝の速度や経路に影響を与える（5章4）。

3.3 地下水

陸由来の水は地下の経路を通ることが多いため、陸と海の間に位置するマングローブ林の下に大量の地下水が流れていても驚くには当たらない。この地下水流は、樹木根から滲出する塩分（Ridd and Sam 1996; Sam and Ridd 1998）や硫化物やメタンといった有機物の微生物分解時の副産物（Ovalle et al. 1990）を除去する重要な経路である可能性がある（Ovalle et al. 1990）。一般にマングローブ土壌はシルトと粘土の含有量が高いため、カニの巣穴や割れ目が地下水の移動を促進する可能性が高い（Wolanski 1992）。

マングローブ生態系における地下水の流れには、一般に3つの要素がある（Mazda et al. 1990; Mazda and Ikeda 2006）。

・マングローブ林と外海の水位の違いに伴う圧力勾配によって生じる、外海に向かうほぼ定常的な流れ
・マングローブ林に向かって振幅が減衰し位相が遅れた地下潮汐
・減衰した地下潮汐により生じるマングローブ林に向かう残差流。この残差流により、森林から海への水の流出は減少する

マングローブ林の地下水とクリークの間の水位差により生じる地下水流量と、動物の巣穴による海水交換量は同等の大きさを持っている可能性がある（Susilo et al. 2005; Mazda and Ikeda 2006）。

地下水の影響は、垂直的な塩分の偏差（上げ潮と下げ潮での塩分差）やマングローブに隣接する井戸内の塩水地下水の存在から分かることがある（Kitheka 1998）。Kitheka（1998）はケニアのマングローブ林Mida Creekにおいて、底層に存在する塩分濃度の高い水塊の直上に淡水レンズ状の低塩分水の集積を見出した。乾季には、地下水の浸透が遅くなって高塩分な状態が生じる。特に、水循環が制限され蒸発速度が速い背後地ではそれが顕著である。しかし、Mida Creekは上げ潮の流速が下げ潮より速いため、海への地下水の流れが制限されている。

地下水由来の栄養塩がマングローブ水路の栄養塩動態に及ぼす影響は大きく、季節によって変動することが多い（Kitheka et al. 1999）。Mida Creekでは、アンモニウム、亜硝酸+硝酸、ケイ素の地下水・潮汐フラックスの季節差がよく現れている（表3.2）。地下水流において、ケイ素のフラックスは雨季に高く、NO_2^- + NO_3^-は乾季に高く、NH_4^+は季節差がほぼ無かった。季節によらず、上げ潮では下げ潮よりも高かった。栄養塩濃度は、NO_2^- +NO_3^-を除き、クリークよりも地下水で高く、また乾季よりも雨季の方が高かった。

表3.2と図3.2の両方のデータから、地下水の浸透はアンモニウムと亜硝酸塩+硝酸塩のフラックスに8-140%の寄与をしているが、ケイ素フラックスでは5%未満であることが示唆される。生態系レベルでは、潮汐で流出されるよりも海や陸から流入する栄養塩の方が多い。したがって、Mida Creekは亜硝酸+硝酸のソースである一方、ケイ素とアンモニウムのシンクである。NO_2^-+NO_3^-のほとんどは地下水を介してクリークに入り、外海からの流入はごくわずかである。ケイ素の場合、地下水による供給はまだ大きいが、大部分が外海からクリークに入る。このクリークは顕著な河川流量がないため、他の多くのクリークとはやや異なる状況となっている。

他の多くのマングローブ・クリークでは、栄養塩の循環は、表流水や河川からの流入が卓越する雨季に顕著となることが多い（Kitheka 1998; Drexler

表3.2　ケニアのMida Creekにおける、引き潮と上げ潮による栄養塩フラックス（および濃度）の乾季・雨季の比較（Kitheka et al. 1999）。地下水流入（GW）の寄与も示した。流量はg/秒で、括弧内の値は濃度（μM）である。栄養塩濃度の値は、両方の潮汐を平均したものである。

栄養塩	水	乾　季	雨　季
NH_4^+	地下水	0.2（8.0）	0.3（11.05）
	下げ潮	8.7（0.22）	15.1（0.39）
	上げ潮	11.7	20.2
NO_2^- + NO_3	地下水	28.3（1,124.1）	16.2（642.87）
	下げ潮	59.7（1.52）	103.3（2.64）
	上げ潮	80	138.4
$Si(OH)_4^+$	地下水	7.6（149.8）	23.8（470.25）
	下げ潮	499.6（6.35）	1,254.2（15.94）
	上げ潮	669.1	1,680.00

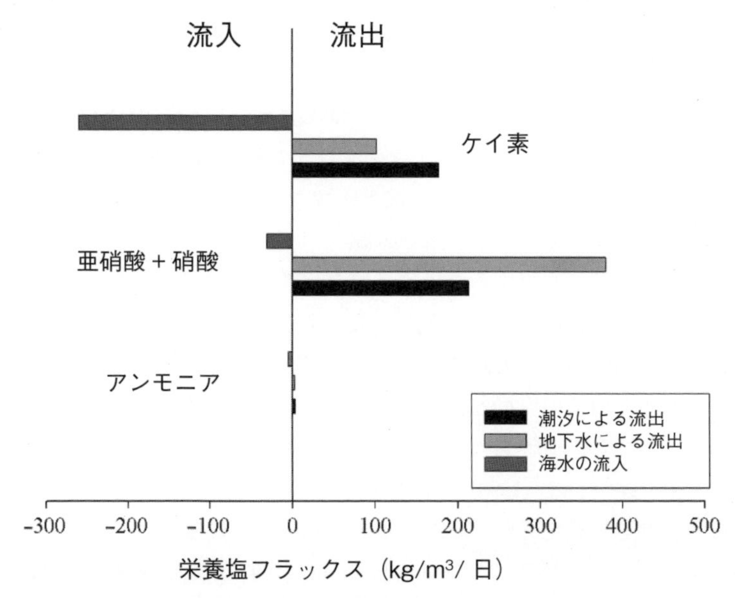

図3.2　ケニアのMida Creekにおける地下水、潮汐による流出、海洋からの流入の相対的重要性（Kitheka et al. 1999）

and DeCarlo 2002)。全水流に対する地下水の寄与の程度には、様々な要因が関係する。ミクロネシア連邦の島々においてDrexler and DeCarlo (2002) は、化学トレーサーとして塩化物を使用し、淡水と海水の様々な起源を、河川型マングローブ林や内陸型マングローブ林において追跡した。地下水の寄与率は、河川型マングローブ林では5%、陸地に近い内陸型マングローブ林では20%と大きく、マングローブ林と上流の淡水湿地との間に水文学的つながりが見られた。内陸型マングローブ林において地下水の流入量が多いことは、こうしたつながりが塩分ストレスとマングローブ林の乾燥を軽減することに寄与している。地下水の浸透は（一般的には小-中規模に過ぎないが)、無酸素状態を低減し、塩を希釈する淡水を供給する。これにより、成長不適地のマングローブや他の植物の成長を促進していると考えられる。

3.4　波

マングローブは静穏な環境で最もよく成長するが、しばしば波の影響を強く受ける。特に外洋に面した湾やエスチュアリの周辺ではそうである。マングローブ林は、波のエネルギーを減衰させる。しかし、波を減衰させる要因を解明するための室内・野外実験が行われ始めたのは、最近のことである(Brinkman et al. 1997; Mazda et al. 1997b, 2006; Massel et al. 1999; Quartel et al. 2007; Vo-Luong and Massel 2008)。マングローブ林における波の減衰には2つのメカニズムがあり、それは（1）波と、マングローブの樹幹や根系との重層的な相互作用と、(2) 底面摩擦である。

底面摩擦を正確に算出するために必要な係数は不明であるため、樹幹とその根系の影響が特に注目されてきた。波によって引き起こされる樹幹と根系への力には、慣性力と抗力があり、ほとんどのマングローブでは抗力の方が支配的である。樹幹の直径と密度が増加するにつれ、波の減衰の程度も増加してゆく。ただし、樹幹間の相互作用は、抗力の強さに影響を与えると考えられる。Massel et al.（1999）は離散渦法を用いて、樹木密度によって変化する抗力係数を定式化した。マングローブ林内における波は、これらの相互作用によって大きく減衰した。Mazda et al.（1997a）はトンキン湾において、*Kandelia candel*実生は消波に効果的ではないが、同種のより大きな木々が生えていれば100 mの距離で波を20％減衰することを見出した。このように、波のエネルギーの減衰は、樹木の直径と密度の両方の関数である樹木の基底面積の関数であると言える。

波のエネルギーの減衰に、水深と波のスペクトル特性も重要な役割を果たしている（Vo-Luong and Massel 2008)。図3.3は、マングローブ林に入ってくる2–3秒周期の波（小さいさざ波のような波）の減衰の様子を、波の侵入距離と樹木密度の違いで比較したものである。樹木密度の高い森の場合、波のエネルギーは海/マングローブ境界から40–50 m以内にほぼ完全に消失した。樹木密度の低い森では、境界から50 mの位置でも入射波エネルギーの約35％は残っていた。この数値計算の結果と、Brinkman et al.（1997）による実験に基づく実測データは全体的に一致していた。ただし、実際のマングローブ林における波の減衰はそれほど急ではなく、マングローブ林内に250 m入っても入射波エネルギーの約20％はまだ残っていた。しかし、より大きなうねり性の波（8秒周期）は、小さい波のように急に消失したりはしなかった（図3.4)。大きな波は、マングローブ林内を数百 mも伝播する。その距離は、樹種によって多少変わる。このように、波の伝播の程度は、波の周期に強く依存する。

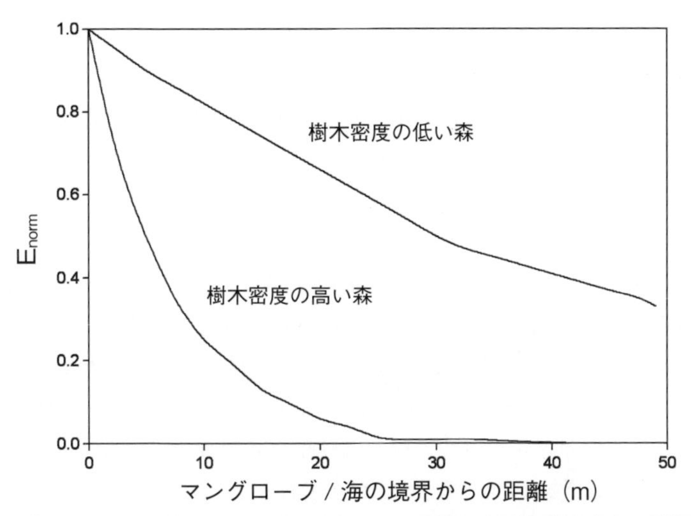

図3.3　熱帯マングローブ林における波エネルギーの減衰に対する樹木密度の影響を示したモデル（Massel et al. 1999）。E_{NORM}は規格化された波エネルギーで、マングローブ/海境界からの距離xにおける波エネルギーと入射波エネルギーの比である

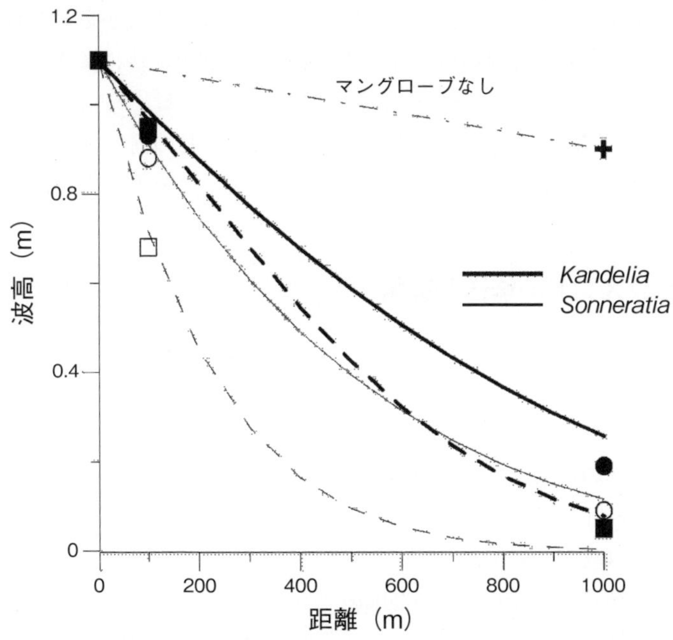

図3.4　うねり波（8秒周期）が*Kandelia*林と*Sonneratia*林内を数百m伝播する様子をモデルで再現したもの（Barbier et al. 2008改変）

一方、津波は、風波や潮汐波とは全く異なる（Latief and Hadi 2007）。一般にその周期は10分から1時間で、潮汐段波のように、浅い海岸に向かうにつれて勢いが増す。日本で開発されたマングローブ林による津波エネルギーの減衰予測モデルによると、密度3,000 本/haの森が100 m幅である場合、最大の津波による流体力は90％減少する（Hiraishi and Harada 2003）。マングローブを含む様々なタイプの植生について得られたモデル結果は、互いに似ており（Hamzah et al.1999; Harada and Imamura 2005; Latief and Hadi 2007; Tanaka et al. 2007）、また津波エネルギーの減衰特性に種間差があることも示した。マングローブが津波の影響を低減する程度は、以下の要因に依存する；マングローブ林帯の幅、幹直径、樹種、樹木密度、土壌粒径、マングローブ林の位置、前浜植生の存在、津波の規模と速度、地殻変動イベントからの距離、津波の進行と海岸線との角度、林床面の勾配、根系に対する地上部バイオマスの割合（Alongi 2008）。

マングローブ林は、海岸線（および人の居住地）を多少なりとも保護する。しかし、新生のマングローブは保護される必要がある場合もある。実生はそれほど波を減衰しないため、マングローブ植林時には保護が必要である。マングローブの若齢植林地の前に竹の棒を並べる方法は、波による撹乱から効果的かつ安価にマングローブを保護することができる（Halide et al. 2004）。直径8 cmの竹棒を1-4 本/m^{2}の密度でマングローブ林の前に設置すると、入射波エネルギーの50％を減衰させることができる。こうした保護は、マングローブ植林プロジェクトの初期段階で必要になることがあるだろう。

3.5　セジメントの輸送と凝集

竹棒の実験が明示しているように、波のエネルギーが低い静穏環境でマングローブは最もよく成長する。マングローブ林内における潮汐流とそれに続く水流の減衰により、水柱上部から微粒子が沈殿してくる。マングローブにおける懸濁物の移動は、相互に関連した複数のプロセスによって規定されている（Wolanski 1995）；

・潮汐ポンプ（tidal pumping）

・傾圧的な循環（baroclinic circulation）

・濁度極大域（turbidity maximum zone）における微粒子の捕捉

・浮遊物の凝集（flocculation）

・マングローブ・エスチュアリのタイダル・プリズム（tidal prism）
・凝集性セジメントの凝集を破壊する生化学反応（physiochemical reactions）
・微生物による粘液の生産（microbial production of mucus）

これらのプロセスの相対的な重要性は、場所により変わる。例えば、海岸線沿いに幅の狭いマングローブ林が成立しているだけでは、セジメントの動態に特に大きな影響は与えないだろう（Bryce et al. 2003）。逆にマングローブ林が水路面積に対して広大であるような場合、マングローブが微粒子の輸送と堆積に大きな影響を与えると考えられる。

セジメント輸送に関与する他の要因（例えば洪水の影響など）と比較して、マングローブ林の破壊などはあまり関与していないと見られている傾向がある。水路の干拓はセジメント輸送の程度（方向ではなく）に影響し、マングローブ林の荒廃を引き起こす（Kitheka et al. 2003）。ケニアの荒廃したマングローブ生態系では、セジメントの正味の移入が残っていながら、海から離れた林内では、セジメントの捕捉効率が65％から27％に低下した（Kitheka et al. 2003）。荒廃したマングローブ林では、セジメントの侵食が促進されることによってセジメント堆積速度が0.25-3.5 cm/年と高くなった。

マングローブ林へのセジメントの移入は、主に雨季に発生する。これは、河川起源のセジメントの流入が高くなる期間である。ケニアでは、河川流量の多い雨季には、小潮と大潮に関係なくマングローブ林へのセジメントの正味の移入が起こる。乾季には、大潮時にしかセジメントの移入が発生しないため、移入量は少なくなる（Kitheka et al. 2003）。同じようなパターンが、オーストラリア北部のマングローブ・エスチュアリで観察されている（Larcombe and Ridd 1996; Bryce et al. 1998）。

塩分（および密度）や懸濁物濃度の成層化によって生じる二次流は、粒子をサイズによって分級することができる。例えばオーストラリア北部のSouth Alligator川では、蛇行に沿って粘土とシルトの粒子が川岸に集まり、川床には砂利と砂だけが残っている（Wolanski et al. 1988）。タイダル・プリズムは、広大なマングローブ林の存在により、大潮時に著しく増加する。これにより、潮汐の流体力学特性が、上げ潮が支配的な状況から下げ潮が支配的な状況に切り替わり、この水路は自ら洗堀されるようになり、水路の水深が維持されるようになる（Wolanski 1992; Bryce et al. 2003）。

河岸に沿って、泥の堆積域は、傾圧的な循環だけでなく、特に濁度極大域における潮汐ポンプ（潮汐による移送）と混合の結果としても形成される（図3.5）。濁度極大域は、エスチュアリ内で底面にある陸側に向かう残差流と海に向かう河川流が収束する場所に形成される。一般にこの濁度極大域は、塩水が到達する最も陸側の地点（塩水の遡上限界）である。この地点は砂泥が集積する収束点であるため、水深が浅くなる。残差流はこの濁度極大域の上流側、下流側表層では下流向きであり、ここは（下流側底層の上流向き流れで輸送されてきた）懸濁物の収束点となり、その大部分は底に沿って掃流される（Eisma 1998）。この濁度極大域における流速は遅いため、懸濁物はここに留まる。この濁度極大域は固定しておらず、潮の干満とともに移動する。

濁度極大域では、粒子の凝集は塩分1未満で始まる。最大のフロック（凝集した粒子）は、川底近くに残り、小さなフロックや凝集していない粒子は、流れによってさらに下流に移動し（図3.5）、移動先の粒子と混合する。フロックのサイズが大きいほど、傾圧的な循環によって上流に移流される時、フロックは河床に向かって沈降する。これらのフロックは、潮汐ポンプにより、下げ潮時に下流に運ばれるよりも大きく上げ潮時に上流に運ばれる。パ

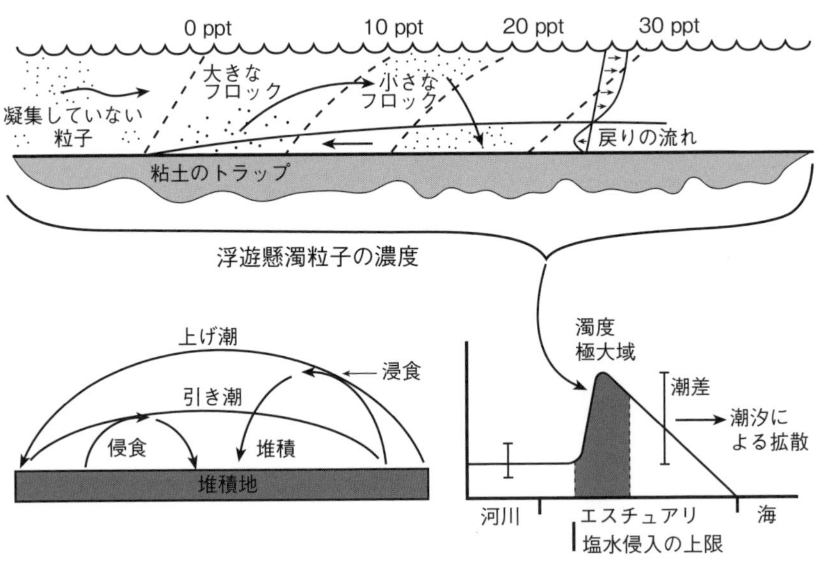

図3.5　モデル化されたマングローブ・エスチュアリの濁度極大域における、傾圧流、潮汐ポンプ、混合、凝集の影響に関する概念図（Wolanski 1995, 2007改変）

プアニューギニアのFly Riverデルタなど一部のマングローブ・エスチュアリでは、濁度極大域においてシルトではなく粘土が選択的に捕捉される（Wolanski and Gibbs 1995）。Fly Riverでは、エスチュアリに沿って懸濁物の粒径分布割合において粘土が優占し、選択的にマングローブ林に捕捉され、濁度極大域での上げ潮時の懸濁粒子の50％もの割合を占める。しかし、これらの粒子はしばしば、潮と波によって生成された乱流によって再懸濁される（Wolanski 1992）。

フロックは、粘土粒子とシルト粒子が緩い結合状態にある構造を持ち、一般に直径が数十μmで、そのサイズは潮流の強さによってある程度規定されている。潮流速度が1 m/秒を超えると、構造が壊され始める（Wolanski and Gibbs 1995）。フロックの直径は、大潮時には通常15-40 μmで、小潮時にはより大きくなる（一般に100 μmより大きい）。またフロックは、細菌、原生生物、真菌、粘液や粘糸などの細胞外産物で構成されている。これらの微細な「ヒッチハイカー」達は、フロックを固縛し、乱流にさらされた時にそのサイズの維持に寄与する。

マングローブ林内では、樹幹の周りの流れによって乱流が発生し、フロックは浮遊したままになる。これらのフロックは粘着性があり、粘土とシルトで構成され、より大きなフロックを形成する。マングローブ林内における土粒子の沈降は、潮が上昇から下降に変わって水が静まる時に、ごく短期間（30分未満）のうちに起こる。沈降は、微生物の粘液の付着や無脊椎動物の排泄物の粒子化によっても促進される。Wolanski（1995）は、オーストラリア北部のCoral Creekにおける粒子の様々なプロセスを調べた。彼は、上げ潮時にマングローブに入ってくる大量の非凝集粒子は、下げ潮時に再移出されるが、水面の粘液に張り付くことを見出した。粘液はマングローブではよく見られ、腐朽木、落葉、セジメントの表面、密度によって生じる有機物の集積線上に見られる（Steiglitz and Ridd 2001）。

以上のように、マングローブ林は受動的な微粒子の受け取り手であるだけでなく、様々なメカニズムを通してシルト、粘土、有機物を積極的に捕捉していると言える（Furukawa and Wolanski 1996; Furukawa et al. 1997）。樹木のサイズ、形状、分布パターンは、堆積に大きな影響を与える。複雑な根系を持った（*Rhizophora*属など）大きな樹木は、構造が単純（*Ceriops*属など）で小さい樹木よりも粒子の堆積を促進する。粒子の堆積は、満潮の停潮（満潮又は干潮の前後）で水流が弱まった時に起こる。粒子の凝集により、沈降速度は速くなる。Furukawa and Wolanski（1996）は、ほとんどのフロックが、満潮の停潮直前の30分以内に沈降することを見出した。樹幹、根系、呼吸根によって作られた乱流によって、潮止まりになるまで粒子は浮遊したままである。しかし、一旦森に入ると高い植生密度のために水の動きが妨げられるため、粒子はあまり再懸濁されなくなる。Furukawa et al.（1997）はCoral Creekにおいて、大潮時に入ってきた粒子の80%がマングローブ林内に保持されると推定し、その堆積速度は1大潮当たりクリーク長1 mあたりで10-12 kgになる。これは、マングローブ林内において林床が約0.1 cm/年上昇することに相当する。

3.6 堆積と降着：短期と長期のダイナミクス

マングローブ林の第一印象は、アルフレッド・ラッセル・ウォレスが指摘したように（序論1ページ目を参照）、「森が接する川岸が盛りあがっている」だろう。この観察結果は本書で何度も言及されているマングローブ林における堆積プロセスによるものであるが、その実測例は比較的少ない。短期的な堆積速度は、放射性トレーサーや海水準に対する変化として測定され、実際に堆積していることが示されてきた。測定手法の違いや気候の地域差などにより、堆積速度は1 mm未満～数 cm/年まで大きく変動する（表3.3）。一般化できることは、河川流量が多い、あるいは中国南部のように人為影響が大きい河川のマングローブ林で堆積速度が最も速いことである（Alongi et al. 2005b）。逆に、乾燥熱帯の外洋に面した湾やエスチュアリに隣接するマングローブ林において堆積速度は最も低い。パプアニューギニア南部の河川における放射性トレーサーを用いた様々な測定により、前者の推測について裏付けが得られている（Brunskill et al. 2004; Walsh and Nittrouer 2004）。南フロリダとカリブ海で行われた測定により、後者についても裏付けが得られている（Lynch et al. 1989）。

ただ、こうした経験的測定はマングローブ林における堆積の長期変動を反映している訳ではない。沿岸は数十-数百年スケールでダイナミックに変化し、それは特に湿潤熱帯で顕著である。あるマングローブ林に急速に堆積した砂泥は、上流の別のマングローブ林が侵食され運ばれてきた物である可能性が高い。極端な例は、南米ギニア沿岸の堆積環境である（Fromard et al.

表3.3 様々なマングローブ林における堆積速度（mm/年）（データは、Spackman et al. 1964, 1966; Bird 1971; Woodroffe 1981; Lynch et al. 1989; Ellison 1993, 2005; Parkinson et al. 1994; Allison et al. 1995; Cahoon and Lynch 1997; Furukawa et al. 1997; Wolanski et al. 1998; Saad et al. 1999; Smoak and Patchineelam 1999; Allison and Kepple 2001; Alongi et al. 2001, 2004a, 2005b; Anthony 2004; Brunskill et al. 2004; Walsh and Nittrouer 2004; McKee et al. 2007）

場　所	堆積速度
ブラジル、Sepetiba Bay	1.2-1.3
オーストラリア、Coral Creek	10
パプアニューギニア、Fly Delta	15-44
ベリーズ、Twin Cays	0.7-1.6
ベンガル湾	≦5
アマゾンデルタ・フロント	2.4-20
パプアニューギニア、Purari Delta	13-72
パプア州、Ajkwa estuary	0.6-5.5
オーストラリア、Victoria	2.3-8
タイ、Sawi Bay	10-12
マレーシア、Matang森林保護区	10-31
マレーシア、Kuala Kemaman森林保護区	10.6
南フロリダ	0.4-1.1
グランド・ケイマン島	1
バミューダ諸島	1
西アフリカ、Sherbro Bay	1.1-1.3
中国、Jiulongjiang estuary	13-60

2004)。Fromard et al. (2004) は歴史的な写真とリモートセンシング技術を用いて、1951-1999年のマングローブ林は堆積（1951-1966）と侵食（1966-1991）と変化し、その後さらに発達・堆積の段階が続いていることを示した。

こうしたパターンは、マングローブ林の発達プロセス（Fromard et al. 1998; Proisy et al. 2000, 2002）の理解とあいまって、マングローブ林と海岸線の発達に関する包括的モデルの開発へとつながった（図3.6)。このモデルは、マングローブ林と海岸線の発達がどれほど密接に関連しているかを示している。堆積地の発達がこのサイクルの最初の段階で、堆積地が平均海面より上で安定するとマングローブの散布体が定着し、冠水と干出の潮汐サイクルにさらされるようになる。時間の経過とともに、これらのパイオニア樹木は若齢林へと発達してゆく。林分の発達とともに、空間と光を巡る競争によって種組

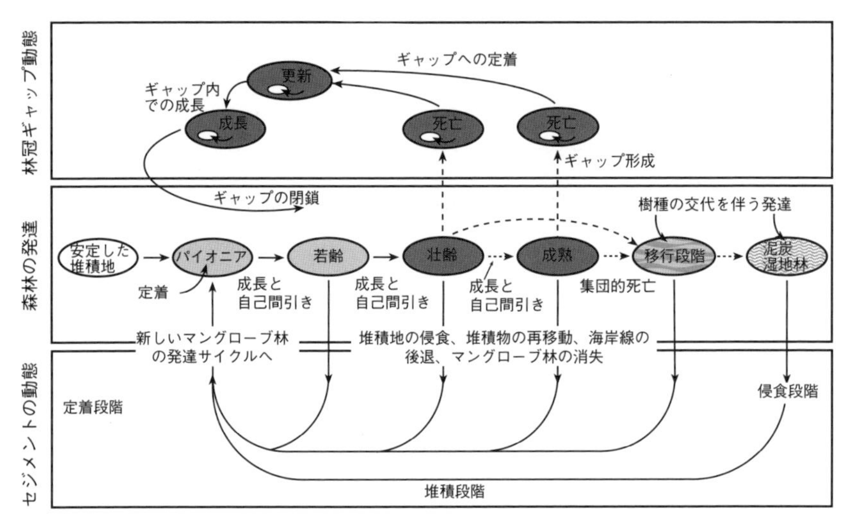

図3.6　マングローブ林と海岸線の発達に関する包括的モデル（Fromard et al. 2004改変）

成、サイズ構造、密度（自己間引き則）の変化が生じる。局所的には、林冠個体の死亡がギャップ更新を引き起こす。侵食段階は、この発達過程のどの段階でも発生する可能性があり、それは例えば、嵐や河川流量の変動によっても発生する。これに続いて堆積段階が続く。侵食によって再流動化したセジメントは、輸送され、潮汐と潮流（そのパターンも海岸線の後退によって変更される）によって輸送・安定化が可能な新しい堆積地に最終的には再堆積する。そして、マングローブが定着する。当然、これはアマゾンの非常にダイナミックな地域で開発された、理想化されたモデルである。にもかかわらず、このモデルは、マングローブ林の発達が海岸線の発達の長期動態とどのように結びついているのかを示している。他の大規模で長期的な研究は、このモデルが西アフリカ（Bertrand 1999; Anthony 2004）やパプアニューギニア南部（Walsh and Nittrouer 2004）においてもマングローブ発達の動態を説明するのに適切であることを示唆している。海岸線の地形変化に対しマングローブ林の構造は共時的に応答している、という考えはこのモデルと親和的である（Alongi 2008）。

より局所スケールでは、セジメントや有機物の堆積は、最終的には海水面の変化と関わってくる。これは、マングローブ林の陸側境界の広がりは、潮汐の侵入長によって制限されていることによっても確かめられる（Woodroffe 1992)。つまり、マングローブ林のある場所で堆積が無限に続くということはありえない。例えば、経験的に測定された1 cm/年の堆積速度というのは、測定手法に関係なく、ある時間での速度を切り取った「スナップショット」にすぎない。長い時間をかけて、堆積が進むにつれ実際の堆積速度も低下してゆく。これは、その堆積地が、微粒子を運ぶ潮汐水に冠水する頻度が低下してゆくためである。実際、中国とパプアニューギニアの森では、堆積速度は海岸からの距離とともに減少していた（Walsh and Nittrouer 2004; Alongi et al. 2005b）。局所的な特徴（船の航行による侵食や局所的に不安定な泥土など）によって、このパターンと異なる所もあった。こうした地域の堆積速度は、その場の海面上昇速度を超えているように見える。しかし、多くの熱帯河川デルタでは、急速に堆積が進んでいる島や河岸は、侵食が進む島や土手の近くに位置していることが多い。局所的に急激な堆積があったとしても、全体としては正味のフラックスはほとんど無いだろう。

したがって、デルタ全体というスケールでは、正味の堆積は、小数サンプルから外挿で推定された値よりも小さくなる可能性が高い。例えば、マレー半島のMatangマングローブ林保護区におけるマングローブの堆積速度は、過去1世紀にわたって潮間帯が約2,500 haも拡大したことを示唆している（Alongi et al. 2004a）。しかし、保護区設立以来の詳細な調査によると、この系は実際には1,500 haしかマングローブ林面積は増加しておらず、そのうちの228 haは過去10年間に増加したものであった。したがって、潮間帯は侵食と堆積の期間から成っていて、系内のセジメントは、海や陸から移入してきた「新しい」セジメントではなく局所的に輸送されているものだと言うのが妥当なところであろう。にもかかわらず、全体的な堆積のパターンは、現在ほとんどの熱帯域のマングローブを擁するデルタが海に向かって伸張していることを示している（Woodroffe 2003）。

3.7 水とセジメントがもたらす化学的・生物学的な影響

マングローブ林における水とセジメントの移送は、生態系の化学的・生物学特性に重要な影響をもたらしている。Wolanski（1992）による概念図は、水とセジメントの移動はマングローブ林と水路の生物地球化学や生態にどのように影響しているのか、を簡潔に示している（図3.7）。

マングローブ林と水路の地形とその変化、潮汐の様相は、潮汐による混合

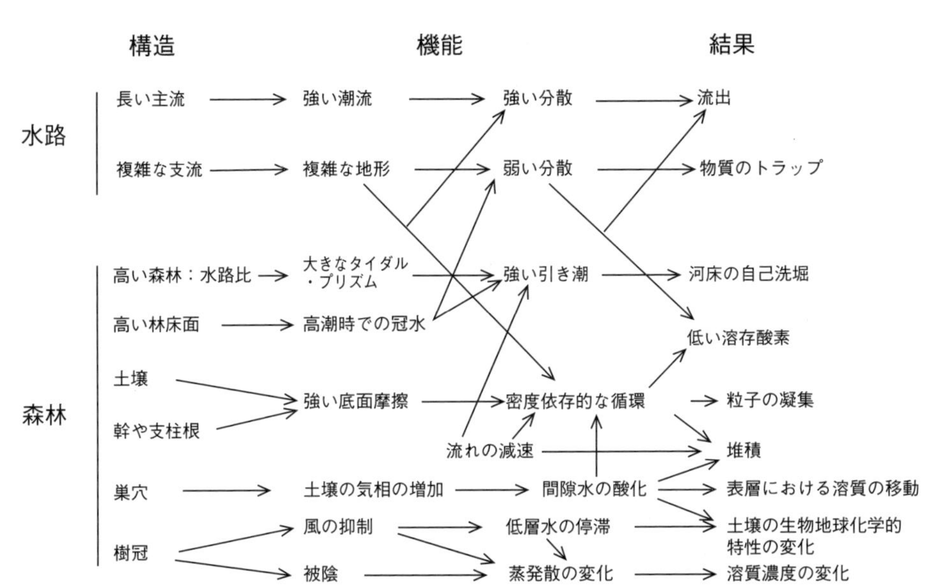

図3.7　マングローブ生態系の化学的・生物学的特性に及ぼす物理構造と機能の影響（Wolanski 1992改変）

とトラップ（潮汐の非対称性の促進を含む）の程度を規定する。こうした要因は、セジメント堆積速度やクリーク・地下・土壌間隙水の酸化還元度といった水とセジメントの物理特性に影響を与える。樹木や生物由来構造は、水とセジメントの動きを遅くする摩擦をもたらすなど、フィードバック・ループとして機能する。林冠部も、風を弱め日陰を提供し、蒸発散量を変え、潮汐水や気体の動きを変えるなど、多くの生態系特性に影響を与える。残りの章で見るように、こうした特性はマングローブ林と水路の生物とエネルギー・フローに大きく影響する。

第4章　潮汐水の生物

4.1　はじめに

マングローブ域に生息するプランクトン群集は、水の動きの物理特性にうまく適応して生活している。プランクトン[11]とネクトン[12]、水の物理化学性は、互いに密接に（あるいはごくわずかに）つながりあって、潮汐水の化学的な性質にも影響を与える。強力な底面摩擦と複雑な地形によって引き起こされる渦によって、マングローブの浮遊デブリの凝集体が作り出される。この凝集体は、細菌や原生動物、動物プランクトン、魚類など多様な生物を引き寄せる。樹幹、根系、倒木やそれらに付随する表在性生物もまた、上げ潮とともに森に入ってくる多くの生物にとって魅力的である。

マングローブのプランクトンとネクトンは、濁った環境に生息している。水は、リターから溶脱したポリフェノール化合物とシルトや粘土の懸濁微粒子によって、茶色がかった緑色に染まっている。マングローブの水路や流路は、速い流速や停滞水、水温や塩分、懸濁物質、酸素、pHなどが激しく変化する、厳しい生息環境である。一方でマングローブ林は、下げ潮・上げ潮の水柱を浮遊・遊泳する海洋生物にとって、餌場、日陰、隠れ家のいずれかとして重要なハビタットとなっている。

4.2　物理化学・生化学的な特性

熱帯でよく見られる半透明な水とは異なり、マングローブの河川を出入りする潮汐水は比較的不透明である。マングローブの水の透明度が低いのは、森林やクリーク底、沿岸水域からの上げ潮などに含まれる微粒子の移動や底泥の洗堀などが相互に関連する多くのプロセスの結果である。豊富なプランクトンとその生体機能もまた、文字通り水を濁らせることにつながる。

マングローブの河川を出入りする潮汐水の物理化学的な特性は大きく変動する（第3章参照）。塩分は、流出や降雨のパターンに応じて淡水から高塩分まで変化する。多くの熱帯エスチュアリでは、モンスーン期の降雨によって

[11] プランクトン：Plankton。流れに逆らえずに浮遊する生物。
[12] ネクトン：Nekton。魚類など流れに逆らえるだけの遊泳能力のある動物。

塩分が完全に流出する一方で、一部のエスチュアリでは（あるいは同じエスチュアリでさえ）乾季に（塩分を含む）水が上流に長期間閉じ込められることがある。エスチュアリの出口において水の滞留時間が長くなりまた蒸発速度が速いと、逆エスチュアリ（上流に向かって塩分濃度が増加する状態）が形成される（Wolanski 2007）。そのため、マングローブに生きる生物は広い塩分耐性（広塩性）を持つか、沿岸域に移動できなければならない。

溶存酸素と溶存栄養塩の濃度もまた、マングローブ・エスチュアリ内およびエスチュアリ間の双方で大きく異なる。それらは、地形、塩分、集水域の面積、潮差、降雨パターン、生物活動、クリーク水の垂直・水平混合の程度によって変化する（Alongi et al. 1992）。マングローブ林内の水路に沿ってよく見られるパターンの一つは、pH、酸素、DOM[13]との関係である。一般に上流にいくほど、pHと酸素濃度は低下しDOMは増加する。これは降雨量が少ない場所で顕著である。Boto and Bunt（1981）は、オーストラリアの感潮河川において最初にこの現象を見つけた。彼らは、このパターンはpHと酸素レベルを低下させるポリフェノールの酸化に起因していると考えた。他に考えられるのは、水が停滞して流出に要する時間が長いと、上流ほど水柱の呼吸速度が増加し、微生物群の濃縮とブルーム（大増殖）が発生しより多くの懸濁態有機物が作り出されるというものである。呼吸は酸素濃度を低下させ、その後のCO_2放出による炭酸生成はpHを低下させる。

マングローブ潮汐水の化学性に関する最近の研究は、DOC[14]とDON[15]の起源を同定し、その特徴を明らかにすることに重点が置かれている（Hernes et al. 2001; Scully et al. 2004; Maie et al. 2008）。DOMは、微生物の増殖、金属錯体の形成、栄養塩の供給、光透過性、有機物の輸送において極めて重要な役割を果たしている（6章2参照）。マングローブ葉は被食防御のために高濃度のタンニンや他のフェノール化合物を含んでいて、DOCの大部分はこのマングローブ葉からの溶脱によって生じる（Hernes et al. 2001）。いくつかの化合物は、微生物、光酸化や非生物学的プロセスによって急速に変質し、その後の生物によるDOMの利用可能性に影響を及ぼす。ポリフェノール化合物

[13] DOM：Dissolved organic matter。溶存有機物。ここでは特にポリフェノール化合物を指している。
[14] DOC：Dissolved organic carbon。溶存有機炭素。
[15] DON：Dissolved organic nitrogen。溶存有機窒素。

は、糖、タンパク質、脂質や酵素と反応して結合し、これらの易分解物質を生物にとって利用しづらくしてしまう（Maie et al. 2008）。このようなプロセスは、非常に難分解で有色の高分子ポリマー様物質の生成を促進する（Scully et al. 2004）。この物質は、マングローブ葉からの溶脱だけでなく、マングローブ土壌の間隙水にも由来し、下げ潮時に林床から側方輸送されると考えられる（Tremblay et al. 2007）。このことは、マングローブ潮汐水中のDOMのほとんどが光分解の作用を受けず、林床では特定の生分解性分子がまず選択的に除去され、難分解性のリグニンが潮汐によって輸送される重要なDOMとして最後に残っていることを意味する。

そうした難分解性高分子とより易分解な化合物との錯体形成は、陸域の森林でよく生じるように、栄養塩のリサイクルに影響を及ぼす（Krause et al. 2003）。この現象のメカニズムは、フロリダの*Rhizophora mangle*林の葉、セジメント、地下水を調べたMaie et al.（2008）によって明らかにされている。Maie et al.（2008）は一連の実験で、葉由来タンニンの動きを調べ以下を明らかにした。(1) 光暴露条件下でタンパク質が放出された、(2) タンニンは構造変化を起こした、(3) タンニンの大部分は、海水中で沈殿しセジメントと結合した、(4) タンニンの化学的半減期は、1日未満であった、(5) DONは、潮汐水のタンニンと共沈した。これらの知見に基づきMaie et al.（2008）は、タンニンは、微生物分解によるDONの急速な流出と喪失を防ぎ、窒素を（DONとして）維持しそのサイクルを緩やかにすると結論づけた。タンニン-タンパク質複合体からのタンパク質放出は、このプロセスにおける律速段階である。

4.3 微生物ループ、連鎖、ハブ

1970年代半ば以前は、海洋における微生物のエネルギー循環における役割はほとんど理解されていなかった。1980年代半ば以降になると微生物関連の技術が大きく進歩し、DOMとエネルギーの流れの大部分は、古細菌、細菌、繊毛虫、鞭毛虫、アメーバ、ウイルスといった極めて多様で成長が速く多数の栄養段階を含む分類群を経由することがわかった。さらに微小原生生物の捕食者の連鎖系を経て、やがてより高次の消費者へ連なるという、いわゆる「微生物ループ」（Fenchel 2008; Strom 2008）が知られるようになった。元々、微生物ループの概念は、細菌によるプランクトン由来の低分子DOM（クラゲの粘液も含む）の摂取のことを指していた。このDOMは、繊毛虫や鞭毛虫、アメーバなどの細菌を捕食する原生動物（細菌食者）を介して（微生物ループを形成する）食物網を流れていくと考えられていた。その後、微生物ループの概念は、プランクトン食物網の複雑な微生物機構の機能的共同体（Fenchel 2008; Strom 2008）と認識できるまでに進展してきた（Landry 2001）。その微生物は古典的な食物網[16]と密接につながっており（図4.1）、微生物ループというよりは「微生物ハブ[17]」と言える（Legendre and Rivkin 2008）。ハブ内での生産と消費は、大部分が複数の栄養段階を経てより高次の消費者へと移動するか、有光層内で無機化され消失する。

マングローブ域における微生物の研究は、林床を含む森林での研究に比べて遅れている。これは、他の水域で行われてきた多くの微生物ハブに関する研究を考えると奇妙である。またマングローブ域では、様々な微生物群集の種多様性に関する情報もほとんど知られていない。

マングローブ域における細菌数については、細菌の成長速度や生産性よりも多くの研究がある（表4.1）。しかし、細菌プランクトン[18]の動態を詳細に調べた研究は、1990年代初めまでなかった。そのためRobertson and Blaber (1992) のプランクトンに関するレビューの章では、直接計数法で水柱の細菌数を計数したわずか4つの研究しか紹介されていない。しかしその後、微生物ループ、特に細菌数と細菌生産の時空間変動について多くの研究が行われてきた（表4.1）。

マングローブの細菌プランクトンの細胞密度は10^5–10^6 細胞/mLで（表4.1）、他の熱帯・温帯沿岸域における値（Ducklow and Shiah 1993）の範囲内にある。細菌プランクトンの密度がこのように比較的狭い範囲内に収まっているのは、被食圧が関係しているからである。この細胞密度の範囲は、細菌食者による捕食が機能的・エネルギー的に非効率になる閾値を示しているのかもしれない（Thelaus et al. 2008）。細胞密度は、潮流、林床への近さ、懸濁粒子やDOMや溶存無機栄養塩の濃度、モンスーンの到来、水温、捕食、植物

[16] 古典的な食物網：生食食物網。植物プランクトンを出発点とする食物構造。
[17] 微生物ハブ：微生物ループの概念を拡張したもの。DOMに端を発する連鎖構造（DOM→細菌→原生動物）のみならず、一次生産者を直接に捕食する原生動物も含め、一次生産者と高次消費者を中継（ハブ）する微生物群集を描いた食物構造。
[18] 細菌プランクトン：水中を浮遊する細菌。

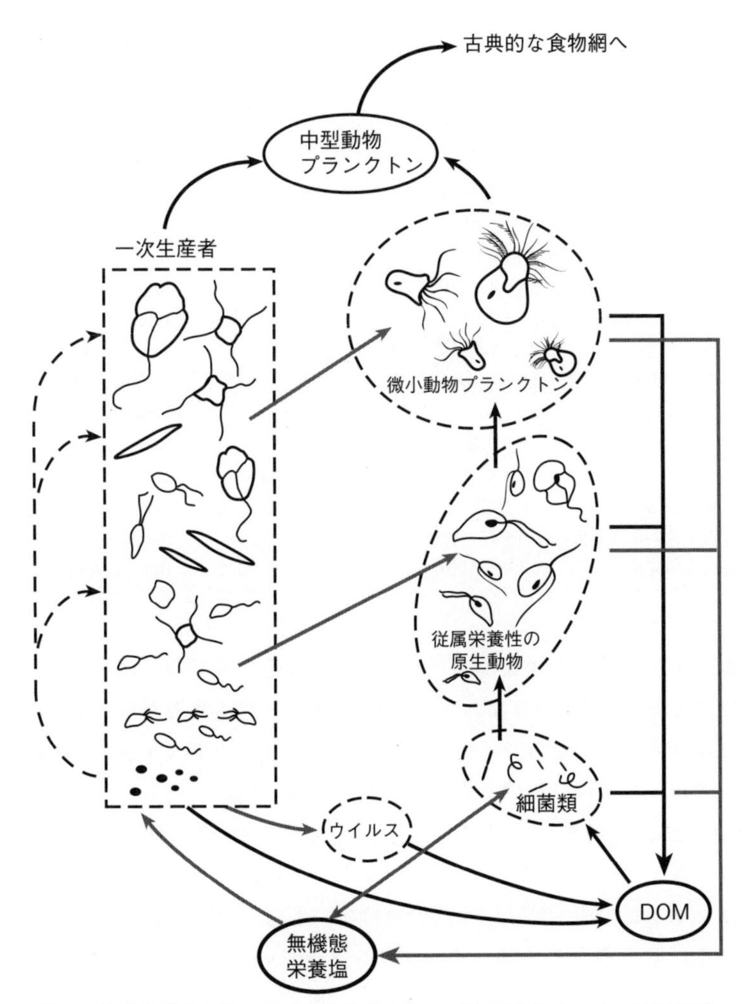

図4.1　微生物群集構造の概念図と各微生物ハブ間の関係（Landry 2001改変）

プランクトンの一次生産といったさまざまな要因によって変動する。例えば西アフリカのガンビア川では、細菌の大部分は自由生活であるが、微粒子に付着した細菌の密度は潮汐と同期して変動する（Healey et al. 1988）。潮汐水が引き潮の最高速度にある時に付着細菌の密度もピークに達し、特に懸濁物質の濃度が最大になる雨季に顕著となる。停潮時は、微粒子–細菌の凝集体が沈降して水柱の細菌密度は減る。基質の利用可能性は、このエスチュアリ

表4.1　マングローブ域における細菌プランクトンの細胞密度（細胞/mL）と生産速度（μg C/L/時）の推定値

場　所	細胞密度	生産速度	生産の測定方法	文　献
西アフリカ、Gambia River	$1-2\times10^6$			Healy et al. (1988)
コートジボワール、Biétri Bay	$5.9-32.3\times10^6$	11 − 91	[^{3}H]-チミジン	Torréton et al. (1989)
インド、Dona Paula estuary	$1-6\times10^5$	0.7 − 3.9	[^{14}C]-グルコース	Gomes et al. (1991)
オーストラリア、クイーンズランド州	$0.9-3.3\times10^6$			Robertson and Blaber (1992)
パプアニューギニア、Fly River	$0.4-2.1\times10^4$	0.1 − 5.3	[^{3}H]-チミジン	Robertson et al. (1992b)
パキスタン、Indus river	$1-4\times10^6$	2.1 − 12.5	[^{14}C]-ロイシン	Bano et al. (1997)
タイ、Sawi Bay	$0.9-9.2\times10^6$	1.4 − 16.5	[^{3}H]-チミジン	Ayukai and Alongi (2000)
マレーシア、Matang estuary	$1.0-79.5\times10^6$	0.4 − 16.7	[^{3}H]-チミジン	Alongi et al. (2003b)
ブラジル、Guanabara Bay	$1.0-6.9\times10^6$	2.0 − 7.4	[^{3}H]-ロイシン	Andrade et al. (2003)
コロンビア、Ciénaga Grande	$6.5-90.5\times10^6$			Gocke et al. (2004)
マレーシア、Port Klang	$2.5-9.8\times10^6$	3.9 − 6.1	希釈培養	Lee and Bong (2006)
マレーシア、Cape Rachado	$2.7-28.4\times10^6$	1.2 − 3.3	希釈培養	Lee and Bong (2007)
南オーストラリア州、St. Kilda	$6.9-7.5\times10^7$			Seymour et al. (2007)
ブラジル、Cananéia-Iguape	$0.4-2.3\times10^6$	1.5 − 22.0	[^{3}H]-チミジン	Barrera-Alba et al. (2008)

の細菌数を左右する重要な要因である。これは他の多くのマングローブ林にも当てはまるだろう。なぜなら、富栄養な水柱は、懸濁物質が多く嫌気的で細菌密度が非常に高くなるためである（Torréton et al. 1989; Gocke et al. 2004）。

マングローブ水域における細菌の生産速度は、比較的貧栄養なエスチュアリで0.1-22.0、富栄養河川で10-91 μg C/L/時で（表4.1）、塩性湿地での測定値より大きい（4-5 μg C/L/時、Ducklow and Shiah 1993）。沿岸域における細菌プランクトンの比増殖速度や生産速度は、しばしば植物プランクトンの生産速度を反映する。これは、植物プランクトンの消費者によるsloppy feeding[19]によって放出された植物プランクトン細胞や細胞内部からの滲出物が、細菌によって取り込まれ増殖が促進されるという、微生物ハブにおける植物プランクトンと細菌の最初のつながりを反映している。残念ながら、マングローブ域の細菌に関する数少ない研究のほとんどが（表4.1）、限られた地域と季節のみにおける細菌動態の「スナップショット」を調べたものである。わずか6つの研究が、放射性同位体でラベルしたチミジン又はロイシンを取り込ませるといった方法で細菌の生産性を測定していた。

[19] Sloppy feeding：動物プランクトンの口器により餌生物が損傷し、細胞内容物が海水中に放出されること。

表4.2　マングローブ・エスチュアリにおける植物プランクトン生産に対する細菌生産の比(BP/PP)。細菌生産の測定にチミジンあるいはロイシンを使用した研究のみリスト化した

場　所	BP/PP比（%）	文　献
コートジボワール、Biétri Bay	86	Torréton et al. (1989)
パプアニューギニア、Fly River	84	Robertson et al. (1992b)
パキスタン、Indus River delta	200	Bano et al. (1997)
タイ、Sawi Bay	55	Ayukai and Alongi (2000)
オーストラリア、North Queensland	53	McKinnon et al. (2002a, b)
マレーシア、Matang estuary	63	Alongi et al. (2003b)
ブラジル、Cananéia-Iguape	198	Barrera-Alba et al. (2008)

細菌プランクトンの成長と植物プランクトンの関係性は、細菌と植物プランクトンの生産の比率を見ることで分かる（表4.2)。マングローブ河口域における細菌生産/植物プランクトン生産の比（the ratios of bacterial to phytoplankton productivity：BP/PP比）は平均106％で（表4.2)、この値はDucklow and Shiah（1993）が他のエスチュアリで得た平均17％と比べて高い。しかし、Ducklow and Shiah（1993）の値は季節変動を十分調べた研究のみに限定している一方で、表4.2の研究の多くはそうではないことから、単純な比較は誤解を招く可能性がある。この高いBP/PP比は、細菌の非常に高い転換効率を仮定しても、マングローブ・デトリタスなど他の有機物源が、細菌プランクトンの生産を維持するために利用されていることを意味する。マングローブ域においてBP/PP比が高いのは、植物プランクトン生産が相対的に低いか（次節を参照)、細菌プランクトンの有機物からバイオマスへの変換効率を反映しているかもしれない。タイのクリーク水では、細菌プランクトンや他の従属栄養微生物は、一次生産者から滲出されたDOC（50-100％）やDON（40-90％）により支えられている（Kristensen and Suraswadi 2002)。Gomes et al.（1991）はインドのDona Paulaエスチュアリにおいて、植物プランクトンからの滲出液[20]の80％は、従属栄養細菌によって2-4時間以内に利用されることを示した。同様に、富栄養なマレーシアのPort Klangでは、細菌の成長効率が6-22％であることが示された（Lee and Bong 2006)。貧栄養なマングローブ域における細菌の転換効率はよく分かっていないものの、

[20] 溶存有機物の細胞外排出。

中央値の50%を仮定したとしても（最近の実証研究ではより低い値が示されている）、植物プランクトンによって固定される炭素は細菌側の炭素要求を満たすには不十分である。したがって、利用可能な炭素に比べて著しく高い細菌プランクトンの生産性は、(1) 微生物による極めて効率的なリサイクル機構があるか、(2) 外部からの有機物源（マングローブ・セジメントや底生藻類など）によって細菌の要求を補える場合にのみ成り立つ。

マングローブ域における微生物ハブ内での食物関係や物質のリサイクルの程度については、ほとんど何も分かっていない（McKinnon et al. 2002b; Lee and Bong 2006, 2007）。（細菌に感染して細菌数を減らす）ウイルスの量（10^8 細胞/mL）は細菌のそれ（10^7 細胞/mL）よりも一桁多いという報告があるものの（Seymour et al. 2007）、マングローブ域におけるウイルスの機能的重要性はよく分かっていない。（細菌を捕食する）従属栄養微小鞭毛虫の量は、10^3-10^4 細胞/mLで（Bano et al. 1997）、他のエスチュアリと同じくらいの典型的な値である。アメーバのような他の細菌食者は、大部分がフロックに付着する形で存在し、その量は16-397 細胞/mLである（Rogerson and Gwaltney 2000; Rogerson et al. 2003）。アメーバの密度は、繊毛虫類や他の原生生物の密度を超えることがある（Buskey et al. 2004）。アメーバは、微粒子に付着する細菌を食べる貪欲な消費者であることが知られている（Landry 2001）。そのため、アメーバが栄養構造において重要な役割を果たしていることは、実証されているわけではないが、想像はできる。

水柱の微生物を用いた摂食実験から、マングローブ域における細菌プランクトンの被食速度は速いことが分かった（McKinnon et al. 2002b; Lee and Bong 2006, 2007）。マレーシアPort Klangにおける細菌プランクトンの被食速度は、細菌生産量の20%に相当する5.5-26.9×10^4 細胞/mLあるいは18-72 細胞/原生生物/時であった。Lee and Bong（2007）はCape Rachadoのマングローブにおいても、サイズ分画-培養法を用いて、0.5-5.7×10^4 細胞/mLあるいは1-7 細胞/原生生物/時という被食速度を報告しているが、やはり細菌炭素（細菌が生産した炭素量）の22%が原生生物に移行していた。残りの細菌炭素はおそらく、他のプランクトンによって摂食され、微生物ハブでリサイクルされる。McKinnon et al.（2002b）はオーストラリアのマングローブの養殖排水で汚染されたクリークにおいて、細菌食者による摂食速度が細菌プランクトンの生産速度を超えることがあることを見出した。独立栄養と従属栄養のバランスに果たす微生物の役割をきちんと評価しなければならないが、その前に、植物プランクトンの動態を理解する必要があるだろう。

4.4 植物プランクトンの動態

マングローブの植物プランクトン群集は、高濃度のタンニンや他のポリフェノール類による阻害の影響で、種多様性は低いと考えられている。植物プランクトン群集について属あるいは種レベルの同定を試みた研究は、インドのマングローブ域における広範な研究（Robertson and Blaber 1992）を除いてほとんどない。サイズ画分における種組成や量は、場所により大きく異なる[21]。一般に、貧栄養な河口域ではナノプランクトンとマイクロプランクトン群集が優占する。羽状珪藻や中心珪藻といったより大型の植物プランクトンも見られるが、汚染された河川でない限り、それらが数あるいはバイオマスにおいて優占することはない。注目すべき例外が2つある。やや富栄養なインダス川デルタ[22]では、植物プランクトン群集がおもに中心珪藻によって構成されている（Harrison et al. 1997）。インド西部のAchara川エスチュアリでは、乾季にナノプランクトンが優占するが、モンスーンやポストモンスーン期（雨季直後の期間）には大雨が高濃度の栄養塩を運んでくるため珪藻のブルームが発生する（Dham et al. 2005）。

植物プランクトンのバイオマスと生産性は、種組成と同様に、地域によって大きく異なる。バイオマスや一次生産は、インドやブラジルで見られるように汚染されているまたは淀んでいる河川、あるいは滞留時間がとても長いクリークで高くなる傾向にある（表4.3）。植物プランクトンの生産速度は、測定手法によっても結果が変わる。^{14}C法とO_2法の値は必ずしも一致せず、どちらにも欠点がある。貧栄養なマングローブ・エスチュアリでは、植物プランクトンの「典型的」な生産速度は20-500 mg C/m^3/日、バイオマスは有光層1 m未満で<1-3.5 μg chl *a*/Lである。マングローブ域の植物プランクトンは、バイオマスは低いものの、その生産速度はこれまで塩性湿地で得られた値の上限、あるいは他の温帯エスチュアリで得られた値の中程度に当たる（3章、

---

[21] 植物プランクトンは便宜上、サイズによって区分され、ピコプランクトン（0.2-2 μm）、ナノプランクトン（2-20 μm）、マイクロプランクトン（20-200 μm）、より大型の植物プランクトン（200 μm～）に分けられる。

[22] 世界最大級の三角州地帯。

表4.3 マングローブ・エスチュアリにおける植物プランクトンのバイオマス（クロロフィル*a*として、μg/L）と純一次生産量（NPP、mg C/m³/日）

国　名	クロロフィル*a*	NPP	NPPの測定方法
ガンビア	0.3－8.2	1－445	^{14}C
モーリタニア	0.2－3.6	215－580	O_2
グアドループ	10－60	8－1,700	^{14}C
ブラジル	1.1－19.3	110－500	^{14}C
インド	4.4－39.8	60－662	O_2
マレーシア	0.5－43.2	22－755	^{14}C
ニューギニア	0.3－5.1	22－693	^{14}C
コートジボワール	18－94	526	O_2
タイ	2－12	200－600	^{14}C
パキスタン	1－8	20－195	^{14}C
オーストラリア	0.3－3.5	25－212	^{14}C
ケニア	0.1－3.4	19－93	^{14}C

Alongi 1998)。こうしたハビタット間の違いは、高い気温と地上植生の生産性（これらは易分解有機物の生成量に寄与する）を反映していると考えられる。

マングローブ・エスチュアリにおける植物プランクトンの種組成や生産性は、光、水温、栄養塩、被食、水の滞留時間、潮汐エネルギー、塩分、水の側方へのトラッピングや混合、といった多くの要因よって規定されている。光は、エスチュアリや沿岸に生育する植物プランクトンの光合成を規定する主な要因である。マングローブ水の高い濁度と低い光透過性により（有光層は通常1 m未満）、マングローブの植物プランクトンの生産は間違いなく光制限を受けている。オーストラリア北部の潮差の大きいエスチュアリでは、水柱の乱流や回転率が非常に高いため、有光層が非常に浅い（Burford et al. 2008)。懸濁物質の濃度は乾季でも高く（最大6 mg/L)、透明度は通常1-2 mである。

熱帯・亜熱帯における植物プランクトン生産の季節性は、水温の変化よりも、むしろ赤道からの距離や降水パターンといった地域的条件によって決まる。インダス川デルタでは、季節性が見られなかった（Harrison et al. 1997)。一方、オーストラリアの潮差の大きい河口域であるDarwin Harbourでは、植物プランクトン生産は雨季（2.2 g C/m²/日）の方が乾季（1.0 g C/m²/日）よりも高かった（ただしクロロフィル*a*量に有意差はなかった（McKinnon et al. 2006))。植物プランクトン生産の雨季・乾季間の違いは、メキシコ、インド南東部、ケニアのラグーンや河口域においても観察されている。ここでは、

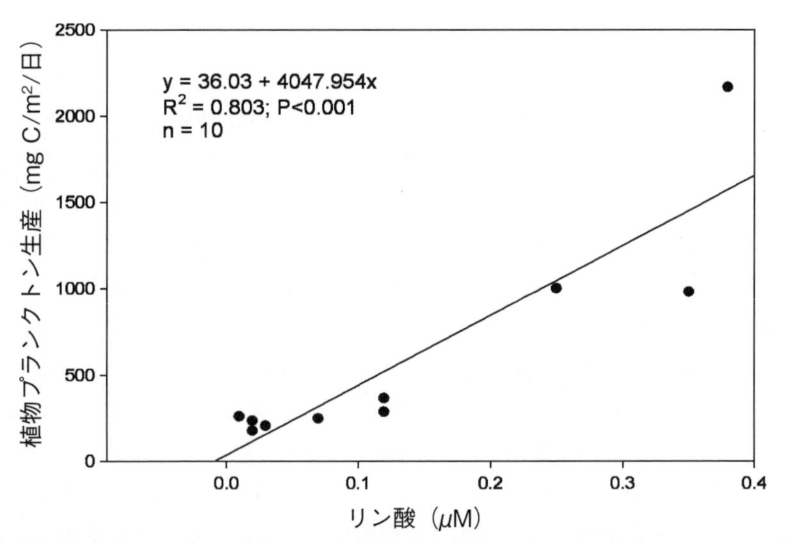

図4.2 熱帯オーストラリアのマングローブ・エスチュアリにおける植物プランクトン生産とリン酸濃度との関係

一次生産速度は雨季の始まり頃に最大になることが多い（Kitheka et al. 1996; Rivera-Monroy et al. 1998; Purvaja and Ramesh 2000）。

マングローブ・エスチュアリにおける植物プランクトン生産は、光以外の要因によっても制限されていると考えられる。例えばDarwin Harbourでは、窒素制限の証拠が得られている（Burford et al. 2008）。窒素制限は、乾燥熱帯域のマングローブ・エスチュアリでも見られる。西オーストラリア州沿岸の乾燥熱帯のExmouth Gulfでは、植物プランクトン生産は25 mg C/m^3/日未満である（表4.3）。オーストラリア海洋科学研究所（AIMS）による研究で、植物プランクトン生産、懸濁物質、栄養塩を同時に測定したところ、オーストラリアのマングローブにおける植物プランクトン生産は溶存無機態リン酸とのみ相関しており（図4.2）、窒素制限よりむしろリン制限であることが示唆された。ほとんどのマングローブ・エスチュアリでは、DIP[23]よりもDIN[24]の方が高く、しばしばレッドフィールド比[25]を越えており（Alongi et al.

[23] DIP：Dissolved inorganic phosphate。溶存無機態リン酸。

[24] DIN：Dissolved inorganic nitrogen。溶存無機態窒素。

[25] レッドフィールド比：多くの生物種や海洋深層水のC、N、Pのモル組成比は、平均すると概ね106：16：1である。この比のことを、発見した研究者の名前を冠してレッドフィールド比と呼ぶ。

1992)、この推測を支持する。マングローブにおける植物プランクトンのリン制限を指摘した他の研究も多い（Mohammed and Johnstone 1995; Harrison et al. 1997; Holmer et al. 2001; Kristensen and Suraswadi 2002）。マングローブの植物プランクトンは、地域的な条件によるが、光に加えて、リンまたは窒素、あるいはその両方によって制限されている。Exmouth Gulfにおける希釈実験では、植物プランクトンの成長と捕食者による摂食は硝酸態窒素を加えることで増加した（Ayukai and Miller 1998a）。マングローブがリン制限の淡水と窒素制限の海水との境界に位置することを考えれば、植物プランクトンが窒素制限からリン制限へとシフトすることはとくに驚くべきことではない。

植物プランクトンは、様々な溶存態の窒素化合物を吸収し同化することができる。ただしその度合いは、植物プランクトンのサイズと栄養塩種の相対的な利用可能性により異なる。インド西部のマングローブ域では、植物プランクトンに同化されたものの大半が硝酸塩で（72%）、次いでアンモニウム（16%）、亜硝酸塩（6%）、尿素（6%）であった（Dham et al. 2002）。また、栄養塩の取り込みには季節的な変化が見られ、ポストモンスーン期には硝酸・亜硝酸塩、プレモンスーン期の乾季にはアンモニウムが優先的に取り込まれていた。この季節的なシフトは、硝酸・亜硝酸塩は相対優占度が基本的に高く系外からの流入も大きい一方で、アンモニウムはポストモンスーン期の高い再生によって相対的にやや豊富になるためである。こうした水域では、羽状珪藻が硝酸塩利用の90%以上を、シアノバクテリアがアンモニウム利用の80%以上を担っていることがサイズ分画実験から分かった（Dham et al. 2005）。水柱におけるアンモニウムの再生と硝化は、植物プランクトンが同化する窒素よりも20%多い窒素を提供していた。Dham et al.（2002）は、この「過剰な」窒素が森林や底生藻類に取り込まれていることを示唆した。もしこれが本当なら、植物プランクトンと森林との間には生物地球化学的に直接的な関係があるのかもしれない。

4.5　マングローブ水域は従属栄養か独立栄養か？

一次生産者によって固定される炭素（総一次生産、gross primary production：P_G）と全ての生物によって呼吸で消費される炭素（群集呼吸、community respiration：R）の間における代謝バランスを理解することは、全球的な炭素循環と生態系の状態を評価する上で重要である。総一次生産と群集呼吸

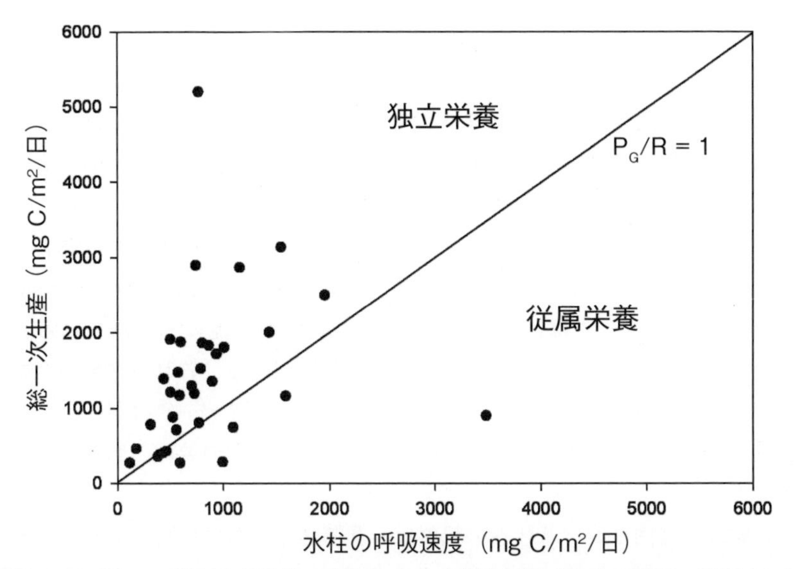

図4.3　マングローブ域における総一次生産（P_G）と群集呼吸（R）との関係。実線はP_G/R＝1を示す（データはAyukai and Miller 1998a, b; Ayukai and Alongi 2000; Kristensen and Suraswadi 2002; McKinnon et al. 2002b, 2006; Alongi et al. 2003; Ram et al. 2003; Gocke et al. 2004; and Burford et al. 2008）

の比（P_G/R）が1より大きければ、呼吸で失われていくよりも多くの炭素が固定されていることになり、生態系は独立栄養であると言える。$P_G/R=1$の場合は、生態系全体でバランスしていると言える。P_G/Rが1より小さければ、固定されているよりも多くの炭素が失われていることになり、生態系は従属栄養であると言える。後者の場合は、外から供給される物質が炭素収支を維持するために取り込まれていると考えられる。いくつかの研究が、マングローブ域における総一次産生量と漂泳区（pelagic）[26]における呼吸について調べてきた（図4.3）。さて、マングローブ域は従属栄養なのか独立栄養なのか？そして、それはどのような条件下で決まるのだろうか？

沿岸生態系における全球的な炭素代謝の分析は、エスチュアリは従属栄養で、P_G/Rが0.8 ± 0.05であると結論づけている（Gattuso et al. 1998）。類似の分析（Alongi 1998）では、エスチュアリは生態系全体でバランスを保っている状態（$P_G / R = 1.0$）にあると結論づけられた。しかしこれらの分析におい

[26] 漂泳区（pelagic）：海底・川底に依存せずに生息する生物のいる水柱空間。

て、マングローブ域のデータ、特に漂泳区の呼吸に関するデータが不十分であった。図4.3をみると、データ点の大部分が$P_G/R=1$のラインより上にあることから、ほとんどのマングローブ域の漂泳区では、総一次生産は呼吸速度を超え、いわゆる独立栄養の状態にあると考えられる。平均P_G/Rは1.8 ± 0.3で、他のエスチュアリで得られた0.8や1.0といった値よりもかなり高い（Gattuso et al. 1998; Alongi 1988）。1未満の値のほとんどは、乾季にだけ調査されたタイ・プーケット島のクリークでの研究である（Kristensen and Suraswadi 2002）。このクリークは浅く（4 m未満）、エビの養殖池に囲まれている。この池の水はクリークに沿った小水路に排水されており、これがクリークを従属栄養状態にさせていたのかもしれない。この研究のデータは限られており、水深、淡水流入の程度、懸濁物質の濃度、潮汐差などの要因の影響は検証できていないようである。

特定の水域内における代謝の状態は、季節的にあるいは長期的に変化するだろう。インド南西部のMandoviとZuariエスチュアリにおいて、独立栄養と従属栄養が季節的にシフトしている様子が見られた（図4.4）。モンスーン前後の時期は、水の透明度が最も高い安定した状態で、水域は独立栄養と

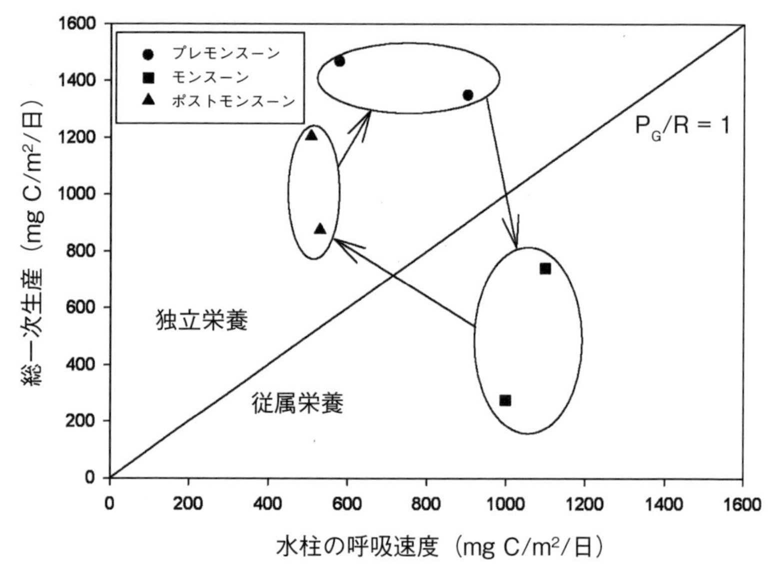

図4.4 インド南西部のMandoviおよびZuariエスチュアリにおけるプランクトン群集の代謝状態の季節変化（Ram et al. 2003）

なっている（図4.4）。一方、モンスーン期には、水の濁度が最も高くなり（上流からの余剰有機物が最大になることとセジメントの再懸濁のため）、光強度や塩分は最小となる。この時、漂泳区の呼吸は高まる一方で植物プランクトン生産は抑制されるため、従属栄養状態になる（Pradeep Ram et al. 2003）。これら2つのエスチュアリは、モンスーン期よりもモンスーン期以外の季節のほうが長いため、年間で考えると独立栄養である。

マングローブのクリークや河川における漂泳区の呼吸速度は、平均846.9 mg C/m²/日、範囲は0.1-3.5 g C/m²/日で（図4.3）、温帯・亜熱帯エスチュアリの平均1,368 mg C/m²/日（Hopkinson and Smith 2005）よりも低い。しかし、両者の値の範囲はかなり重複しているし、水深によって値はかなりばらつく。漂泳区の呼吸の測定には様々な手法があり、これもまた生態系間の比較を難しくしている。水温、栄養塩、藻類食者、有機物基質の利用可能性、その他多くの要因が、温帯域における漂泳区の呼吸速度を規定しているが（Hopkinson and Smith 2005）、おそらくマングローブでも同様だろう。

呼吸とともに測定された項目の解析から、呼吸と有意な相関があった唯一

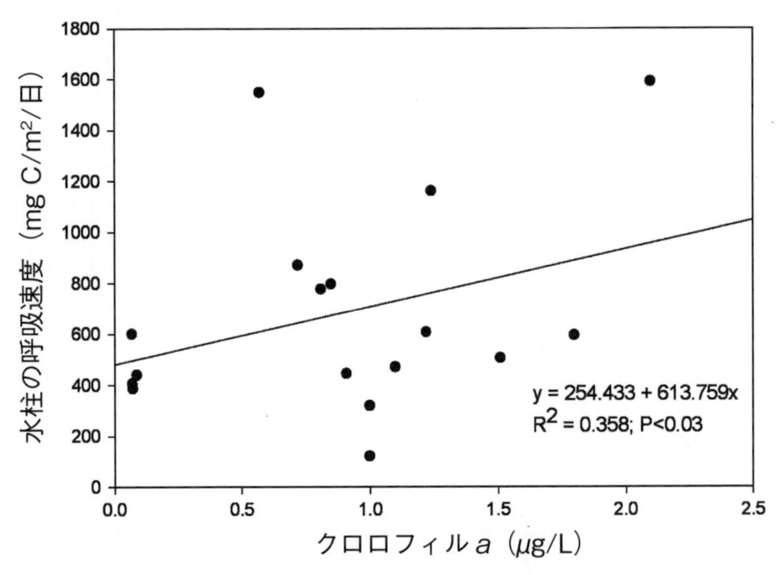

図4.5　マングローブ・エスチュアリにおける水柱の呼吸速度とクロロフィル*a*量との関係（データはAyukai and Miller 1998a, b; Ayukai and Alongi 2000; Kristensen and Suraswadi 2002; Alongi et al. 2003b; McKinnon et al. 2006）

の要因はクロロフィル*a*現存量であることが分かった（図4.5）。解析に用いた他の要因は、水温、細菌数、水深、塩分である。漂泳区の呼吸と細菌プランクトン生産の関係に、意味のある関係は見つからなかった。呼吸とクロロフィル*a*現存量との有意な相関は、微小従属栄養生物と植物プランクトンとのつながりを示唆するが、植物プランクトンによる呼吸も相当寄与しているだろう。クロロフィル*a*で説明できない変動は、おそらく異地性有機物[27]の流入の影響、または測定していない別の要因によるものであろう。細菌が水柱における呼吸の大部分を占めるが、他の従属・独立栄養生物（酵母、繊毛虫、アメーバ、鞭毛虫、小型無脊椎動物など）も群集全体の呼吸に様々に寄与している。

細菌の成長効率（bacterial growth efficiency：BGE）は式、BGE＝BP/(BP＋BR) で示される。ここでBPは細菌生産（bacterial production）、BRは細菌呼吸（bacterial respiration）である。平均的な呼吸速度（846.9 mg C/m^2/日）の50％が細菌由来であると仮定し（Hopkinson and Smith 2005）、細菌生産（BP）の平均が2,016 mg C/m^2/日（4章2）だとすると、細菌成長効率の最小値は82％と算出される。様々な基質におけるBGEは、30％未満から約60％までと言われている（Cole 1999）。マングローブ域の高いBGEは、(1) 細菌生産が過大評価されているか、(2) 呼吸が過小評価されているか、あるいはその両方であると考えられる。独立栄養を示す水域生態系は、BP/NPP比が低いか、BGEが極端に高いという特徴を示す（Cole 1999）。82％にもなることはないだろうが、マングローブのBGEが30-60％という範囲の上限付近にあることを示唆している。

細菌生産の測定において変換係数を用いることが、上述の不一致に大きな影響を及ぼしている可能性もある[28]。実験的に推定された細菌の（細胞あたりの）炭素量といった決定要因が大きく影響するはずである。またマングローブにおける細菌プランクトンの同化効率は6-40％と報告されていることから（Gomes et al. 1991; Lee and Bong 2006）、細菌生産は過大評価されてい

---

[27] 異地性有機物：Allochthonous organic matter。生態系外、あるいは発見された場所とは異なる場所に由来する有機物。

[28] 細菌生産（bacterial production：BP）は、細菌の生物量×成長速度で求められ、細菌の生物量は、細菌の細胞あたりの炭素量×細菌数から求められる。細胞あたりの炭素量は経験的に調べられた変換係数が使われるが、研究によって値が異なる。

ると考えられる。さらに、一次生産に対する細菌生産の比が非常に高いことから（表4.2）、細菌プランクトン生産は過大評価されていると考えられる。マングローブ・エスチュアリにおける細菌プランクトン群集の寄与を正確に見積もるためには、言うまでもなくより多くの研究が求められている。

4.6 動物プランクトン

動物プランクトン群集は、微生物ハブの構成種（原生動物などを含む、図4.1）と、クルマエビや動物プランクトン食性の魚類といったより大きな消費者との間の重要なリンクとなっている。動物プランクトンは、以下の3つのサイズクラスに分類される。

(1) 微小動物プランクトン（20-200 μm）：原生生物、ワムシ類、軟体動物のベリジャー幼生、様々な甲殻類（フジツボ類やカイアシ類など）のノープリウス幼生

(2) メソ動物プランクトン（200 μm-2 mm）：キクロプス目、カラナス目、ハルパクチクス目のカイアシ類が優占する

(3) マクロ動物プランクトン（2 mm以上）：マングローブ域では、このグループはほとんどがクラゲ、有櫛動物、毛顎動物、十脚甲殻類の幼生、アミ類、他のゼラチン質生物で構成されており、彼らはメソ動物プランクトンを主な餌としている

4.6.1 個体数、種組成、バイオマスに影響する要因

マングローブの動物プランクトンに関する研究の多くは、潮汐や季節、塩分、その他の様々な物理的要因が、群集構造や分布、個体数に及ぼす影響を調べてきた。マングローブの動物プランクトンに関するRobertson and Blaber（1992）の内容の多くは今もって正しいため、ここではその要約を示すに留めたい。マングローブの動物プランクトン群集の種組成や個体数の主な規定要因は、塩分の季節変化である。多くのマングローブ林域では、モンスーン期の始まりによってその群集組成や個体数は明瞭にシフトする。動物プランクトンの群集組成には、一年を通して明瞭な勾配が見られ、(1) エスチュアリの出口付近まで分布する海洋性で狭塩性の種群、(2) エスチュアリ内部まで分布する海洋性で広塩性の種群、(3) エスチュアリの種群、(4) 淡水性の種群、に分けられる。

マングローブ・エスチュアリによって動物プランクトンの数やバイオマスは大きく変動し、個体密度は10^3-10^5/m^3、バイオマスは1未満から600 mg/m^3以上まで変化する。一般に、マングローブ・エスチュアリの動物プランクトン群集の個体密度やバイオマスは周囲の沿岸域よりも大きい（Robertson and Blaber 1992; Kathiresan and Bingham 2001）。最も一般的な動物プランクトン量のパターンは、個体密度や生物量が夏にピークになりモンスーン期に最低になるパターンで、これは植物プランクトンの量や生産性の変化を反映している。インドのマングローブでは他の多くのマングローブ・エスチュアリと同じように、微小動物プランクトンは有鐘繊毛虫（tintinnid ciliates）、メソ動物プランクトンはカイアシ類が優占している。

マングローブ動物プランクトンで特徴的なのは、キクロプス目カイアシ類のオイトナ科（Oithonidae）の存在である。特に興味深い種は、*Diothonia oculata*である。この種は、マングローブの支柱根周辺の光の筋の中で群泳し、最大2 cm/秒の潮流の中でも群泳を維持する（Buskey et al. 1996）。オイトナ属のカイアシ類は、小さな餌を食べるのが得意で、ピコ・ナノ鞭毛虫のような小さな餌生物が豊富なマングローブ域では有利と考えられる。また、体サイズの大きいカイアシ類よりも捕食されにくく、成長や再生産、生残率を最大化する多様な戦略を持っている（Duggan et al 2008）。さらにオイトナ属のカイアシ類は、他のカイアシ類にとっては致死的な水温でも繁殖でき（Turner 2004）、低酸素濃度でも生存できる低い代謝速度をもっている（Lampitt and Gamble 1982）。

他の動物プランクトンはマングローブ域の強い流れにもかかわらずその鉛直分布を保っている。しかしこの鉛直分布パターンが、活発な遊泳あるいは何らかの物理的プロセスの結果によるのかどうかはよく分かっていない。マングローブの動物プランクトン群集を特徴づける他のカイアシ類として、カラナス目のアカルチア属（*Acartia*）、パラカラナス属（*Paracalanus*）、パルボカラナス属（*Parvocalanus*）、シュードディアプトムス属（*Pseudodiaptomus*）が挙げられる。これらの属の中のいくつかの種は、エスチュアリにおいて水平分布を保つためにせん断力をある程度利用している（Kimmerer and McKinnon 1987）。エスチュアリや海洋の動物プランクトンの多くは、生存率を高めるため、内外の刺激に反応して特定の位置に向かい、垂直および水平方向に移動することができる。Naylor（2006）は、ある種の動物プランクトンが潮流または風が作り出す流れを選択的に利用する定位行動を示した。

一時プランクトン[29]は、動物プランクトンの一時的な構成種である。しかし、一時プランクトンは季節的に優占し、特に多くの甲殻類（十脚目など）の繁殖期初期には優占する。より短い期間では、潮汐によって分布が変化する（Krumme and Liang 2004）。ブラジルのエスチュアリでは、カイアシ類は小潮ではエスチュアリ内に留まれるものの、大潮では一部の種はエスチュアリから運び去られてしまう。ある種は、引き潮時に運び去られることを避けるために、満潮時に林床の方に沈み込む傾向がある。マングローブの動物プランクトンが、積極的にエスチュアリ内に留まるために、どれくらい垂直移動しているのかはよく分かっていない。

4.6.2　食物と摂食速度

原生生物が優占する微小動物プランクトンは、微生物ハブ内ではピコ-ナノプランクトンなどを摂食する役割を果たしている。メソ・マクロ動物プランクトンは、微小動物プランクトンや懸濁態有機物といった多彩な食物を食べている。その餌嗜好性は、時空間的に切り替わる。たとえば、キクロプス目カイアシ類などの動物プランクトンは、成長に伴い餌の種類を変える。ノープリウス期は主に草食性であるが、コペポディド期後期や成体では基本的には肉食性である。より大型の動物プランクトンは、魚類への栄養源として、またプランクトン群集全体の主要な構成者として、重要な役割を果たしている。メソ動物プランクトンによる微小動物プランクトンの選択的捕食は、特に貧栄養域では相当量に達することが知られている（Calbet 2001; Buskey et al. 2003）。しかし海洋や沿岸域では、メソ動物プランクトンよりも、微小動物プランクトンの方が植物プランクトンの消費者として卓越する。微小動物プランクトンは、しばしば植物プランクトン生産の大部分を摂食する。微小動物プランクトンは、熱帯・亜熱帯水域における植物プランクトンの日間生産量のおよそ75%を消費する。ちなみに原生生物の呼吸は一次生産の35-43%で、細菌呼吸と同程度である（Calbet and Landry 2004; Putland and Iverson 2007）。マングローブ域でもこれらと大体同じだろう。

マングローブ動物プランクトンの食物の研究は、微小・メソ動物プランク

---

[29] 一時プランクトン：生活史の一時期のみをプランクトンとして過ごす生物。底生無脊椎動物の幼生期に多い。

トンではなく、商業的に重要なクルマエビ科の若齢期に重点が置かれてきた（Newell et al. 1995）。近年の安定同位体比を用いた研究により、若齢エビは植物プランクトンやマングローブ由来の有機物を取り込んでいることが分かってきた。しかし、沿岸から遠ざかるにつれて、マングローブ由来の栄養シグナルは急激に減少することも分かった（Bouillon et al. 2000; Kibirige et al. 2002）。マングローブ水中の懸濁態有機物は、陸生デトリタスと藻類（大型藻類を含む）の非常に多様な混合物から成っており、それらは季節的・空間的に変動する（Cifuentes et al. 1996）。

他の動物プランクトンは、クリークや水路内の懸濁物質から植物プランクトン細胞を選別しながら摂食する（Bouillon et al. 2000）。南アフリカにおいてKibirige et al.（2002）は、アミ類とカイアシ類は主に植物プランクトン、繊毛虫、鞭毛虫類を摂食しており、デトリタスは消費しないことを示した。室内飼育実験により、カラナス目とキクロプス目のカイアシ類は藻類を食べるが、藻類にイワガニ類の糞を混合すると同化効率が高まったことから（Werry and Lee 2005）、動物プランクトンと底生生物との間には少なからず関係があるだろう。

季節や他の外的要因（過度な栄養塩の流入など）は、プランクトン間の栄養関係に重要な役割を果たす。インド南東部のCochin backwaterやマングローブ・ラグーンでは、微小動物プランクトンの摂食速度は、乾季に植物プランクトン日間現存量の43％に達するが、モンスーン期には淡水が卓越して微小・メソ動物プランクトンの密度や滞留時間が低下するため、植物プランクトンの摂食量も低下する（Godhantaraman 2002; Jyothibabu et al. 2006）。McKinnon et al.（2002b）は養殖廃水が捨てられているオーストラリアのマングローブ・クリークにおいて、廃水の放出期間中は微小動物プランクトンの摂食速度が植物プランクトンと細菌プランクトン生産に対して100％以上の値になることを示した。一方で廃水放出がない期間には、摂食速度と成長速度は同等であり、栄養がバランスされた状態に戻ることが分かった。西オーストラリア州の乾燥熱帯では、繊毛虫と甲殻類のノープリウスおよびコペポディド幼生が最も重要な植物プランクトン食者で、その摂食速度は植物プランクトン生産を30-90％上回っていた（Ayukai and Miller 1998a）。こうした貧栄養域では、他の有機物資源が動物プランクトンの餌要求量を満たすために必要となる。同じような高い摂食速度は、ベリーズTwin Caysのマングローブ水路でも観察されている（Buskey et al. 2004）。これらの水路では、微小動物プランクトン群集はスウォーム（密な集合体）を形成するオイトナ属カイアシ類*Dioithona oculata*が優占し、繊毛虫類がその次に続く。微小動物プランクトン群集を用いた摂食実験では、潜在的な植物プランクトン生産の60-90％が摂食された。*Dioithona oculata*の摂食速度は、繊毛虫類や独立栄養渦鞭毛藻類に対して最も高くなり、このカイアシ類は、一日あたりに原生生物の現存量のおよそ10％を摂食していた。このように微小動物プランクトン群集は、マングローブ域の植物プランクトン生産を強く規定し、微生物とより大型の後生動物との間をつなぐ重要な栄養リンクとして機能している。

4.6.3 二次生産

二次生産は、マングローブ動物プランクトンの数種類についてのみ調べられてきた。そのため、マングローブ生態系全体のエネルギーフローにおける動物プランクトン生産の重要性はよく分かっていない。いくつかの主要なカイアシ類の卵生産速度が、McKinnon and Klumpp（1998）やMcKinnon and Ayukai（1996）によってオーストラリアのマングローブで初めて計測された。卵生産速度は1未満～51 卵/雌個体/日と推定され、これは他の海洋環境におけるカイアシ類の値よりもやや高い。また卵生産は、湿潤熱帯よりも乾燥熱帯の方が低い。卵生産が水温以外の要因（食物の利用可能性など）によっても規定されることが、統計モデルから示唆されている。カラナス目カイアシ類*Acartia lilljeborgi*の卵生産についても、ブラジルのCananéiaラグーンにおいて調べられている。その卵生産速度は高く（13.8-66.8 卵/雌個体/日）、水温やクロロフィル*a*量との間に有意な相関があった（Ara 2001）。Ara（2002）はその後同じラグーンでカラナス目カイアシ類*Temora turbinate*の二次生産も測定し、卵生産は0.0002-1.115 mg C/m^3/日、P/B比[30]が1日あたりに0.17-0.45であることを示した。

動物プランクトンの二次生産は、水温や食物の利用可能性と関連していると考えられる。これら2つの要因による影響は、モンスーンの始まりのタイミングで現れると考えられる。このことは、インドのエスチュアリでの研究で裏付けられている。インド南東部Parangipettaiにほど近いPichavaramの

[30] P/B比：Production/biomass ratio。生産量/バイオマス比。

マングローブでは、有鐘繊毛虫群集の二次生産は、夏期、ポストモンスーン期、プレモンスーン期でそれぞれ1.6、1.4、1.2 μg C/L/日であった。しかしモンスーン期間中は0.1 μg C/L/日で、塩分、植物プランクトン、捕食者の現存量の変化と逆相関の関係にあった（Godhantaraman 2002）。インド南西部のマングローブ・ラグーンにおける動物プランクトンの二次生産も、同様の傾向を示した（Nayar 2006）。これまでのわずかな研究によって、マングローブの動物プランクトンが潜在的に高い生産性を持つことが分かってきたが、マングローブ河口域の動物プランクトンのエネルギー輸送における重要性を評価するためには、生産に関するさらなる研究が必要である。

4.7　ネクトン：食物、成長、栄養リンク

4.7.1　クルマエビ類

ウシエビ属、ヨシエビ属、スベスベエビ属、テナガエビ属のエビ類は（ノコギリガザミ類は除く）、マングローブ・エスチュアリで得られる商業的に重要な甲殻類のほとんどを占める。そのため、クルマエビ類の分布、個体数、ハビタットへの依存性、単位努力量当たり漁獲量（catch per unit effort：CPUE）に研究が集中してきたことは、特に驚くべきことではない。

クルマエビ類幼生は、マングローブ林域の大部分で周辺のハビタット（砂地など）よりも高密度に分布する（Rönnbäck et al. 2002）。こうした幼生は、珪藻、糸状藻類、付着藻類、デトリタスや付着微生物、有孔虫、ヒドロ虫、軟体動物、線虫、昆虫、稚魚、他の甲殻類を摂食する（Leh and Sasekumar 1984）。安定同位体比の研究から、これらの食物の重要性とともに、エビは炭素・窒素源としてマングローブのデトリタスよりも底生藻類や植物プランクトンにより依存していることが分かった（Newell et al. 1995; Dittel et al. 1997）。藻類由来とマングローブ由来の炭素・窒素の寄与の程度は、場所によって変わる。マレーシアのマングローブとその沿岸域で行われた稚エビの栄養状態についての詳細な研究によれば、クルマエビ科（*Penaeus merguiensis*、*Metapenaeus brevicorni*、*M. affinis*、*M. lysianassa*、*Parapenaeopsis sculptilis*、*P.coromandelica*、*P. hardwickii*）によって消費される有機物の起源はかなり複雑であった（Chong et al. 2001）。それらエビ類の筋組織、マングローブ葉、プランクトン、マングローブや沿岸におけるセジメントの安定同位体比の結果から、エビの筋組織に対するマングローブ由来炭素の寄与は高いが、それ

は沖合にいくほど（植物プランクトンのシグナルが徐々に強くなるほど）低下することが分かった（図4.6）。沿岸から2 km離れた地点のエビは、依然としてマングローブへの依存性を示す。しかし沿岸から7–10 kmも離れると、主要食物は植物プランクトンとなり、底生微細藻類も多少含まれる。

エビは栄養段階の中位から上位の雑食動物として機能し、捕食圧を通してより小型のプランクトンやネクトンの量を規定している。またエビは、後期幼生・若齢期をエスチュアリで過ごし、産卵期である雨季に沖合に移動する（Robertson and Blaber 1992）。エスチュアリにいる間、エビは餌を非選択的に食べる。干潮前後には水の縁付近に集まる傾向があり、満潮時にはエスチュアリから後退して小クリークや森に入る。

マングローブ林1 ha当たりのクルマエビの年間生産量の推定値（表4.4）は、二次生産の真の実測値ではなく、単位努力量当たり漁獲量（CPUE）である。漁獲努力量は100％効率的ではないので、実際の生産量は実際にはもっと高いだろう。にもかかわらず、東南アジアのほとんどのマングローブ・エス

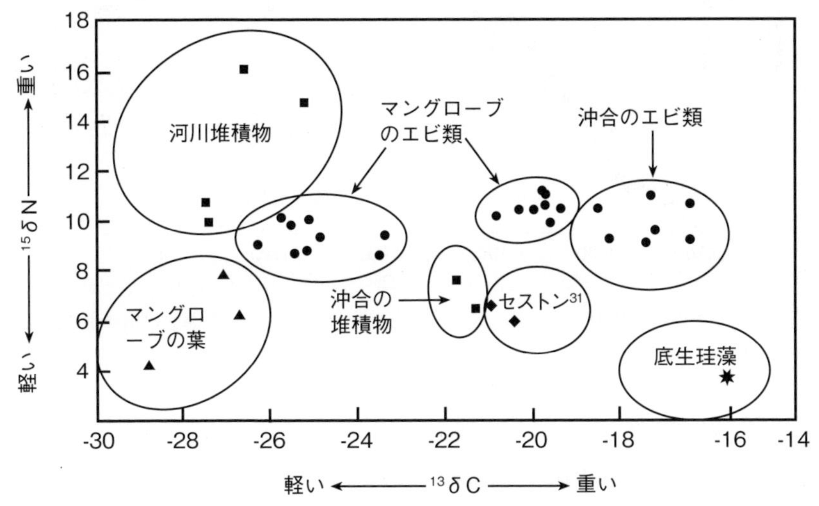

図4.6　マレーシア半島西海岸のマングローブと隣接する沖合から得られた、エビの筋肉組織、マングローブ葉、プランクトン、堆積物のδ^{13}Cとδ^{15}Nとの関係（Chong et al. 2001）

[31] セストン：プランクトンネットで採集される有機物全般。動物プランクトン、大きな植物プランクトン、デトリタスも含まれる。POMと似ているが、サイズがプランクトンネットで取れるサイズという点でPOMと異なる。

表4.4　東南アジアの様々なマングローブ林におけるエビの年間生産量（kg/ha/年）

国　名	エビ生産量	文　献
インドネシア	16－165	Martosubroto and Naamin (1977)
マレーシア	515－700	Gedney et al (1982), Sasekumar and Chong (2005)
フィリピン	130－150	Pauly and Ingles (1986)
インドネシア、ジャワ	161	Naamin (1990)
インドネシア、パプア	18	Ruitenbeck (1994)
マレーシア、ペラ	670	Singh et al. (1994)
スマトラ	274	Hambrey (1996)

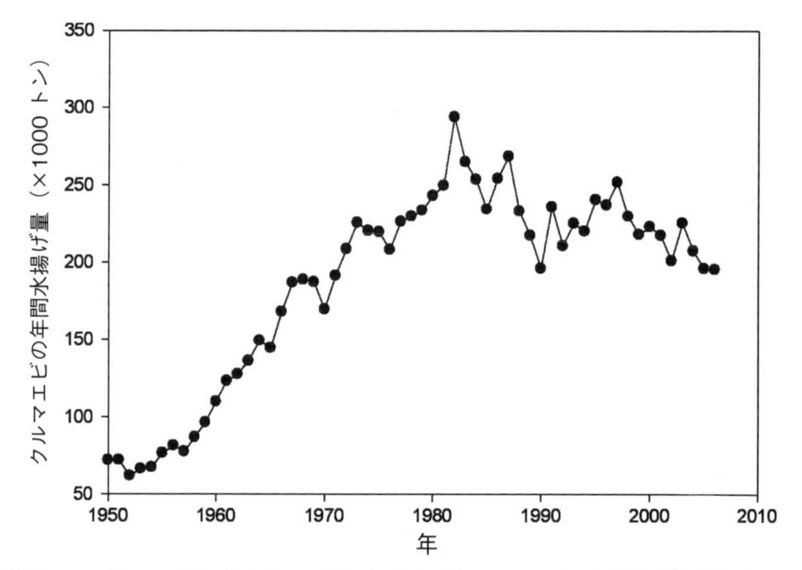

図4.7　マングローブ林のある全ての国における天然クルマエビの年間総水揚げ量（1,000トン）（2007 FAO Fishstat Plus、http://www.fao.org/fishery/topic/16073）

チュアリにおける年間エビ生産量は、Turner（1977）がまとめた値の範囲（13-756 kg/ha/年）の上限付近にある（表4.4）。この生産量は、各国にとってかなりの経済的価値であるが、しばしば過小評価されている（Rönnbäck 1999）。

世界のマングローブ域内やその周辺におけるクルマエビの年間水揚げ量は、1950年の10万 トン未満から1980年の約30万 トンへと4倍増を果たした後、2006年には20万 トンに低下した（ただし、決して少ない訳ではない）（図4.7）。

これらのデータはマングローブ域におけるクルマエビの乱獲を明確に示しており非常に懸念されている。この状況は、マングローブの魚類にもみられる。

4.7.2 魚類

クルマエビと同様、マングローブの魚類群集に関するほとんどの研究は、その成長、死亡率、二次生産よりも、種の分布や個体数のパターンを扱ってきた（Faunce and Serafy 2006）。一時的あるいは常在的にマングローブ域に生息する魚類の種数は、マイクロハビタット[32]の多様性（水路や干潟）、潮差、水の透明度や深さ、塩分、藻場やサンゴ礁との近さ、海流パターンに規定される。魚種の数は、あるひとつのエスチュアリで10種未満から約200種まで幅があり、大きなエスチュアリほど種数が多い傾向にある（Robertson and Blaber 1992）。魚の個体密度とバイオマスは、採集道具や採集時のマイクロハビタットの違いによって異なるため、研究間での比較は難しい。Robertson and Blaber（1992）がまとめたデータによると、世界中のマングローブ域に生息する魚類の個体密度は1–161 個体/m^2、バイオマスは0.4–29 g/m^2で、温帯エスチュアリよりも高い（Blaber 2002）。

マングローブ域に生息する魚類の食性は、草食性、デトリタス食性、動物プランクトン食性、底生無脊椎動物食性、魚食性の5つに分類される。これらの食性グループは、魚の胃内容物の分析に関する多くの研究結果に基づいている（Robertson and Blaber 1992）。安定同位体比を用いた最近の研究（例：Sheaves and Molony 2000; Kieckbusch et al. 2004; Lugendo et al. 2006）は、魚の餌に関するこれまでの研究を支持する一方で、従来は「デトリタス」、「判別不能」、「不定形」とされていた胃内容物が何であるかを明らかにした。Sheaves and Molony（2000）は、いくつかのオーストラリア産魚種はベンケイガニ類を常食していることを示した。これは、マングローブ食物網における低次生物から高次生物までの栄養段階の長さが、従来考えられていたよりも短い可能性を示唆する。南フロリダの亜熱帯ラグーンでは、魚の胃内の不定形物質の多くが、マングローブ由来のリターではなく海草デトリタスであることが分かった（Kieckbusch et al. 2004）。マングローブ、干潟、藻場から成るアフリカのある湾における幼魚の安定同位体分析から、動物プランクトン食魚と

[32] マイクロハビタット：Microhabitat。微小な生息場所。

雑食魚が好む餌は甲殻類で、魚食魚と草食魚が好む餌はそれぞれ魚類と藻類であることが分かった。また、調べた多くの魚の胃内には、マングローブや海草デトリタスの痕跡はほぼ見つからなかった。ただし、多くの種は幼魚から若齢、成魚へと成長するにつれて餌の選好性を変えていく。

マングローブ・エスチュアリにおける魚類生産については、分かっていないことが多い。マングローブが生育するメキシコのあるラグーンでは、マングローブに定住する*Fundulas parvipinnis*（カダヤシ科）の二次生産は0.32 g DW/m^2/年（Pérez-España et al. 1998)、一時滞在性の*Mugil curema*（ボラ科）のそれは2.7 g DW/m^2/年であった（Warburton 1979)。バハマにおける*Lutjanus apodus*（フエダイ科）の二次生産は、527 g WW/m^2/年であった（Valentine-Rose et al. 2007)。最近、より正確に二次生産を測定したFaunce and Serafy（2008）は、*Lutjanus griseus*（フエダイ科）のそれを1.34–2.66 g DW/m^2/年と推定した。

このようにマングローブ魚の二次生産を実測した研究はわずか4例にとどまるものの、漁獲努力量のデータは多くの場所から入手することができ、魚類生産の代替指標とすることができる（表4.5)。漁獲努力量の推定値は、17–1,646 kg/ha/年と幅が広い。ほとんどの推定値が、水揚げ量は1 ha当たり年間数百キロであることを示唆しており、これはクルマエビ生産よりも少し多い（表4.4)。このデータベースは、統計的に地域間差を検討するにはあまりに情報が乏しい。しかし、少なくとも1つの研究（インド東南部）が水揚げ量に季節パターンがあることを示していて、ここでは水揚げ量が夏期とポスト

表4.5 世界の様々なマングローブ林における天然魚の年間生産量（kg/ha/年）

国　名	生産（kg/ha/年）	文　献
ベナン	560 – 860	Marten and Polovina (1982)
フィリピン	90 – 1000	Janssen and Padilla (1999)
コートジボワール	160	Marten and Polovina (1982)
インドネシア	140 – 630	Marten and Polovina (1982)
コロンビア	120	Marten and Polovina (1982)
マダガスカル	28 – 37	Marten and Polovina (1982)
エルサルバドル	17	Marten and Polovina (1982)
メキシコ	732	Vega-Cendejas and Arreguin-Sánchez (2001)
インドネシア	613 – 1646	Kathiresan and Rajendran (2002)
バングラデシュ	343 – 400	Islam and Haque (2004)

モンスーン期にピークになり、モンスーン期に最小になる（Kathiresan and Rajendran 2002）。こうしたパターンが、漁獲努力量の経時変化であるのか、それとも多くの魚種の増減の季節変化であるのか、あるいはその両方を反映しているのかどうかはよく分かっていない。

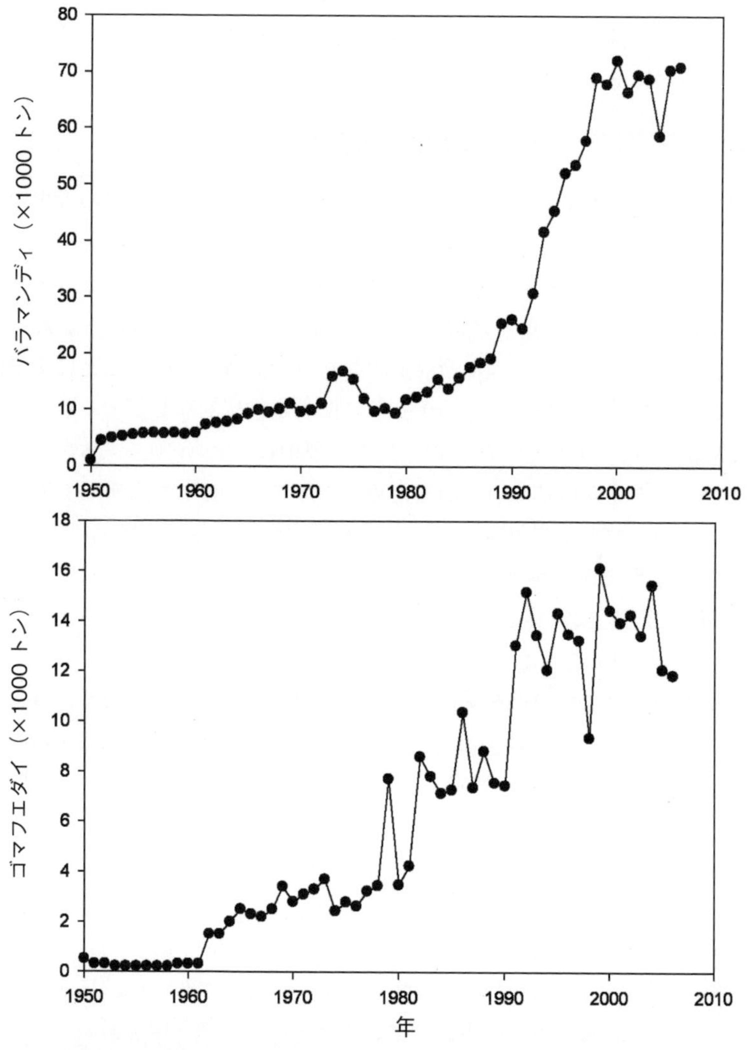

図4.8　東南アジア水域にけるバラマンディ（シーパーチ *Lates calcarifer*）とゴマフエダイ（*Lutjanus argentimaculatus*）の年間水揚げ量（2007 FAO Fishstat Plus、http://www.fao.org/fishery/topic/16073）

マングローブ魚の未来は明るくないようである。東南アジアにおいて非常に貴重なバラマンディ（シーパーチ *Lates calcarifer*）とゴマフエダイ（*Lutjanus argentimaculatus*）の年間漁獲量は、1950年代から両種とも急速に増加し20世紀の終わりからは乱獲に陥った（図4.8）。他のマングローブ域に生息する魚種に関するデータを入手することは困難だが、世界のマングローブ・エスチュアリで獲れるほとんどの魚種は最大持続生産量と同程度かそれを越えている状態にあると考えられる。

4.8 マングローブと漁業生産との関係

マングローブがエスチュアリ・沿岸に生息する多くの食用魚や食用甲殻類の重要な生育の場であるという考え方は、Eric HealdとBill Odum（Heald 1969; Odum and Heald 1972）が提唱して以来、重要な生態学的パラダイムとなってきた。マングローブと魚との繋がりは、以前から指摘されており（Dakin 1938）、先住民がマングローブと食用産品との繋がりを認識していたことにまで遡及することもできる。最近、このテーマに関する網羅的なレビューが発表された（Manson et al. 2005a）。多くの主要な管理指針（マングローブ林管理を含む）がこのパラダイムに基づいているため、このテーマはとても重要である。

マングローブと沿岸漁業との繋がりを説明する、相互に排他的ではない3つの主要な仮説が提案されてきた。それは、マングローブが（1）豊富な種類の餌、（2）捕食者からの避難場所（特に地上部根系、倒木、リター、浅く濁った水）（3）物理的攪乱からの避難場所を提供する、というものである。漁獲とマングローブとの関係を明確に示す直接的証拠はほとんどなく、直接的な検証もほとんど行われてこなかった（例：Cocheret de la Moriniére et al. 2004）。こうした繋がりを推定する研究の多くは、自己相関などの問題を伴う、相関分析や回帰分析に頼っている。また、最近分かってきたように（Sheaves 2005）、ネクトンは潮の状況に応じてほんの一時だけマングローブ生態系を利用しているにすぎず、多くの種はマングローブが利用できない時は藻場やサンゴ礁などの代替的なハビタットに移動し優占する（Mumby et al. 2004）。したがって、このような「相互につながりあったハビタット・モザイク」（Sheaves 2005）に生育していることは、魚類・甲殻類のマングローブへの直接依存の度合いを制限することになる。単に、ある種はマングローブのハビタットに局所的にごく短期間だけ強く依存しているのかもしれない。

しかし、この重要だが薄い繋がりが、漁獲データとその後の統計解析で表面化するというのも考えにくい。短期間のハビタット利用というのは、なぜその種がマングローブに依存するのかを検証することを難しくしている。

表4.6に、マングローブ面積とエビの量、魚の量、あるいはその両方との相関関係を示した。Lee（2004）の主成分分析によれば、単なるマングローブの合計面積ではなく、潮間帯面積と有機物供給力（潮差を間接指標として）の程度がエビ生産の主な規定要因である。さらに緯度、潮差、マングローブ面積の絶対値と相対値、海岸線の長さ、降水量、そして水温が、エビ漁獲データの変動全体の78％を説明することも分かった。他の研究（表4.6）は、マングローブ面積とエビや魚との関係の重要性を指摘しているが、その理由を説明していない。相関解析は、そこに内在するメカニズムやマングローブと漁獲高との因果関係まで考慮することができない。現時点で言えることは、一時的・常在的にエスチュアリに生息する生物は、様々な理由でマングローブに依存しているということである（エビと魚でしか知られていないが）。

表4.6 マングローブとエビおよび魚との相関関係。NA：データなし、[a]：1つのエビ種または魚種のみ、[b]：海岸線の長さ、降雨量、気温、緯度、潮差、マングローブ面積の絶対値と相対値

場　所	関　係	決定係数r^2(n)	文　献
世界の熱帯域	エビ-潮間帯植生の面積	0.54(27)	Turner (1977)
新熱帯	エビ-潮間帯植生の面積	0.64(14)	Turner (1977)
インドネシア	エビ-マングローブ林面積	0.89(NA)	Martosubroto and Naamin (1977)
オーストラリア、カーペンタリア湾	エビ-マングローブ林の長さ	0.58(6)	Staples et al. (1985)
メキシコ湾	魚類-マングローブ林面積	0.48(10)	Yãnez-Arancibia et al. (1985)
世界の熱帯域	エビ-マングローブ林面積	0.53(NA)	Pauley and Ingles (1986)
マレーシア半島部	エビ-マングローブ林面積	0.89(10)	Sasekumar and Chong (1987)
フィリピン	エビ-マングローブ林面積	0.61(18) − 0.66(18)[a]	Paw and Chua (1991)
フィリピン	魚類-マングローブ林面積	0.34(15) − 0.66(12)[a]	Paw and Chua (1991)
フィリピン	エビと魚類-マングローブ林面積	0.40(34) − 0.45(39)	Paw and Chua (1991)
ベトナム	エビと魚類-マングローブ林面積	0.95(NA)	de Graaf and Xuan (1998)
ベトナム	エビ-マングローブ林面積	0.88(5)	de Graaf and Xuan (1998)
世界の熱帯域	エビ-複数要因[b]	0.38(37)	Lee (2004)
オーストラリア、ニューサウスウェールズ	魚類-マングローブ林、塩性湿地、藻場の合計	0.32 − 0.75(49)	Saintilan (2004)
マレーシア	エビ-マングローブ林面積	0.37 − 0.70(36)	Loneragan et al. (2005)
オーストラリア、クイーンズランド	エビ-マングローブ林面積	0.37 − 0.70(36)	Manson et al. (2005b)

第5章　林床

5.1　はじめに

プランクトン生産、DOMやPOM[33]の輸送といった海洋性プロセスは、機能的に重要である。しかし、マングローブ林内における最も重要なエネルギーの流れや栄養的関係の多くは、林床とその地下部で行われている。マングローブ林内では多くの表在性生物や埋在性生物が、DOMからバクテリア、菌類、大型藻類、不定形なデトリタス、木材に至るまで様々なものを食べている。底生生物相を栄養学的に分類することを困難にしているのは、この普遍性があるからである。そして生物を土壌微粒子から分離するという難題が、生物相をエネルギー的に分類することをより困難にしている。本章では、エネルギーの流れの中で最も重要なグループである土壌微生物相を中心に、林床とその地下部で何が起こっているか詳細に見ていくことにしよう。

5.2　土壌組成と物理化学性

マングローブ土壌は一般に、悪臭を放つドロドロした無酸素の泥で、干潟の森に分け入る時に耐えなければならない不愉快なものと表現される。実際のところ林床は、死んだ固いサンゴから巨礫、珪砂、カーボネイト砂（サンゴ礁性海浜砂)、非常に細粒なシルトから粘土まで様々なものから成る。したがって、「典型的な」土壌特性というものは存在せず、酸性からアルカリ性(pHの範囲：5.8-8.5)、無酸素から貧酸素（酸化還元電位の範囲：－200-＋300 mv)と多様である。土質やその物理化学性は、樹種、根系、母岩、地形、潮汐、降水量によって決まる（Alongi 2005a; Ferreira et al. 2007b)。河川・潮汐流が比較的穏やかな場所ほどシルトと粘土が堆積しやすく、土壌はより細粒になる。大規模で発達したデルタ型マングローブ林では、大量の泥炭と繊維質の細根が土壌を作り上げている。一方、河岸や河川堤防上のマングローブ土壌は砂質である。土壌に含まれるDOMとPOMは、粒径が小さいほど多くなり、POC[34]と全窒素濃度は乾土当たりそれぞれ、0.5-15%および0.2-0.5%である。

[33] POM：Particulate organic matter。懸濁態有機物。
[34] POC：Particulate organic carbon。懸濁態有機炭素。

土壌は、マングローブ林内における有機・無機態元素の最大の貯蔵庫である(2章2.3参照)。マングローブ土壌を非常にユニークにしているのは、植物-土壌-微生物系にとって重要な次の2つの典型的特徴のためである。(1) アンモニウム、リン酸塩、硝酸塩を主成分とする溶存態の無機栄養塩が、μMレベルの低濃度である。(2) 植食者に対する化学的防御のために生産される可溶性・縮合型タンニンは、根やリターから浸出し土壌中に豊富に存在する。そしてこのタンニンは、土壌間隙水のDOCプールの大部分を占めていると考えられる(Alongi 2005a)。

土壌間隙水の化学性は、樹木生理や微生物分解だけでなく、潮差、冠水頻度、塩分、温度、酸化還元状態、pHや他の物理的要因にも大きく影響される(McKee 1993)。潮汐による海水供給と雨水による希釈は、多くの森林において重要な規定要因となっている。例えば、頻繁に外気にさらされる土壌ほど、モンスーン期の雨によって間隙水が土壌へ浸透し希釈がおこる。また、潮汐移流によって大量の海水と空気が土壌に出入りしている(Alongi 2005a)。

マングローブ土壌のpHと酸化還元状態は、無機・有機成分の組成や濃度、潮位、含水率、微生物活性、粒径、人為的な栄養負荷の程度(ある場合は)といった要因によって規定される。多くのマングローブ林では、土壌pHは7.0未満である。土壌が酸性に偏るのは、「硫化鉄の酸化」が根からの酸素放出により促進されるためで、これは特に表層土壌で顕著である(Gleason et al. 2003; Marchand et al. 2003)。また、マングローブ根が生産し、また有機物の微生物分解時に副産物としても生成される「有機酸」もこれに寄与している。林床面の薄い皮膜状(5-10 mm)の酸化土壌下、また巣穴内壁や割れ目より内部の土壌は、貧酸素か無酸素状態となっている。しかし、それらが硫酸塩土壌であることは稀である。これは、(1) 根への酸素の移動、(2) 生物による撹乱を介した表層土壌と深層土壌の混合、潮汐水のtidal flush[35]によって遊離硫化水素の蓄積が妨げられるためである(Thongtham and Kristensen 2003)。カニやトビハゼといった埋在性生物は、巣穴に空気を取り込み(Ishimatsu et al. 1998; Thongtham and Kristensen 2003)、マングローブ泥中に巣を作るアリのコロニーでさえも、地下の空隙に代謝ガスを充満させる(Nielsen et al. 2006)。

[35] Tidal flush:潮流の往復運動による水平混合。

土壌特性は、マングローブ樹種によって異なることが多くの研究によって示されている。土壌の酸化還元性や溶存酸素、懸濁態栄養塩、遊離硫化水素の各濃度、パイライト化の程度には、樹種特異性がある（McKee et al. 1988; McKee 1993, Lacerda et al. 1995; Alongi et al. 1998, 1999, 2000a, b; Alongi 2001）。例えば、一般に*Rhizophora*林土壌の方が、*Avicennia*林土壌よりも有機物量が多く貧酸素状態である。ブラジルでは、*Rhizophora*林土壌の方が*Avicennia*林土壌よりも有機炭素・窒素濃度が高いことが示されている。西オーストラリア州の森でも同様に、*Rhizophora*林土壌では酸化還元電位がより低かった（Alongi et al. 2000a）。土壌の酸化還元性に明らかな樹種特異性があることを、多くの研究が示している（表5.1）。しかし、季節的・土壌深度による大きな変動のために、その差は多くの場合統計学的に有意ではない。唯一有効と言える比較は、ある一つの場所内で種間比較することである。例えば、西オーストラリア州の3つの異なる場所における*R. stylosa*林と*A. marina*林との比較では、2箇所では*Rhizophora*林において酸化還元電位が有意に低かったが、3箇所目では反対に*Avicennia*林の方がより低かった（Alongi et al. 2000a）。この3つの*Rhizophora*林間での酸化還元性の違いのパターンが、3つの*Avicennia*林間でも見られた。このように、土壌特性の種特異性には誇張があると言える。

林齢は、土壌発達（特に枯死根の増加による有機物の蓄積）の重要な規定要因である。ベトナム、マレーシア、インドネシアの*Rhizophora apiculata*林において、林齢と土壌有機炭素量の関係をプロットすると有意な正の相関関係が見られた（図5.1）。Marchand et al.（2003）は仏領ギアナのアマゾンにほど近い地域で、*Avicennia germinans*林の発達段階に沿って土壌有機物組

表5.1　西オーストラリア州とミクロネシアのマングローブ林における樹種特異的な酸化還元電位（Eh、mV）。値は反復コアの平均（±SE）

樹　　種	Eh（mV）	場　　所	引用文献
R. stylosa	−103±36	西オーストラリア州	Alongi et al. (2000a)
A. marina	195±93		
A. corniculatum	10±27		
B. gymnorrhiza	75±27	ミクロネシア	Gleason et al. (2003)
S. alba	−5±27		
R. apiculata	21±28		

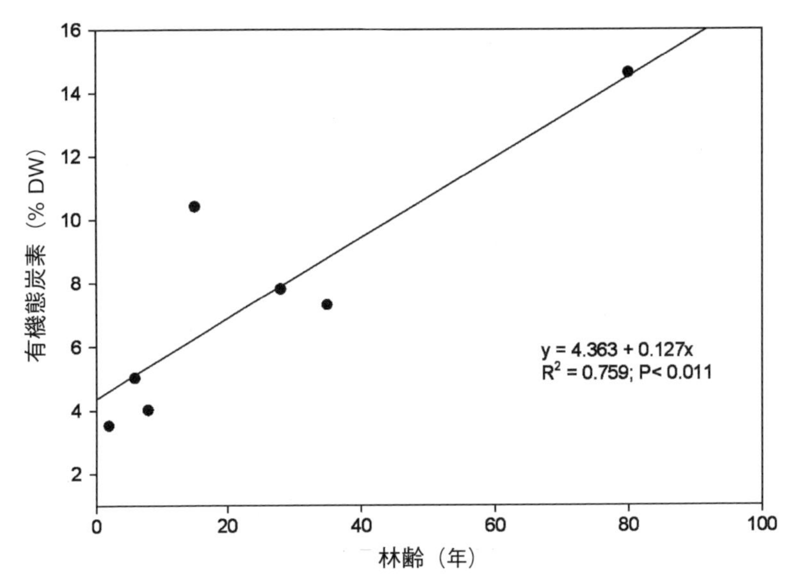

図5.1　東南アジアの様々な*Rhizophora apiculata*林における土壌有機態炭素量と林齢との関係（データはAlongi et al. 1998, 2000b, 2001, 2008）

成を調べた。その結果、有機物含量とC：N比は、先駆的森林（樹高1 m）→再生林（4 m）→若齢林（10 m）→成熟林（20 m）の順で増加することが分かった。こうした結果は、陸域の森林土壌でみられる有機物蓄積パターンと類似している（Perry et al. 2008）。おそらく、マングローブ林と陸域の森林で同じような生態学的要因が作用しているのだろう。現段階では林齢とともに他のマングローブ樹種でも土壌有機物量が増えるのかどうかはよく分かっていないため、これがマングローブの普遍的なパターンであると言うのは難しい。

マングローブ土壌有機物の起源と化学組成は、林齢とともに変化する（例：Marchand et al. 2003）。多くの先端的な有機化学分析が、マングローブ土壌の起源と化学組成を明らかにするために行われてきた。Marchand et al. (2003) は化学的・光学的な分析法によって、*A. germinans*のケーブル根の発達に伴って土壌有機物量が増加することを明らかにした。林齢の増加に伴うリグノセルロース系デブリ[36]の増加が見られた。また、炭水化物に質的

[36] デブリ：Debris。残骸、破片。

な差もみられた。若齢林は、林床まで太陽光が届くため藻類マットが形成されやすいが、そうした森では藻類と微生物由来の化合物が優占していた。老齢林における土壌深部の堆積物は、アマゾンからの砕屑物に由来する酸化した異地性デブリの割合が高かった（Marchand et al. 2005）。

土壌有機物の化学分析は、有機物の供給源よりも、微生物による選択的分解の影響の方を反映しやすい。続成作用[37]初期の分解に対して耐性のあるバイオマーカー（マングローブ葉のワックス成分に由来する五環性トリテルペンなど）でさえ、その解釈は難しい。これはシグナルが混合したり、希釈したり、続成作用の間に同位体組成に大きな変化が生じるためである（Koch et al. 2005）。マングローブの土壌有機物は、リター、生根と枯死根、マングローブ泥炭、異地性物質（海草、サンゴ礁性の藻類、河川上流からの陸成土壌・植物、動物の排せつ物、微生物バイオマス、海洋性POM）など様々なものの混合物である（Muzuka and Shunula 2006）。マングローブ土壌の安定同位体に関する最近の研究（Kristensen et al. 2008）によれば、マングローブリターが含まれていることを示す特徴的なシグナルはあるものの、しばしば陸域起源のデブリや他の独立栄養生物に由来する有機物が大量に流入していることもある。そのためマングローブ土壌は、地形場やその形成史に対応して規定される、陸と海由来の無機・有機成分の混合物であると言える。

5.3　林床の生物

本当に様々な生物が、林床の葉・枝・根・樹皮・材・マウンド・巣穴の間を歩いたり、走ったり、這い回ったり、滑ったり、泳いだり、隠れているのに出会うことができる（Alongi and Sasekumar 1992; Kathiresan and Bingham 2001）。様々な植食者、雑食者、捕食者が林冠の様々な高さで優占している（2章6）。こうした生物はすべて、樹木と直接あるいは間接的に強く関連し合った複雑な群集を形成し（Cannicci et al. 2008）、林床面と平均海水面以上の高さに、潮間帯に沿って複雑な成帯構造（zonation）を形成する。こうしたパターンの多くは物理的・化学的要因への応答を反映しているが、激しい競争と捕食の結果でもある（Schrijvers and Vincx 1997）。

腹足類（巻貝など）や甲殻類は、林床面に生息する主要な無脊椎動物であ

---

[37] 続成作用：堆積物が固結して堆積岩が形成される作用。

る。彼らの密度や分布のパターンは、冠水頻度、競争や捕食と関連づけてよく記載されてきた（Alongi and Sasekumar 1992; Nagelkerken et al. 2008）。しかし彼らの呼吸、摂食、排泄量、二次生産についてはよく分かっていない。例えば、支柱根上の表在性生物（海綿動物、フジツボ類、等脚類、コケムシ、尾索動物（ホヤなど）、多毛類（ゴカイなど）、ヒドロ虫、軟体動物、節足動物など）の種組成については多くの文献があるが、彼らの増加率に関する文献は少なく（2章5.4）、二次生産にいたっては研究がない。これは、フナクイムシ類[38]などほとんどの材食性動物にも言えることである。林床付近に生育するほぼすべての動植物は、満潮時には魚類によって摂食される。しかし、こうした活動をエネルギーや物質の流れの観点から見た時の重要性は、全くと言っていいほど分かっていない。エネルギー動態に関する研究のほとんどは、林床を覆うリターの分解やそれを食べる底生生物に注目してきた。

5.3.1 カニによる散布体とリターの消費

1980年代半ば、マングローブの食物連鎖内でのエネルギーと物質の主要な流れについてパラダイム・シフトが起こった。南フロリダでのマングローブ研究に基づき（Heald 1969; Odum and Heald 1975）、当初は、ほとんどの葉リターは感潮河川や水路に運ばれ（流出仮説[39]、6章2）、その後腐食連鎖系（マングローブリター → 腐生菌 → デトリタス食者・雑食者）の中でまず微生物による分解を受け、最終的には肉食動物を介した生食連鎖系（→ 低位の肉食動物 → 上位の肉食動物）へと組み込まれると考えられてきた。しかし、インド-太平洋、カリブ海、南アメリカで行われたその後の研究によって、ばらつきはあるものの大部分の林床リターは、カニなどによって消費されたり地下に隠されたりすることが分かった（Robertson et al. 1992a）。これは、カニ類の活動が系外流出する物質量を減らし、栄養塩保持メカニズムとして機能していることを示している。

Thomas J. Smith III（Smith 1992）やAlistar Robertson（Robertson et al. 1992a）と彼の共同研究者らはインド-太平洋域において、ベンケイガニ亜科のカニが葉リターと散布体を両方とも直接消費することを明らかにした。散

---

[38] フナクイムシ類：海中の木材などを管状に摂食する蠕虫状の2枚貝。

[39] 流出仮説：Outwelling hypothesis。マングローブ林の余剰な一次生産物が生産性の低い沿岸域へと運ばれること。また、これによって沿岸域の生産性が向上すること。

布体の摂食は、森林の構造や種組成の決定に大きな影響を与える。Smith (1987a, b) は、カニ類による散布体の捕食量が当該樹種の優占度と反比例の関係にある、という仮説を立てた。Thomas J. Smith IIIと彼の共同研究者らは、オーストラリア、マレーシア、フロリダ、パナマで一連の実験を行い、*Avicennia*、*Bruguiera*、*Rhizophora*属の複数種を対象にこの優占度-捕食量仮説 (dominance-predation hypothesis) の検証を行った (Smith et al. 1989b)。*Avicennia*属ではモデルに適合し、種子捕食量が森林の相対優占度と逆相関していた。種子の累積捕食量は*Avicennia*属4種間で異なっていたが、*A. officianalis*の46%から*A. germinans*の72%までと概して高かった。*Rhizophora*属と*Bruguiera*属の結果はまちまちだったが、胎生芽の累積捕食量は低かった (*Rhizophora*属は0-24%、*Bruguiera*属は5-40%)。*Avicennia*属で捕食率が高いのは、栄養価の高さとタンニン量の低さのせいであろう。

*Rhizophora*属と*Bruguiera*属の優占度-捕食量仮説への不適合は、捕食者ギルドの組成の違いによるものと考えられる。Sousa and Mitchell (1999) はパナマで操作実験を行い、同じように*A. germinans*の種子が*Rhizophora mangle*や*Laguncularia racemosa*よりも大量に摂食されることを明らかにした。*A. germinans*の種子捕食パターンは優占度-捕食量仮説と一致していたが、その捕食率は*A. germinans*をその生育地である潮間帯下部から排除してしまうほどではなかった。他の2樹種は、モデルに適合していなかった。これはカニによる胎生芽の捕食が、潮間帯に沿った両種の帯状分布の普遍的な説明要因にはなり得ないことを示している。

その後の実験は、散布体の捕食がマングローブ樹種の分布に大きな影響を及ぼしている (例：McGuiness 1997; Lindquist and Carroll 2004)、あるいは優占度-捕食量モデルに適合しない (Clarke and Kerrigan 2002) など両方の結果を示した。例えばClarke and Kerrigan (2002) は、捕食率は樹種によって22-100% で、*Aegiceras corniculatum* > *Avicennia marina* > *Bruguiera parviflora* > *Aegialitis annulate* > *B. exaristata* > *Ceriops australis* > *C. decandra* = *B. gymnorrhiza*の順であることを示した。こうした種間差もまた、タンニンと栄養成分の濃度の違いが原因であると考えられる。

ほとんどのイワガニ類はリターを消費するが、いくつかの種は樹上の生葉を食べる。こうした生葉の消費者は、樹木最上部にまで登ることもできる。このような種として、インド-太平洋の*Sesarma leptosoma*、新熱帯の*Aratus* *pisonii*、西アフリカの*Sesarma elegans*が挙げられる（Erickson et al. 2003）。ブラジルの森林において、*Aratus pisonii*は総葉面積の2-5%に相当する生葉を消費している。彼らは、*Rhizophora mangle*や*Avicennia schaueriana*よりも、窒素とリン濃度がより高い*Laguncularia racemosa*の葉の方を好む（Faraco and da Cunha Lana 2004）。こうした種は大量の生葉を消費しているが、ほとんどのマングローブ林では、葉消費の大部分は林床に落ちている葉によるものである。

表5.2に、様々なマングローブ林における、カニ類によるリター消費の割合や地下に埋められたリターの割合を示した。リター消費の割合は概ねかなり高いものの、全てがそうという訳でもない。例えば、ケニアの*Sonneratia alba*林内では顕著な葉の消費はなかった（表5.2）。また、オーストラリアの温帯域やカリブ海の森では、カニはマングローブの葉や散布体を食べるのを避けているように見える（Saintilan et al. 2000; Guest et al. 2004, 2006）。

表5.2　カニ類と他の底生生物によるリターの消費速度（総リター量に対する消費割合（%））

消費者	マングローブ樹種	消費割合（%）
Perisesarma onychophorum, *P. eumolpe*	*R. apiculata, R. stylosa*	9-30
Perisesarma messa	*R. apiculata, R. stylosa, R. lamarckii*	28
Perisesarma bidens, *Parasesarma affinis*	*Kandelia candel*	57
Perisesarma messa, *Neosarmatium smithi*	*Ceriops tagal*	71
Perisesarma messa, *Neosarmatium fourmanoiri*	*Bruguiera exaristata*	79
Neosarmatium fourmanoiri, *Parasesarma moluccensis*	*Avicennia marina*	33
Neoepisesarma spp., *Perisesarma* spp.	*R. apiculata*	>100
Neosarmatium meinerti	*A. marina*	44
Parasesarma guttatum	*Rhizophora mucronata*	19
Perisesarma onychophorum, *P. eumolpe*	*R. apiculata, Bruguiera gymnorrhiza, B.parviflora. Avicennia officinalis*	79
Neosarmatium meinerti	*A. marina*	>100
Neosarmatium meinerti	*Sonneratia alba*	0
Ucides cordatus（スナガニ類）	*Rhizophora mangle*	61-81
Terebralia palustris（腹足類）	*C. tagal*	11

この消費レベルの変動は、冠水頻度、リターの栄養価、マングローブ樹種やカニ種によって規定されている。カニ類と他の底生消費者間での競争も、葉リターの消費規模に影響を与える。ケニアGazi湾のマングローブ林では、巻貝キバウミニナ（*Terebralia palustris*）とベンケイガニ科アシハラガニモドキ（*Neosarmatium smithi*）が林床にある*R. mucronata*葉をめぐり直接的に競争する。巻貝は、集団でまとまって葉を食べる。一方、カニは巣穴に葉を引き入れることで、巻貝との食物をめぐる競争を避けたり減らしたりしている。落葉の上に乗っている巻貝の数が少なくカニのサイズが十分大きい場合、カニは巻貝から落葉を横取りする（Fratini et al. 2000）。カニがいない場合は、巻貝が重要な葉の消費者となる（表5.2）。

イワガニ類やスナガニ類によるマングローブリターの「暴食」は、奇妙に思える。なぜ栄養価の低いリターを消費するのだろうか？初期の研究では、カニはリターの細片を巣穴内壁に貼り付けるが、これはおそらく微生物定着と分解が十分進むようにすることで、リターをより美味しく栄養価も高くしているのであろうと考えられた（Lee 1998）。この考えは、多くのカニ種は生葉より落葉、あるいは低タンニンの葉の方を好んだり成長がより良くなる、という観察結果により間接的に支持されている。その後の安定同位体研究や巣穴掘削調査によって、ベンケイガニ類の炭素安定同位体特性がマングローブ葉よりもマングローブ土壌の炭素同位体特性と似ていることや、落葉と巣穴内壁リター片の間で栄養価に差はないことが分かった（Skov and Hartnoll 2002）。これは葉リターが、カニの成長や繁殖に要する窒素量を十分供給出来ていないことを示唆している。Skov and Hartnoll（2002）は、カニは土壌デトリタスを摂取することでリターという貧弱な食物を補っていると考えた。また、腐肉やメイオファウナなどの無脊椎動物を消費しているという可能性もある（Thongtham and Kristensen 2005; Lee 2008）。

リターの破砕、摂食、同化は、基質の分解促進において重要である。腹足綱有肺類の巻貝*Melampus coffeus*は、林床でマングローブの葉リターを消費する。しかしフロリダ州のBoca Ceiga湾では、流入してくる潮汐を避けるために樹上へと避難する（Proffitt and Devlin 2005）。*Melampus coffeus*を用いたリターバッグ実験で、リター重量が90%減少するのに*A. germinans*ではわずか1ヶ月、*R. mangle*では7週間しかかからなかった一方、巻貝無し区では12-26週間も要した。このことから、同巻貝がリター分解を促進していていることが示された。これは、*Melampus coffeus*個体群がマングローブ林のリターフォールの41%を消費している計算になる。Middleton and McKee (2001) はベリーズの森において、リターバッグ実験による同じような結果を報告している。ここでは、カニや端脚類がいるとリター分解速度が3倍になることが示された一方、枝や根のような難分解性リターの分解にはあまり影響しないことが分かった。葉リターの消費は、排泄物などを産生して微生物定着を促進したり、比表面積を大幅に増加させる。これらは、マングローブ食物連鎖内のエネルギーと物質の流れにおいて正のフィードバック・ループとして作用する。

これまで多くの研究が、マングローブの甲殻類（カニ類を含む）の生活史を調べてきた。しかし、そうしたカニ類や他の底生生物の二次生産を推定した例は少ない。Macintosh (1977, 1984) は、マレーシアのマングローブ林でいくつかのベンケイガニ類やシオマネキ類の生産を調べ、*Uca*属（シオマネキ）3種とベンケイガニ類2種の年間生産量はそれぞれ3.1-16.2と9.1-9.7 g/m²/年と推定した。イランのマングローブ・エスチュアリにおける*Uca lactea annulipes*の二次生産は、1-3.8 g DW/m²/年で、その80%をオスが占めていた (Mokhtari et al. 2008)。ブラジルCaetéエスチュアリのマングローブ

表5.3 ブラジル北部Caetéエスチュアリのマングローブ林、小及び大クリークに生育するカニ類と底生生物の二次生産、呼吸、同化、純生産効率 (net production efficiency : NPE＝生産速度/同化速度比)

ハビタットと種	生産 (g AFDW/m²/年)	呼吸 (g AFDW/m²/年)	同化 (g AFDW/m²/年)	NPE (%)
森林				
Uca rapax	6	33.6	39.9	15
Uca vocator	10.5	31.8	42.3	25
Uca cumulanta	1.6	6.5	8.1	20
Ucides cordatus	2.6	62.6	65.2	4
小さなクリーク				
U. cumulanta	7.2	20.2	27.4	26
Uca maracoani	4.7	14	18.7	25
Pachygrapsus gracilis	3.7	26.1	29.8	12
Eurytium limnosum	1.3	7.7	9	14
Thais coronata	0.01	1	1.01	1
大きなクリーク				
U. maracoani	53.4	147.9	201.3	27
T. coronata	0.15	3.2	3.35	5

林と隣接するクリーク提におけるより詳細な研究で（Koch and Wolff 2002)、様々なカニ種の二次生産は6.5-147.9 g AFDW/m²/年と推定された（表5.3)。デトリタス食のカニ類は、二次生産と呼吸が卓越していた。また、純生産効率（生産速度/同化速度比）が高い（平均＝19％）ことから、消費している食物の栄養価が非常に高いことが示唆された。カニ類はこのような高い生産効率をもち、森林の純一次生産の15％に相当する有機物を同化することから、カニ-土壌微生物-樹木間に正のフィードバック・ループがあると考えられる（Koch and Wolff 2002)。マングローブ林には、栄養塩のリサイクルと保持を促進する、正のフィードバック・ループのネットワークがあるようだ。

5.3.2　リターの微生物分解パターン

カニ類や他の底生デトリタス食者は、しばしば全リターフォール量の約半分を摂食してしまう。では、残りの半分はどうなるのだろうか？それらの一部は潮汐によって流されるだろうし（第6章参照)、林内に残ったリターは多様な微生物相によってさらに分解されるだろう。カニ類によって細片化されたが同化はされていないリターは、排泄物として土壌に戻り微生物によって分解される。大型消費者によってすぐに摂食されなかったリターは、微生物によって分解される。

大型消費者によって摂食されなかったデトリタスは、次の3段階、(1) 水溶性化合物の溶脱、(2) 腐生菌による分解、(3) 細片化を経て分解される。マングローブの葉リターの微生物分解を調べた多くの研究には（Robertson et al. 1992a; Kristensen et al. 2008)、いくつかの共通点がある。

・分解速度は、場所や樹種によって変わる
・落葉分解は、潮間帯の方が潮下帯（潮間帯の最低標高よりも下の場所）よりも速い
・落葉分解は、葉に水分が含まれている時のほうが速い
・*Avicennia*属や*Kandelia*属のようなタンニン濃度が低く窒素濃度が高い樹種の葉は、*Rhizophora*属や*Bruguiera*属の葉よりも分解が速い
・落葉の分解速度は、同じ樹種であれば熱帯でも亜熱帯でも同じであるが、葉が強く乾燥したり高塩分にさらされる乾燥熱帯域では遅い

溶脱の第一段階では、10-14日間の水没で葉中有機態炭素の約20-40％が失われる。溶脱する最初の成分は、非リグノセルロース系炭水化物（糖類、タン

ニン、他のフェノール化合物など）である。この浸出物は化学的に不安定で、好気的環境では易分解性であり、最大90％の変換効率で微生物バイオマスに取り込まれる（Kristensen et al. 2008）。残りの懸濁態有機物には、その次の分解段階になると 、好気性・嫌気性の原核生物や卵菌（卵菌門の鞭毛菌類）が定着してくる。子嚢菌類（真菌類）がマングローブリターの分解に果たす役割は、比較的小さい（Newell 1996）。卵菌、特に*Halophytophthora vesiculara*は、セルロース系化合物を浸透や消化によって取り込むことによく適応している。こうした多糖類成分は、リグニンの約2倍の速さで分解される。そのため、マングローブ・デトリタスは時間の経過とともにリグニン由来炭素が増えてくる。リグニンの半減期は150年以上であるため、非常にゆっくりとしか分解されない。無酸素条件下の土壌では特にそうである。

マングローブ・デトリタス分解時に起こる化学的変化は、酵素分解や溶脱成分の減少だけでなく、基質に定着してきた微生物の種組成変化でも起こる。長期の分解による微生物バイオマスの増加は、CよりもNやPを相対的に濃縮させるだけでなく、加水分解性アミノ酸、全アミノ酸、細菌のバイオマーカー、脂質、細菌特有な一価不飽和脂肪酸や側鎖脂肪酸の増加をもたらす（Mfilinge et al. 2003; Tremblay and Benner 2006）。*Avicennia germinans*葉は、分解4年目にはNの60–75％、Cの20–40％は元々の植物組織からではなく従属栄養バクテリア由来になる（Tremblay and Benner 2006）。分解中の*Rhizophora apiculata*葉中のP濃度は、数ヶ月後には初期濃度の174–220％にまで増加する（Nielsen and Andersen 2003）。これは、Pが腐植物質や鉄と結合したためであろう。こうした化学的研究は、分解中のマングローブ・デトリタスのC：N比とC：P比は時間とともに低下してゆく、という初期の研究結果をよく説明してくれる。

マングローブ土壌に堆積した黄葉の分解速度定数は、一般に単一指数関数$M_t = M_0 e^{-kt}$に従い（ここでM_tは経過時間t後の残存重量、M_0は初期重量、kは分解速度定数）、その値は0.001–0.1/日であった（Kristensen et al. 2008）。この分解速度は、マングローブ樹種、分解前のC：N：P比、冠水頻度、デトリタス食者の密度といった複数の要因によって規定されている。「濡れ」は、微生物のアクセス性と可溶性成分の溶脱を促進する特に重要な要因である。分解速度は当然ながら、カニや端脚類など葉食者による細片化によって大幅に増加する（Kristensen and Pilgaard 2001; Bosire et al. 2005）。マングローブ落

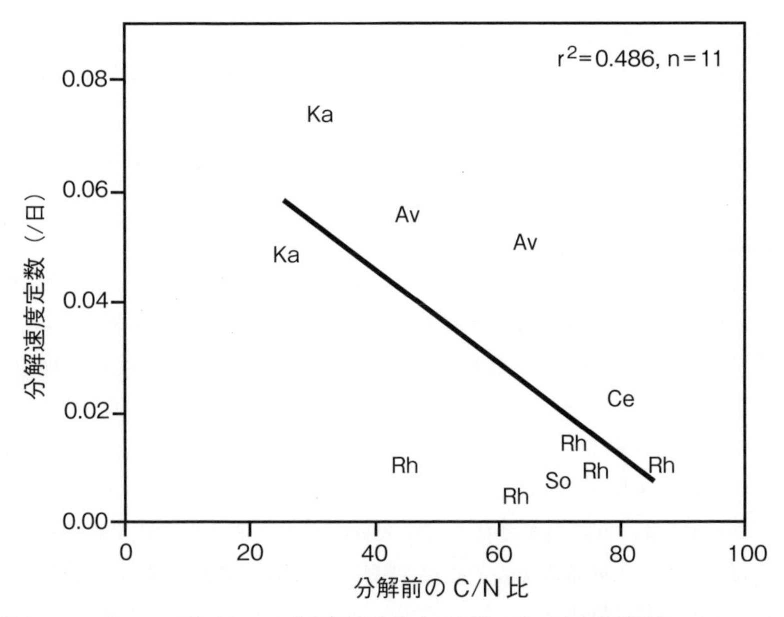

図5.2　マングローブ葉リターの分解速度定数とC/N比の負の相関関係（Kristensen et al. 2008の図4を改変）。Ka = *Kandelia*, Rh = *Rhizophora*, So = *Sonneratia*, Ce = *Ceriops*, Av = *Avicennia*

葉の分解速度定数とC：N比との間には、有意な逆相関関係がみられる（図5.2）。この逆相関は、マングローブ落葉の微生物分解速度は窒素の利用可能性（炭素に対する）に大きく左右されることを示唆する。

*Avicennia*属や*Kandelia*属の落葉は、*Rhizophora*属のようなより多くの構造性リグノセルロースから成る葉を持つ樹種よりも分解が速い（図5.2）。分解性と元素組成の樹種間差に加えて、土壌栄養や林齢の違いといった場所間での違いもある。しかし全般的に見れば、マングローブリターの分解速度と窒素不動化は、分解基質の初期の化学組成によって規定される。マングローブ林の分解者はおそらく、陸域の森林と同じように（Manzoli et al. 2008)、初期N濃度が低いリターを摂食するために炭素利用効率を低下させている。

落葉分解は、林床においてのみならず、栄養動態全般において重要である。例えば、マングローブ葉を分解する細菌由来のペプチドは、熱帯性のクラゲ*Cassiopea xamachana*のプラヌラ幼生の着生や変態を促す刺激となる（Fleck and Fitt 1999)。プラヌラ幼生は、葉の日陰側に着生することを好むが、他の基質では着生が誘発されない。他の海生無脊椎動物の集合的着生が、マングローブ林の葉や他の物質から放出される化学的刺激（ケミカル・キュー）によって誘起されるかどうかは不明である。しかしこの研究は、森林と潮汐水におけるプロセスが互いにどのようにリンクしているのかを再提示している。

5.3.3　生態系エンジニアとしてのカニ類

巣穴を掘るイワガニ類とスナガニ類はマングローブで優占する底生生物で、生態系機能にも大きな影響を及ぼすため、最近では「生態系エンジニア」と呼ばれている（Kristensen 2008）。生態系エンジニアとは、環境の物理的状態を改変することを通して、直接・間接的に他種の資源利用可能性を改変したり規定したりする生物のことである。3章2.2で、カニの巣穴がどのようにして森林から隣接する水路への水・懸濁物質の輸送を改変するのかを見た。また5章3.1では、カニ類がどれくらい大量の林床リターを消費するのかも見た。両方とも、生態系内での栄養塩保持に決定的な影響を及ぼし、物質の系外流出を最小限に抑える。

カニ類を生態系エンジニアとして捉える上で、次の5つのプロセスは非常に重要である（Cannicci et al. 2008; Kristensen 2008）。

・巣穴の形成・維持によって生じる土質や土壌孔隙率の変化
・穴掘りを通した物質の活発な汲み上げや土壌の再活性化による、物質（液体、気体、固体）の再移動
・潜在的な食物資源の摂取と、それに伴う土壌の酸化還元状態の変化
・巣穴が、拡散ガス輸送や液体の受動輸送、巣穴の崩落などを通して、物質運搬の仲立ちをすること
・有毒な代謝産物（H_2Sなど）の除去や酸素の土壌深部への導入を介した、物質の反応性の変化

ベンケイガニ類とシオマネキ類は、耐えられないような環境条件（満潮、乾燥、高温など）から逃れたり、競争や捕食からの避難場所とするために、マングローブ土壌に巣穴を作っている。シオマネキ類は、マングローブのクリーク堤のような開けた場所を好む。そこは、底生微細藻類の成長促進には十分な太陽光が当たる。一方ベンケイガニ類は、林冠下の土に好んで穴を掘る。そこは、リターが最も豊富で、日陰と根系が高温と捕食者から守ってくれる。カニ類は、積極的に巣穴を換気したり、粘液を分泌して微生物活性を

直接促進するようなことはしない。その代わり、時々行うほふく運動と、土壌と水/空気の接触面を増やすようなデザインの巣穴形成によって、微生物活性とガス・溶質の移動を促進している。

巣穴へのリター運搬以外にも、カニ類は土壌への酸素浸透を促進させ、巣穴内壁土壌の生物地球化学的循環系を改変する。カニの穴掘りによって土壌内部へと酸素が供給されると、酸化されたFe（III）酸化物の量が増加し、嫌気条件下で生成する代謝産物が中和される。巣穴内壁土壌では易還元性Fe（III）[40]酸化物の供給量が増加し、酸化還元状態が硫酸還元よりも鉄還元に有利な条件へとシフトする（Kristensen 2008)。そのため、嫌気条件下で生成されるH_2Sは比較的不活性なパイライト（FeS_2）に素早く変換されるか、再び酸化されて硫酸塩に戻るため、有毒な硫化物の生成は抑えられる。

ベンケイガニ類を除去すると、セジメントの化学性だけでなく森林の生産性にも大きな影響を与えうることが野外実験により分かった（Smith et al. 1991)。オーストラリア・クイーンズランド州北部の*Rhizophora*属優占林において、ベンケイガニ類を除去すると、土壌間隙水中の硫化物やアンモニウムの濃度がカニ除去をしていない対照区よりも増加することが分かった（Smith et al. 1991)。そしてより重要なのは、カニ除去区においてマングローブ樹木の繁殖体生産と托葉生産[41]が有意に低下したことである。この実験は、マングローブ林の生産性に果たすカニ類の重要性を浮き彫りにしている。

またベンケイガニ類は、糞塊生産をとおしてマングローブ土壌中の微生物による炭素無機化の速度・経路に影響を及ぼしている（Lee 1997)。カニ糞塊は、微生物活性が高く、端脚類のようなデトリタス食者の食物源にもなる。シオマネキ類の採餌活動は、これとは異なり土壌表層数mmに限られる。しかしこの小さなカニ類は、ベンケイガニ類の葉食行動のように微生物活性に明瞭な影響を及ぼす（Meziane et al. 2002)。Kristensen and Alongi（2006）はマイクロコズム（実験室生態系）実験によって、シオマネキ*Uca vocans*の在/不在および*Avicennia marina*実生の在/不在が微生物フラックスに及ぼす影響を調べた。カニあり区では、実生の葉と呼吸根がより生長した。カニなし区では、高密度の微細藻類マットが発達し、底生の一次生産と呼吸が増加し

[40] 易還元性Fe（III）：堆積物中において、Fe（III）からFe（II）へと還元可能な鉄画分を指す。

[41] この研究では、托葉の生産量によって森林の生産性を代替的に推定している。

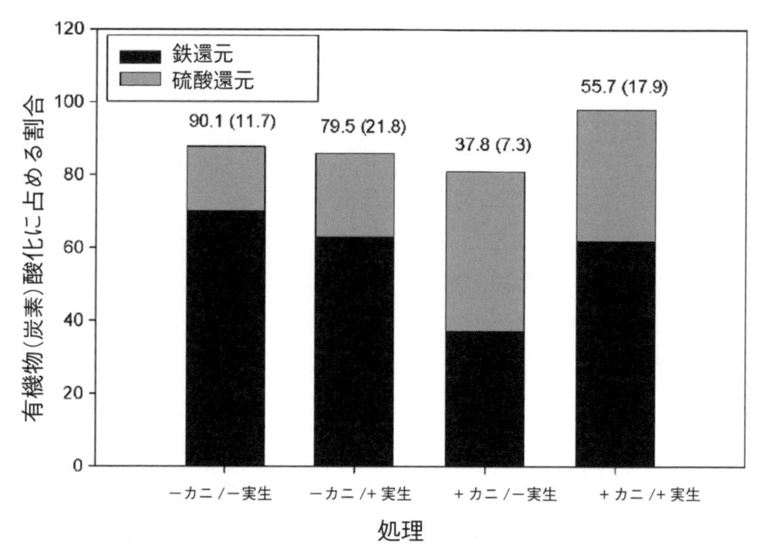

図5.3 シオマネキとマングローブ実生のあり（＋）/なし（－）が微生物による生化学的プロセス（代謝経路）とその速度に及ぼす影響（Kristensen and Alongi 2006）

た（図5.3）。カニあり実生なし区で、呼吸速度が最も低かった。これは、表層微細藻類の現存量がカニの採食によって大幅に減少し、微生物分解に利用される易分解性炭素の供給量が減少したためである。このカニあり実生なし区で、硫酸還元経路を介した微生物分解の割合が最大であった。これは、マングローブ根から滲出したDOCが硫酸還元活性を増加させるためである。微生物による炭素無機化において、Fe^{3+}はカニなし区土壌において最も重要な電子受容体であったが（63-70%）、SO_4^{2-}はカニあり区土壌（36-44%）、特に*Avicennia*あり区でより重要であった（図5.3）。

5.3.4 他の大型底生生物の栄養動態

他の大型底生生物の食物は、胃内容分析や採餌実験など様々な手法によって解明されてきた。一方、安定同位体や脂肪酸バイオマーカーを用いた最近の研究も、多くの無脊椎動物の食物に関する謎を解き明かしてきた（表5.4）。多くの表在性・埋在性動物の食物は、ほとんどの胃内容物が判別不能か未知な資源由来の有機物から成る場合、現実的には単にデトリタスとされてきた。底生無脊椎動物の脂肪酸と安定同位体の分析をみると（表5.4）、マングロー

表5.4 世界の様々なマングローブ林と水路における、脂肪酸バイオマーカーと安定同位体によって推定された底生大型無脊椎動物の餌メニュー

種	餌	方　法	場　所	引用文献
Austrovenus stutchburyi (二枚貝)	渦鞭毛藻、珪藻、植物デトリタス	両方	ニュージーランド、Matapouri	Alfaro et al. (2006)
Paphies australis (二枚貝)	渦鞭毛藻、珪藻、植物デトリタス	両方	ニュージーランド、Matapouri	Alfaro et al. (2006)
Crassostrea gigas (カキ)	渦鞭毛藻、珪藻、植物デトリタス	両方	ニュージーランド、Matapouri	Alfaro et al. (2006)
Turbo smaragdus (腹足類)	褐藻類、細菌、珪藻、動物プランクトン	両方	ニュージーランド、Matapouri	Alfaro et al. (2006)
Nerita atramentosa (腹足類)	褐藻類、細菌、動物プランクトン	両方	ニュージーランド、Matapouri	Alfaro et al. (2006)
Lepsiella scobina (腹足類)	珪藻、動物プランクトン、渦鞭毛藻	両方	ニュージーランド、Matapouri	Alfaro et al. (2006)
Cominella glandiformis (腹足類)	植物デトリタス、珪藻、褐藻類、動物プランクトン	両方	ニュージーランド、Matapouri	Alfaro et al. (2006)
Palaemon affinis (エビ)	珪藻、植物デトリタス、渦鞭毛藻、褐藻類	両方	ニュージーランド、Matapouri	Alfaro et al. (2006)
Neanthes glandicincta (多毛類)	底生微細藻類	安定同位体	台湾	Hsieh et al. (2002)
Laonome albicingillum (多毛類)	海洋性POM	安定同位体	台湾	Hsieh et al. (2002)
Batillaria zonalis (腹足類)	緑色大型藻類、細菌、珪藻	脂肪酸	沖縄	Meziane and Tsuchiya (2000)
Terebralia sulcata (腹足類)	細菌、緑色大型藻類、マングローブ・リター	脂肪酸	沖縄	Meziane and Tsuchiya (2000)
Cerithideopsilla cingulata (腹足類)	細菌、珪藻、マングローブ・リター、緑色大型藻類	脂肪酸	沖縄	Meziane and Tsuchiya (2000)
Geloina coaxans (二枚貝)	マングローブ・デトリタス、細菌	脂肪酸	沖縄	Bachok et al. (2003)
Onchidina australia (腹足類)	底生微細藻類	安定同位体	オーストラリア、クイーンズランド	Guest and Connolly (2004)

ブ特有なシグナルが驚くほど欠如している。これら無脊椎動物のより一般的な特徴は、他の独立栄養生物、細菌、有機物、プランクトン由来の食物を得ていることである。Steven Bouillonと彼の共同研究者らはインド洋のマングローブ・エスチュアリで、安定同位体を用いて底生無脊椎動物の食物について詳細な研究を行った（Bouillon et al. 2002a, b, 2004）。マングローブ由来の有機物は底生無脊椎動物の主要な食料源ではなく（ごく少数の種のみがこれを同化していた）、水路からの植物由来デトリタスがほとんどの種にとっての主要

な食物であった。プレモンスーン期には漂泳性・底生の微細藻類を好んで食べ、ポストモンスーン期には食物源としてほぼ微細藻類にのみ依存していた。

トビハゼは、無脊椎動物ではないがマングローブ動物相のアイコンのひとつである。潮間帯において特殊なニッチを占め、他の底生生物と密接に関わり合いながら水陸両生の生活を送っている（Clayton 1993）。トビハゼは肉食性で、主に干潮時に土壌表面で採餌するが、最近まで彼らの食性や食物組成はよく分かっていなかった。タンザニアの沿岸のマングローブに生息するトビハゼ*Periophthalmus argentilineatus*の詳細な研究により、幼魚から成魚期にかけて食性変化が起こることが分かった（Kruitwagen et al. 2007）。体長60 mmまでの個体は、主に小さなカイアシ類と端脚類を食べる。体長70-110 mmのより大きな個体は、餌選択性がまず多毛類（ゴカイなど）に、その後はカニ類へと移行する。安定同位体の特徴も、これらの胃内容分析の結果を裏付けるとともに、餌がその地域のマングローブ由来であることも示していた。

底生の肉食・デトリタス食者は、ほとんどのマングローブ林にたくさんいて様々なものを食べているが、その食物の多くは藻類起源であるという新たな発見があった。マングローブ・デトリタスは依然として一部の生物にとって重要な食物資源だが、森林の純一次生産を支える栄養塩の保持・再利用にとっても同じように重要な役割を果たしていると考えられる。微細・大型藻類の栄養学的役割は、最近まで非常に過小評価されてきた。

5.3.5 枯死木の分解

マングローブも、他の樹種と同じく最終的には死に、倒れ、そして林床に横たわる。この枯死木には、微生物と、潮に乗ってやってきたか既に林内にいた他の生物が急速に定着する（Cragg 1993; Allen et al. 2000; Maria and Sridhar 2004）。フナクイムシ類は、枯死木分解の主役のひとりで、分解を助けるセルロース分解性細菌や窒素固定細菌を共生させている。フナクイムシ類による材の穿孔は、溶存物質が大量に溶脱した後になるまで始まらない。熱帯広葉樹材の穿孔性生物への抵抗性スクリーニング試験で、いくつかのマングローブ種の材は、海生の材穿孔性生物の死亡率を上昇させるような滲出物を産生していることが分かった（スクリーニングした全ての樹種の滲出物には、このような毒性が見られた）。*B. gymnorrhiza*は、*Heritiera littoralis*、*R. stylosa*、*Xylocarpus granatum*よりも毒性が強かった（Borges et al. 2008）。最

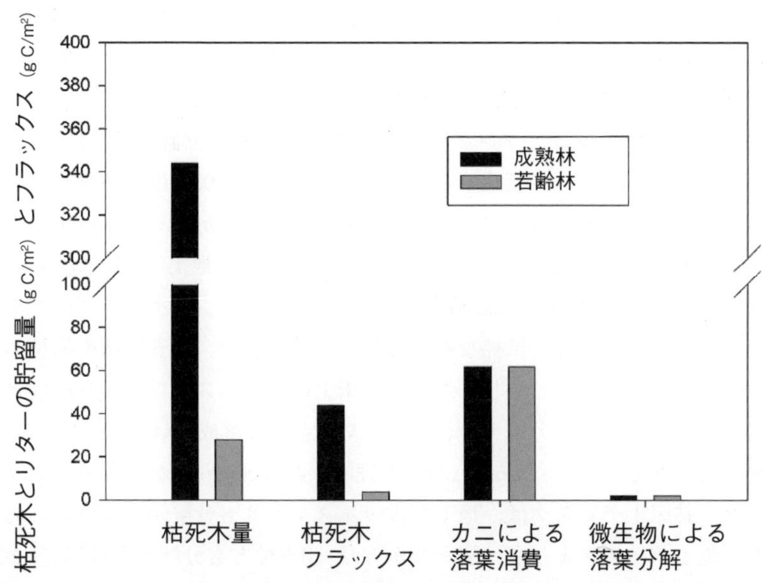

図5.4　オーストラリア北部の若齢および成熟*Rhizophora*林における枯死木の量とフラックス、カニによる落葉消費、微生物による落葉分解速度（Robertson and Daniel 1989b）

初にこれらが溶脱した後、海生材穿孔性生物による分解が加速する。Robertson and Daniel（1989b）は、林床で約16年間にわたって分解が進んだ*Rhizophora*属枯死木は、フナクイムシ類によって作られた管状ネットワークによって穴だらけになっていることを示した。マレーシアやミクロネシアのマングローブ林内の枯死木は、もっと速く分解することがいくつかの研究で指摘されている（Chai 1982; Ong et al. 1984; Hauff et al. 2006）。一方、ハリケーン・アンドリューが通過して9-10年経ったフロリダ南部のマングローブ林床では、粗大木質リター（coarse woody debris: CWD）は66%分解していた（Krauss et al. 2005）。

枯死木デトリタスは、カニ類による落葉消費と同じくらい重要である（図5.4）。Robertson and Daniel（1989b）は北オーストラリアの*Rhizophora*林において、成熟林では枯死木フラックスとカニ類の落葉消費量は同程度である一方、若齢林ではカニ類の落葉消費が主なデトリタス経路であることを示した。また、マングローブの枯死木分解は陸域の森林のそれよりも速く（$k=0.108$/年）、枝の分解はさらに速いことも分かった（$k=0.302$/年）。枯死木は約16年後の時点で初期炭素濃度の20％を保持していたが、C：N比は分解1年目にして1400から190に減少していた。2.5年間の枝の分解実験で、炭素濃度は分解前の50％に、C：N比は125から90に減少した（図5.4）。

枯死木の分解速度は、マングローブ樹種、枯死木の位置（倒伏か直立か）、潮間帯上の位置によって変化する。Romero et al.（2005）は、南フロリダの*Avicennia germinans*、*Laguncularia racemosa*、*Rhizophora mangle*の生木から切り取った小さな材ディスクを、地下、林床上、地上（潮汐水が来ない、満潮位よりも上の林床上）に設置し、28か月間にわたって分解パターンを調べた。地上での分解は、単純な指数関数モデルに従い、調査場所や樹種の影響は見られなかった。しかし、地下と林床上の材ディスクは、易分解性と難分解性成分という二成分モデルに従っていた。易分解成分は0.37-23.71％/月の速度で分解し、*A. germinans*が最も速く、*L. racemosa*が最もゆっくり分解した。林床上ディスクは、地下埋設ディスクよりも分解が速かった。両方とも、地上ディスクよりも分解が速かった。3樹種とも分解速度は似ていた。実験開始から2か月の間に、林床上・地下ディスクのN濃度は増加したが、Pは溶脱によって17-68％が失われた。P濃度は、それ以降はほぼ一定であった。

5.3.6　根の分解

根系は、マングローブ林の地下部の大部分を構成し（変動は大きいが）、森林の生産性に大きく寄与している。にもかかわらず、マングローブ林における根の分解の研究例は、根の生産（2章2.1）と同様に非常に少ない（表5.5）。最初の研究は、ニュージーランドの*Avicennia marina*林で行われたものである（Albright 1976; Van der Valk and Attiwill 1984）。最新の研究（かつ唯一の他研究）は、ベリーズのマングローブでKaren L. McKeeと彼女の共同研究者らによって行われたものである（Middleton and McKee 2001; McKee et al. 2007）。ベリーズのTwin Caysでは、*A. germinans*根の分解速度は0.104-0.108％/日で、高潮位帯では分解がわずかに遅かった。*R. mangle*根の分解速度は、潮帯間上の位置によって有意な差はなかったが、太い粗根（0.065-0.08）の方が細根（0.167-0.17）よりも分解が遅かった。McKee et al.（2007）は*R. mangle*の研究で、NとPを施肥しても細根・粗根の分解速度には影響が無いことを明らかにした。フロリダ・エバーグレイズでも同様に分解速度は比較的遅かったが、分解基質である根の質よりも土壌条件（栄養濃度、冠水頻度）の

表5.5 ニュージーランドとベリーズのマングローブ林における細根と粗根の分解速度（重量減少速度（%/日））

樹　　種	根の直径（mm）	設置の方法と場所	分解速度（%/日）	場　　所	引用文献
Avicennia marina	1	埋設	0.19	ニュージーランド	Albright (1976)
Avicennia marina	1	林床上	0.34	ニュージーランド	Albright (1976)
Avicennia marina	1	埋設	0.06	ニュージーランド	Van der Valk and Attiwill (1984)
Avicennia marina	10-20	埋設	0.22	ニュージーランド	Van der Valk and Attiwill (1984)
Avicennia germinans	<2, >10	埋設、低/中等潮位	0.108	ベリーズ、Twin Cays	Middleton and McKee (2001)
Avicennia germinans	<2, >10	埋設、高潮位	0.104	ベリーズ、Twin Cays	Middleton and McKee (2001)
Rhizophora mangle	<2, >10	埋設、低/中等潮位	0.108	ベリーズ、Twin Cays	Middleton and McKee (2001)
Rhizophora mangle	<2, >10	埋設、高潮位	0.092	ベリーズ、Twin Cays	Middleton and McKee (2001)
Rhizophora mangle	≦2.5	埋設、低潮位	0.17	ベリーズ、Twin Cays	McKee et al. (2007)
Rhizophora mangle	>2.5	埋設、低潮位	0.08	ベリーズ、Twin Cays	McKee et al. (2007)
Rhizophora mangle	≦2.5	埋設、中等潮位	0.17	ベリーズ、Twin Cays	McKee et al. (2007)
Rhizophora mangle	>2.5	埋設、中等潮位	0.08	ベリーズ、Twin Cays	McKee et al. (2007)
Rhizophora mangle	≦2.5	埋設、高潮位	0.167	ベリーズ、Twin Cays	McKee et al. (2007)
Rhizophora mangle	>2.5	埋設、高潮位	0.065	ベリーズ、Twin Cays	McKee et al. (2007)

方が根分解速度により大きな影響を及ぼしていた（Poret et al. 2007）。

これらの研究は、地下部根系の分解は、葉など他の樹体構成要素よりも分解が遅いことを示唆している。マングローブ根系の分解の遅さは、多くのマングローブ林における泥炭形成を説明してくれる。泥炭が蓄積するためには、有機物の流入量が、その流出量と分解速度を大きく上回らなければならない（Middleton and McKee 2001; McKee 2001）。泥炭形成は、難分解性炭素や窒素などの主要元素をマングローブ生態系内に貯留する、もう1つのメカニズムである。

5.4　森林土壌における微生物プロセス

土壌中の細菌は、生態系におけるエネルギーと物質の流れにおいて欠かせない存在で、マングローブにおけるエネルギー動態において、これらの原核生物群集に匹敵するのは樹木だけである。細菌は、他の微小生物（鞭毛虫、繊毛虫、アメーバなど）とともにマングローブ土壌中の微生物ハブの要であり、有機物を代謝し他の底生動物（メイオファウナなど）の食物にもなる。土壌微生物の密度、バイオマス、代謝活性を推定するために、様々な方法が用いられてきた。これらの方法の多くはもうあまり使われていない。しかしその生物地球化学的研究からは、微生物がエネルギー動態に果たす役割（土壌栄養塩の無機化や樹木とのリンク）を明瞭にするだけの十分な情報が得られる。

マングローブの一次生産が高いのは、高度に進化した独特な生理的メカニズムだけでなく、土壌栄養-微生物-樹木間の高度に発達した効率的な相互関係のおかげでもある（2章5）。この密接な相互関係というのは、熱帯域では特に重要である。それは、利用可能な栄養塩（硝酸塩など）プールは小さく回転率が高く、また温暖な環境下では微生物成長が速いためである。しかし、土壌粒子から微生物を分離することが本質的に困難であるため、こうした相互関係の複雑さや実態については、直接的な証拠よりも推測に基づいたデータのほうが多い。

細菌、真菌、原生生物は、かれら自身の代謝活性、栄養塩の変換や放出、土壌化学性の改変などを介して、マングローブ根圏の微環境を変化させる（Holguin et al. 2001）。樹木と微生物はどちらも、制限元素を共有し、また制限元素へのニーズもまた共有している。そのため微生物と樹木の関係は、競争的かつ共生的という矛盾したものである。マングローブの栄養塩利用効率（nutrient-use efficiency）は、他の熱帯樹木のそれと同等かそれ以上である（2章5.4）。これは、細菌による土壌栄養塩の無機化とその後の樹木成長が速いことを示唆する。

マングローブ-微生物関係は、根圏においてよく観察されてきた。根圏では、高度に特殊化した古細菌、細菌、原生生物、菌類の一群が共存している（Sengupta and Chaudhuri 1991; Ravikumar et al. 2004; Kothamasi et al 2006）。Kothamasi et al.（2006）はインドの複数のマングローブ樹種において、アーバスキュラー菌根菌が根の皮層の通気組織に存在することを見出し、植物が菌類に酸素を供給していることを示唆した。またリン酸分解細菌も豊富にいて、この細菌が難溶性リン酸を可溶化していることが示唆された。マングローブ樹木は、土壌環境を変え、さらにそれが好気・嫌気性細菌の各機能タイプの成長や生残にまで影響を及ぼす。根系への酸素の移動は、潜在的に有毒な代謝産物（硫化物など）の酸化に寄与することが以前から知られてきた。最近はさらに、このようなマングローブによる根圏への酸素輸送が、硫酸塩還元細菌に有利な条件からマンガン・鉄還元細菌に好適な条件へとシフトさせ（硫酸塩還元菌とマンガン・鉄還元菌とは電子供与体を巡って競合関係に有る）、植物の成長に必要な可溶性FeやMnの利用可能性を高めることが分かった。このような高度に発達したエネルギー効率の高い植物-土壌-微生物系は、厳しい熱帯環境においてなぜマングローブの生産性は高いのかを説明する重要な要因である。

5.4.1　細菌による土壌有機物の分解速度とその経路

海底セジメントや塩性土壌における細菌による有機物分解は、電子受容体の利用可能性に依存する[42]。また、酸化還元状態の土壌表層から深層にかけての垂直方向での変化[43]や、様々な代謝タイプ（酸化や還元など）の細菌の量も、有機物分解に深く関係している。表層部のような酸素が存在する条件下では好気呼吸が起こるが、酸素の消費に伴い脱窒、マンガン還元、鉄還元、硫酸還元、メタン生成と、貧酸素や無酸素条件での代謝経路へと徐々に移行してゆく（図5.5）。このようなセジメント・土壌層位（酸化還元状態）に沿った移行プロセスが必ずしも段階的に生じるわけではなく、それら代謝プロセスが同時に生じるようなセジメント・土壌層も存在する。こうしたプロセスの共通点は、CO_2の生成である。CO_2放出は、細菌による炭素分解の推定値として、土壌表面に設置した密閉チャンバー内で測定することができる。懸濁態有機炭素の発酵を経て産生される酢酸は、これらの代謝プロセスを促進する主要炭素源である（Kristensen et al. 1994）。

---

[42] 嫌気的な分解プロセスでは、有機物が電子供与体として働き、還元反応によって硫酸塩等の電子受容体が持つ電子を与えることによって有機物が分解される。そのため、有機物の分解反応は電子受容体の量が多いほど進む。

[43] 例えば、表層では恒常的に供給される易分解性有機物が分解（好気的分解）され、O_2がどんどん消費される。そして最終的に還元状態へシフトする（好気分解プロセス→嫌気分解プロセスへの移行）。

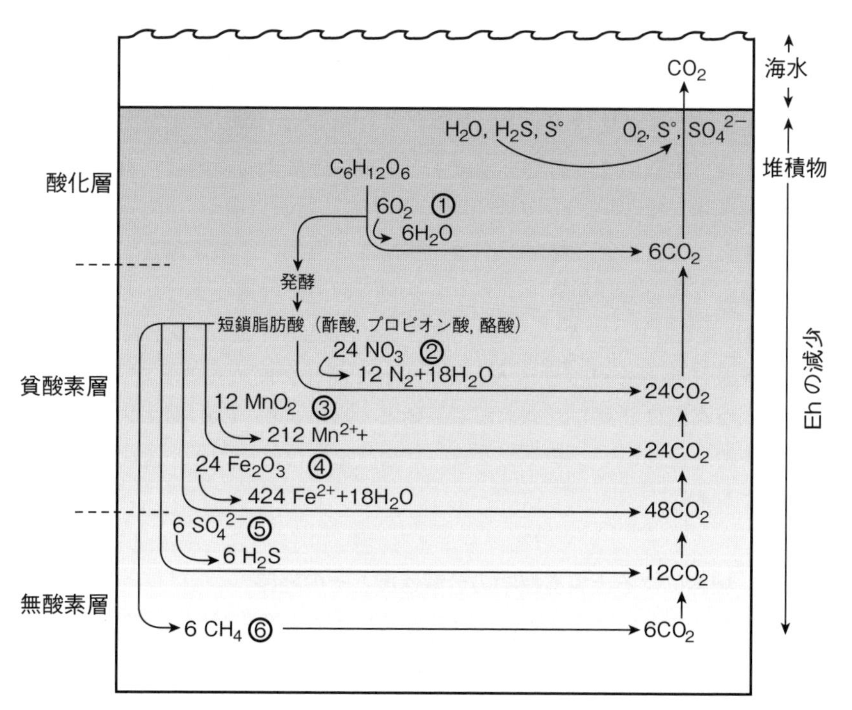

図5.5　マングローブ土壌における有機態炭素の細菌代謝プロセスの概念図

土壌表面からの溶存態・ガス態のO_2とCO_2のフラックスは、炭素分解の尺度になると考えられている。有機物の酸化はCO_2を生成するし、暗所でのO_2消費も同じく土壌呼吸速度の良い尺度である。しかし、微好気あるいは好気性の原核生物や他の従属栄養生物（無脊椎動物とほとんどの原生生物）のみがO_2を利用する。ほとんどの嫌気性経路は還元性代謝産物（H_2Sなど）を生成し、その産物の大部分は土壌表面に拡散すると酸化される。したがって、ほとんどすべての嫌気性代謝産物は、暗所でのO_2消費を測定することによって間接的に推定されるべきである。

O_2消費とCO_2生産に関するデータをまとめると（表5.6）、そのフラックスは土壌が冠水している時よりも大気にさらされている時の方が高くなるようだ。これは、液体より気体の方が分子の拡散が速いこと、土壌の割れ目や巣穴に空気が入ると好気呼吸や化学的酸化が起こる表面積が増加するためである。また、熱帯では土壌温度より気温の方が高いことも関係しているだろう。

O_2フラックスよりもCO_2フラックスの方が高いため、呼吸商は1よりやや

表5.6　世界中の様々なマングローブ林における、冠水・干潮時の土壌において測定された酸素消費とCO_2生産（mmol/m^2/日）および呼吸商（respiratory quotient: RQ＝CO_2/O_2）（データはKristensen et al. 1988, 1992, 2000; Nedwell et al. 1994; Middelburg et al. 1996; Alongi et al. 1998, 1999, 2000a, b, 2001, 2004a, 2005b, c, 2008; Holmer et al. 1999。上記より古い文献はAlongi 1989）

	平　均	標準誤差	観測数
O_2			
冠水時	35.93	4.86	55
干潮時	64.57	11.08	58
全　体	50.63	2.2	113
CO_2			
冠水時	49.32	6.29	62
干潮時	68.96	8.27	75
全　体	60.07	5.42	137
呼吸商（CO_2/O_2）			
冠水時	1.63	0.13	52
干潮時	1.32	0.27	53
全　体	1.47	0.15	105

高くなっている（表5.6）。この気体・溶質のフラックス値は、レッドフィールド比[44]に近い有機物（$C_{106}H_{260}O_{106}N_{16}P_1$）あるいは海洋の微細藻類・植物プランクトン（$C_{106}H_{177}O_{37}N_{17}S_{0.4}P_1$）の分解を反映していることを示し、完全分解時の呼吸商はそれぞれ1.3と1.45である（Middelburg et al. 2005）。しかし、土壌表面における呼吸の測定は、林床における全有機物分解の全体像を示しているというよりは、主に表層堆積物の有機物分解を表しているに過ぎないと考えられる。本章で後述するように、有機物（炭素）の各分解経路（解糖系・ペントースリン酸経路やTCAサイクルなど）を個々に測定してそれらを合算した値は、地表面で測定されたO_2・CO_2フラックスよりも大きくなることがある（Alongi et al. 2001, 2004a, 2005b）。これは、微生物分解のうちのかなりの部分が、地表面での呼吸測定では捉えきれていないことを意味する。側方移流や潮汐水の排水が、地下部でのプロセスで生じた呼吸由来炭素を隣接

[44] 植物プランクトンが取り込む栄養塩（C：N：P＝106：16：1）の比率。レッドフィールド比は、任意の場所と時間における栄養塩の存在状態を指す場合と（4章4のケース）、任意の生物群集、例えば植物プランクトンの体組成を指す場合（ここでのケース）がある。

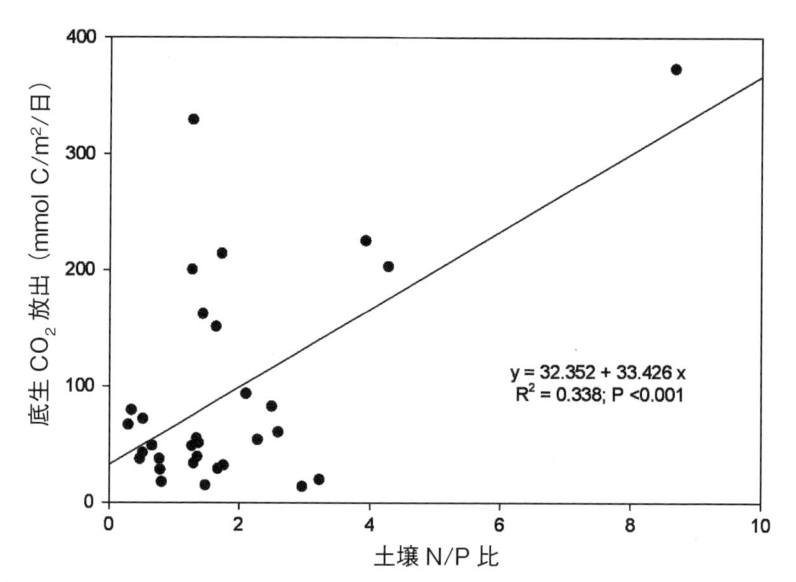

図5.6　世界のマングローブ林における底生CO_2放出と土壌N：P比の関係。引用文献は表5.6に同じ

する水路に輸送することで目減りさせていると考えられる。そのため林床は、潮汐の上下動に即応するように間隙水や大気を吸ったり吐いたりする巨大な「スポンジ」を連想させる。

では、地表面の土壌呼吸速度は何と関連しているのだろうか？多くの研究（表5.6の引用文献を参照）が、呼吸速度と土壌温度、酸化還元電位、有機態炭素や窒素濃度、粒径組成、マングローブ樹木の純一次生産との間に有意な相関関係を見出している。しかし、土壌呼吸を規定する唯一の包括的因子というのは存在しないようである。表5.6とその参考文献の土壌データを用いて解析したところ、CO_2生産と土壌N：P比の間に有意ではあるが弱い相関関係が見られた（図5.6）。野外土壌という基質の大きさを考えると、この関係は疑似相関で、リン利用可能性に対する窒素の制限を示しているわけではないだろう。

広い緯度範囲（北緯27度から南緯37度）でCO_2放出速度と森林タイプや土壌特性との関係を見た研究で（Lovelock 2008）、マングローブの土壌呼吸とQ_{10}（2.6）は陸域の森林の値と似ていた[45]。また、土壌呼吸は葉面積やリター

[45] Q_{10}：土壌呼吸の温度依存性を表す指数。温度が10℃上昇した時の呼吸速度の変化率を意味する。

フォール量と相関していた。ただし、この相関関係は有意ではあるものの弱かった。これは、マングローブ林の土壌呼吸を規定する唯一の因子が無いためである。

土壌呼吸速度は、異なる樹種の森林間で異なることが知られている。例えば、*Rhizophora*林土壌の方が*Avicennia*林土壌よりも呼吸速度が速いという測定例がいくつかある。しかし前述のように、これがなぜそうであるのかは分かっていない。Alongi et al.（2000a）は西オーストラリアで種間比較を行い、*Rhizophora*林における高い土壌呼吸速度は、土壌粒径が小さく有機物量が多いことと関係していることを見出した。しかし、*Rhizophora*林は低潮位付近に生育するため、土壌呼吸の樹種間差は種特異的要因というよりも、冠水とそれによる土壌有機物の堆積速度の差に起因するものと考えられる。

土壌呼吸に関する最も現実的な描写は、異なる森では違った要因が卓越し、同じ森でも時間経過とともに変わってくる、ということである。土壌には底生動物のパッチ構造など、非常に大きな不均一性（heterogeneity）が存在する。こうした不均質さが代謝速度に影響を与えている（Kristensen and Alongi 2006; Kristensen 2007）。根系から滲出するガスや他の代謝産物は、明らかに土壌の代謝速度を規定する上で重要な役割を果たしている。しかし、土壌呼吸を介した炭素放出の割合はマングローブ林では通常は低い（Alongi 2005a）という研究が示すように、土壌表層の代謝速度が森林の生産性と密接に関連しているとは考えにくい（Lovelock 2008）。

5.4.2　硫酸還元

好気呼吸と嫌気性の硫酸還元は、マングローブ土壌における主要な分解経路である（Alongi 2005a; Kristensen 2007）。酸素は土壌表層の数mm深で激減し（巣穴や割れ目のある土壌を除く）、発酵や硫酸還元細菌による有機物分解とともに、嫌気的代謝が卓越する。そのため大部分のマングローブ土壌には、パイライト（FeS_2）や単体硫黄（S°、elemental sulfur）といった還元型の無機硫黄化合物が高濃度で存在するが、硫化第一鉄（FeS）や遊離硫化物（H_2S）はほとんど存在しない。

硫酸塩の還元率を測定するために硫黄放射性同位体^{35}Sでラベル化された硫酸を用いて短期培養を行うと、通常は還元された$^{35}SO_4$の大部分がパイライト態で回収され、それよりもはるかに少ない量の単体硫黄が回収される。

ただし急速に堆積した土壌の場合や、あるいは易分解性の有機物が急速に蓄積した場合においては、酸揮発性のFeSやHS^-形態の^{35}Sの顕著な回収がみられる（Alongi et al. 2005b, c)。根による酸化効果、カニ類や他の埋在性生物による穴掘り、および低いpHは、Fe^{2+}と多硫化物との沈殿、またはFeSの元素硫黄および多硫化物との酸化を介して、パイライトの生成を急速に促進させる（Holmer et al. 1994)。パイライトの生成速度は、易還元性鉄（reactive iron）の利用可能性によって制限される可能性があり、その大部分はパイライトと結合している。マングローブ・セジメントにおけるパイライトの貯留量は、土壌タイプや土壌深（しばしば潮汐差によって決まる）によって異なる。マングローブ泥炭堆積物は、パイライトと有機態硫黄を大量に含んでいる。

還元状態にある硫黄化合物の酸化は、マングローブ土壌中の無機硫黄の重要なリサイクル経路だと考えられる。パイライトの酸化は、鉄の酸化物によって直接あるいは間接的に仲介されることで生じる（例：Fe^{3+}を酸化剤としてパイライトの酸化が進行するケース）（Holmer et al. 1994; Kristensen and Alongi 2006)。酸素は、単純な分子の拡散に加えて、根からの酸素放出、カニ類や底生生物による土壌の混合や波と潮汐作用による表層部の移流（流れによる）輸送によって、土壌深部へと輸送されると考えられる。パイライトの酸化は、土壌への人為攪乱によっても引き起こされ、水産養殖や他の開発のために森林が皆伐されると、深刻な土壌の酸性化（酸性硫酸塩土壌の生成）を引き起こす。また土壌の攪乱は自然な細菌代謝も乱し、嫌気的代謝の減少を招く可能性がある（Alongi and de Carvalho 2008)。

Alongi（2005a）とKristensen et al.（2008）を用いて硫酸還元速度を調べた96例をまとめると、平均±SDは36.2±6.1、中央値は12.9、範囲は0.2-319.0 mmol S/m^2/日であった。マングローブ土壌の硫酸還元速度は、多くの塩性湿地よりも低いようである（Canfield et al. 2005)。しかし、たいてい土壌表層の5-10 cm深までしかサンプリングされていないため、マングローブ土壌における硫酸還元の推定値は、その大部分が過小評価されている。一部のマングローブでは、土壌の深さが1 mを超えるまで硫酸塩の還元が検出されているものもある（例：Alongi et al. 2001)。これらの値を土壌の養分、粒径、温度と相関をとっても、どれも有意な関係は見られなかった。土壌呼吸と同じく、マングローブ土壌の硫酸還元を規定する唯一の因子は無い。

硫酸還元の時間的・空間的パターンは、多くのマングローブ林で確認され

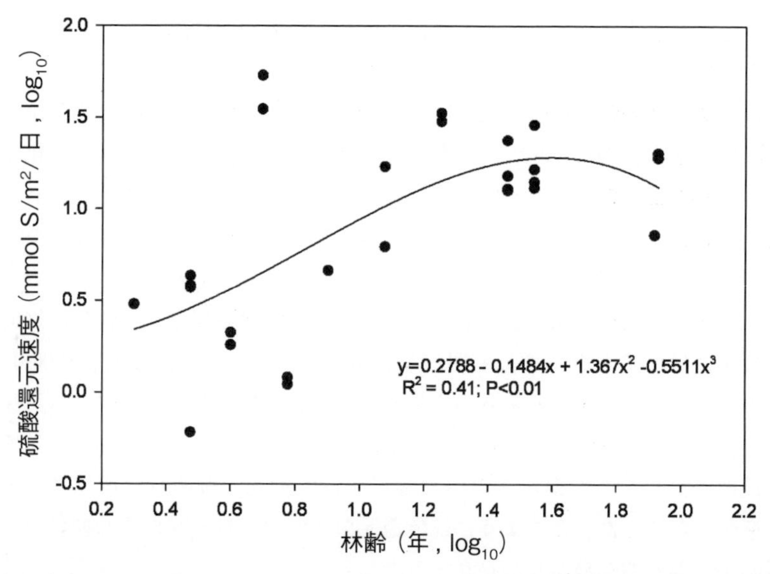

図5.7　東南アジアの*Rhizophora apiculata*林における林齢と硫酸還元速度の$\log_{10}$-$\log_{10}$関係（Alongi et al. 1998, 2000b, 2001, 2004a, 2005b, c, 2008）

ている。例えば中国の*Kandelia obovata*林では、硫酸還元速度は低潮位帯から高潮位帯に向かって有意に減少した。これは、セジメントの堆積速度と土壌栄養塩量を反映している（Alongi et al. 2005b）。他の研究では潮間帯に沿った明確で一貫したパターンは見られなかったものの、多くの場合、温度よりも雨量（もしくは降雨の不足）と関連した季節性がみられる。例えばタイにおいてAlongi et al.（2001）は、干潮時に土壌が乾燥しきってしまう乾季よりも、南西モンスーンが吹く雨季の方が、硫酸還元速度が高いことを示した。

東南アジアの様々な林齢の*Rhizophora apiculata*林における硫酸還元速度の解析から（図5.7）、約35年生以上の森林において硫酸還元速度が減少していることがわかった。この関係は、鉄還元やマンガン還元などの他の代謝経路が硫酸還元よりも上回る可能性を示唆している。あるいは、嫌気的な代謝速度の低下は、*Rhizophora*林における生産性の安定化や生産力低下の始まりと同調しているのかもしれない（図2.16）。同齢の森林における硫酸還元速度の変動のほとんどは、季節性やサイト特異的な変動によるもので、これらの森林は海洋から汽水域、あるいは低潮位から中等潮位まで場所は様々である。西オーストラリアの*Rhizophora stylosa*林と*Avicennia marina*林において、硫酸還元と純一次生産との間に有意な正の相関が見出されたものの、これらの森林の林齢は分からない（Alongi et al. 2000a）。

林齢（または純一次生産）と硫酸還元速度との間の直接的な関連性は、根からの溶存物質の滲出[46]と、硫酸還元菌によるそれらの取り込みと同化である。タイ南部の森林では、硫酸還元速度は生・枯死細根バイオマスと有意に相関しており（Alongi et al. 2001）、この関係は生・枯死根からの滲出物（例えばリグニン）の硫酸還元菌による取り込みと同化に起因するものであった(Dittmar and Lara 2001a)。マングローブが土壌中の硫酸還元活性に直接的な影響を及ぼすことを示す最も明白な証拠は、KristensenとAlongi（2006）によるカニ類と*Avicennia marina*実生の在・不在を操作したメソコスム実験において提示されている。彼らは、実生が存在するメソコスムにおいて硫酸還元速度が高く、また根からのDOC滲出が硫酸還元と細菌量を増加させることを明らかにした。このように硫酸還元菌とマングローブ根との間には、直接的かつ機能的な繋がりが存在する。

5.4.3 鉄還元とマンガン還元

硫酸還元菌の活性は、鉄・マンガン還元菌の存在と密接に関連している。Kristensen and Alongi（2006）による*A. marina*を用いたメソコスム実験は、マングローブ土壌の代謝過程におけるカニ類と樹木実生の相補的な効果が見られた。硫酸還元速度は実生の存在下でより高くなる一方、根からのDOC滲出は表層土壌における鉄動態にカスケード効果[47]を与えていた。すべてのFe^{3+}は効率的にFe^{2+}に還元され、固体のFe（Ⅱ）プールへ変換される。そして硫酸還元菌によって生成された硫化物は全て硫化鉄として急速に析出した。土壌表層数 cmにはFe^{2+}は存在せず、これは急速な再酸化により非晶質の酸化鉄が析出したためと考えられる。カニ類がいないメソコスムの中では、Fe^{3+}は最も重要な電子受容体であり、微生物による炭素分解の63-70％を担っていた。このように鉄還元菌の寄与が大きいのは、実生あるいは底生微細藻類の存在によるものである（実生の根や底生微細藻類に由来する炭素源が鉄還元菌の活性を刺激している）可能性が高い。

この実験における鉄還元速度は20.6-63.4 mmol C/m²/日で、マングローブ

---

[46] 根からの滲出物（例えばDOC）は微生物が利用しやすい炭素源となる。

[47] カスケード効果：ある代謝系で起こる出来事が、他の系に連鎖的に影響していくこと。

自然林の土壌の値と同程度である（Kristensen et al. 2000）。タイ・プーケット島のマングローブと干潟においてKristensen et al.（2000）は、5.2–36.1 mmol C/m^2/日という鉄還元速度を得た。鉄還元速度は*Rhizophora mucronata*林で最も高く、Fe^{3+}の還元が微生物による炭素分解の70–80％を担っていた。無植生の干潟堆積地における鉄還元速度は、*R. mucronata*林よりも低く、比例して炭素分解の寄与率も低かった。このパターンは、土壌撹乱を行う底生生物や根系といった促進作用によるものである。土壌の粒径組成や鉄・栄養塩量もまた、重要な要因であろう。同様の結果は、ブラジルのマングローブでも得られている（Ferreira et al. 2007a）。

インドのマングローブでも、樹木根系の周りにおいて鉄・マンガン還元が検出された（Alongi et al. 2005c）。Alongi et al.（2000a, b）は、他の森林の培養土壌から溶存態Fe・Mnの放出を観察し、通常は金属類の還元は重要なプロセスではないとした。しかし、この測定手法は実際の金属類の還元速度（特にマンガン還元）をかなり過小評価していた。バハマのマングローブ土壌では、マンガンの酸化速度は3–119 pmol/mg soil DW/時で、最も低塩分な場所で最大を示した（Spratt and Hodson 1994）。これは低塩分の土壌では、硫酸塩の濃度が低く硫酸還元菌の活性が制限されるため、マンガン還元が重要なプロセスになっていると考えられる。

Kristensen（2007）による最近のレビューで、マングローブ土壌における易還元性Fe（Ⅲ）の濃度と微生物の炭素分解に対する鉄呼吸の割合との間に正の相関があることが分かった。彼は、易還元性Fe（Ⅲ）の濃度が35 μmol/cm^{3}を超えると、嫌気的有機物（炭素）分解の80％以上が鉄還元細菌によって引き起こされると仮定した。マングローブ土壌の微生物代謝における金属類の還元経路の重要性については、さらなる研究が必要である。この知見は、マングローブ根近傍の鉄プラーク（根の周りにみられる酸化した鉄の皮膜）の機能を理解するためにも重要である。この鉄プラークは有害金属を無害化する役割を果たしているのかもしれないが、この考えはまだ推測に過ぎない（Machado et al. 2005）。

5.4.4 メタン放出

メタン生成菌は、そのエネルギー収率の低さから、他の嫌気性細菌との水素や酢酸などの電子供与体を巡る競争では劣っている[48]。硫酸還元のようなプロセスは、水素と酢酸の濃度をメタン生成菌にとって低すぎるレベルにする。そのためメタン生成は、硝酸塩、硫酸塩、金属酸化物などの電子受容体が枯渇した土壌やセジメントにのみ限定される。そのためマングローブ土壌では、微生物による炭素分解のうち、メタン生成が占める割合はごくわずか（1-10%）である。メタン生成は、全てではないが一部のマングローブ土壌で検出されている（Alongi 2005a; Kristensen 2007）。メタンがCO_2の7-62倍の地球温暖化係数（global warming potential）を持つ温室効果ガスであることから、マングローブ土壌からのメタンフラックス測定への関心は過去10年間で高まっている。

最近Kristensen（2007）は利用可能なデータをまとめ、メタン生成量は一般に低く、変動が大きく、検出されない森もあることを示した（Giani et al. 1996; Alongi et al. 2000a, 2001, 2004a）。メタン放出速度は通常0.1-5.1 mmol CH_4/m^2/日であるが、汚染のひどいマングローブ土壌では約60 mmol CH_4/m^2/日（Verma et al. 1999）、夏季の亜熱帯マングローブでは最大30 mmol CH_4/m^2/日（Allen et al. 2007）に達する場合もある。メタン生成は一般に、土壌深部で検出される。しかし、土壌表層、特に塩分濃度が低いエスチュアリの森林（つまり硫酸塩濃度が低く硫酸還元が制限されている場所）でもしばしば検出される（Lyimo et al. 2002; Lekphet et al. 2005）。メタンの放出は、硫酸還元が生じている土壌でも検出されている。この一致は、おそらくメタン生成菌のみ利用できるメチル化アミンが存在できるような微環境があったためであろう（Canfield et al. 2005）。

メタン放出速度は、有機物質汚染の程度と最も密接に関連しており、有機物質汚染土壌で放出速度は高くなる（Giani et al. 1996; Purvaja and Ramesh 2000, 2001; Strangmann et al. 2008）。また（重要性はやや低いものの）土壌の温度・水分の季節的な変化も影響している（Lu et al. 1998; Ye et al. 1999; Allen et al. 2007）。一般廃棄物は、重度の酸素ストレスをもたらし、メタン生成には十分量の易分解性有機態炭素を供給する（Sotomayor et al. 1994）。伐採も、間接的にメタン放出を促進する。これはおそらく、生根によって土壌中に供給されるはずの酸素が伐採によって少なくなり、酸化還元電位が低下するためであろう（Giani et al. 1996）。Strangmann et al.（2008）の実験により、汚

[48] メタン生成菌と硫酸還元菌は、基質である水素や酢酸を巡って競合関係にある。そのため硫酸還元プロセスの進行は、メタン生成菌が利用できる上記の基質を減らしてしまう。

染土壌におけるメタンの濃度・フラックスの増加は、マングローブ実生の成長速度を低下させることが分かった。これは、養殖場や下水由来の有機物質負荷による汚染土壌では、実生がうまく成長しないメカニズムを示している。メタン生成は、マイナーなプロセスとはいえ、マングローブのパイオニア樹種の初期定着や再導入の成否を規定する重要な役割を果たしているのかもしれない。

メタン生成は、土壌だけでなく、樹体内や樹体上でも起こる。Kreuzwieser et al.（2003）はオーストラリアにおいて、*Rhizophora stylosa*支柱根からのメタン放出を見出し、その放出速度が3.9–5.0 μmol CH_4/m^2根表面/日であることを示した。*Avicennia marina*の呼吸根にもメタン細菌が定着しており、メタン放出速度と呼吸根の密度には正の相関があった（Purvaja et al. 2004）。メタン細菌は、根の通気組織内で生育する。CH_4濃度は、呼吸根の基部から先端にかけて低下する（Purvaja et al. 2004）。他のマングローブ樹種の根についても、メタン生成活性を調べる必要がある。

マングローブの水路も、メタンの重要な発生源となりうる（Barnes et al. 2006; Ramesh et al. 2007）。インドの原生的なマングローブ林と汚染されたマングローブ林では、潮汐水がメタンで過飽和の状態にあった（Barnes et al. 2006; Ramesh et al. 2007）。メタン放出速度は、原生林で3.3–10.4 mmol CH_4/m^2/日、汚染された森林では最大5,216 mmol CH_4/m^2/日にまで達した。このように、マングローブはこれまで考えられていたよりも大きなメタンのソースかもしれない。

5.4.5 窒素プロセスと樹木とのつながり

窒素は、一般にエスチュアリや海洋の生態系を制限しており、これは多くのマングローブ林にもあてはまる。膨大な量の窒素が、硝酸やアンモニウムとして細根を介して取り込まれる。このため、土壌窒素の形態変化の理解が非常に重要である。そのため、わずか3つのマングローブ林生態系でしか完全な（あるいはそれに近い）土壌窒素循環が研究されていないことは、非常に驚くべきことである。その3つとは、タイ南部プーケット島（Kristensen et al. 1995, 1998, 2000）とSawi湾（Alongi et al. 2002）、そして北オーストラリアMissionary湾にあるHinchinbrook島である（Alongi et al. 1992; Alongi 2005a）。脱窒などの個々のプロセスは、多くの森林で多数測定されてきた。

しかし、窒素の「パズルのピース」が組み立てられた時にだけ、生態系における土壌窒素の役割は明らかにできる。

プーケット島の低潮位帯と中等潮位帯付近の*Rhizophora apiculata*林における窒素収支は、土壌中の有機態窒素の大部分がアンモニア化細菌によってNH_4^+に分解されることを示している（図5.8）。この時、脱窒による大気へのロスは比較的少ない。窒素固定は主要なインプットではない。しかし藻類は重要で、これは土壌-水境界を通過する溶質フラックスのほとんどが藻類マットを経由するためである。N流入量のわずか5%しか、土壌に埋没（土壌内部に保存）していかない。NH_4^+の大部分は、樹木根から取り込まれていると考えられる。これは、水柱からの溶存態Nの取り込み量が、マングローブの純一次生産に要するN量の9-10%に過ぎないことから分かる。

Sawi湾の4つのマングローブ林土壌でも、N埋没量と脱窒量はそれぞれN流入量の4-12%と3-23%を占めるに過ぎないため、ほとんどの窒素はアンモニア態を介して循環する（図5.9）。土壌のアンモニウム・プールの回転時間は7-41時間で、土壌間隙水中のNH_4^+の70-90%は樹木によって吸収されてい

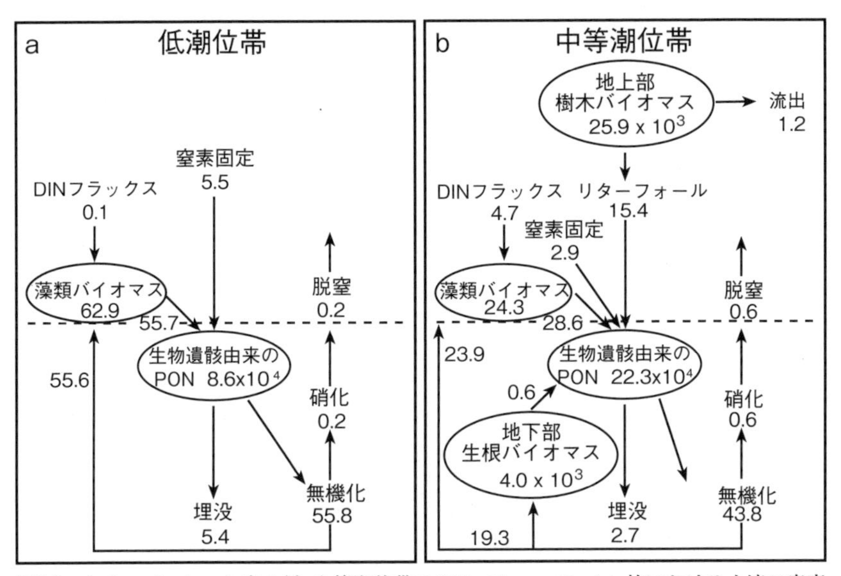

図5.8 タイ・プーケット島の低-中等潮位帯の*Rhizophora apiculata*林における土壌の窒素収支（Kristensen et al. 1995, 1998, 2000）。生物遺骸由来のPON：生物（動物・植物プランクトン、バクテリアなど）に由来する死骸や分泌物、排せつ物、老廃物から成る懸濁態の有機窒素（PON）

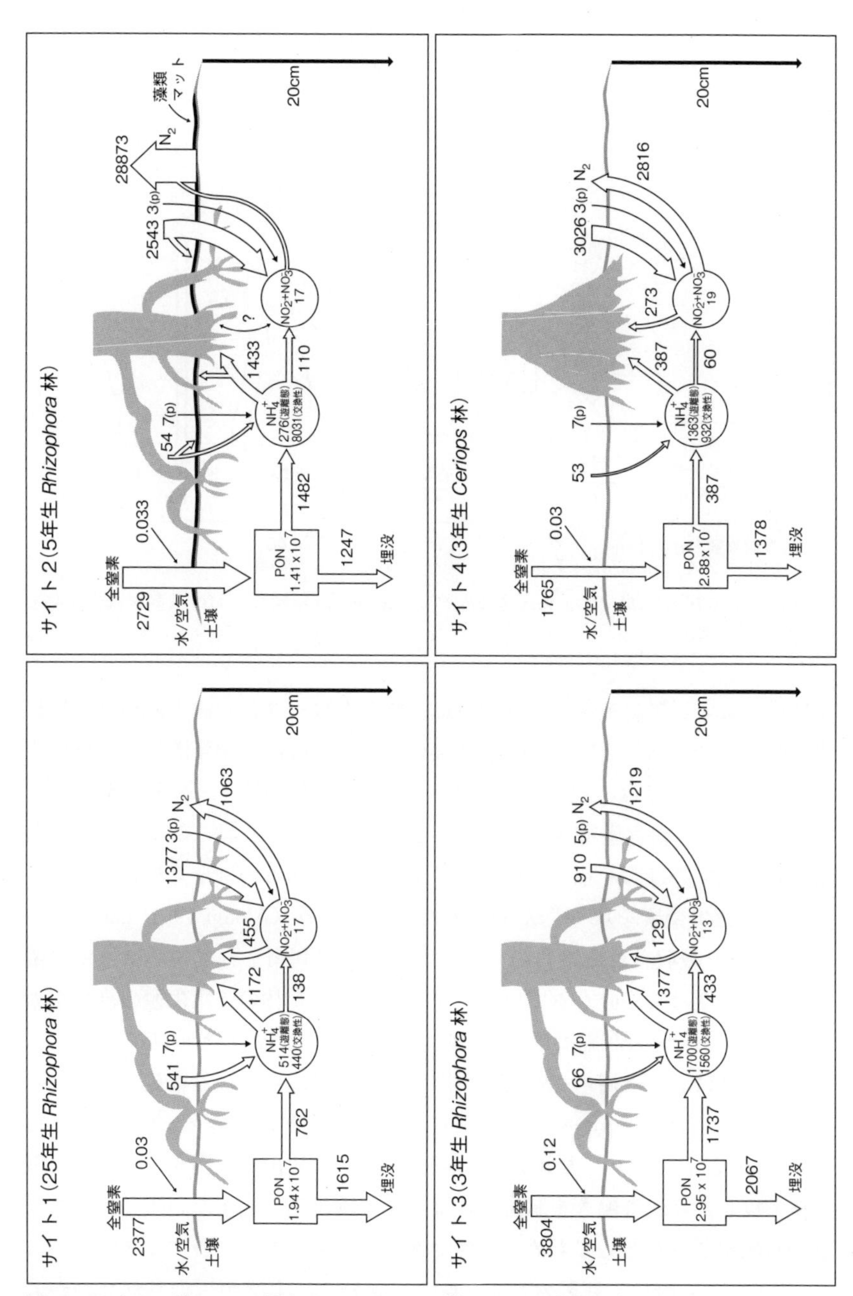

図5.9　タイSawi湾の4つの異なるマングローブ林における窒素収支（Alongi et al. 2002改変）。遊離態とはイオン態のNH_4^+、交換性とは土壌コロイドに吸着しているNH_4^+を指す

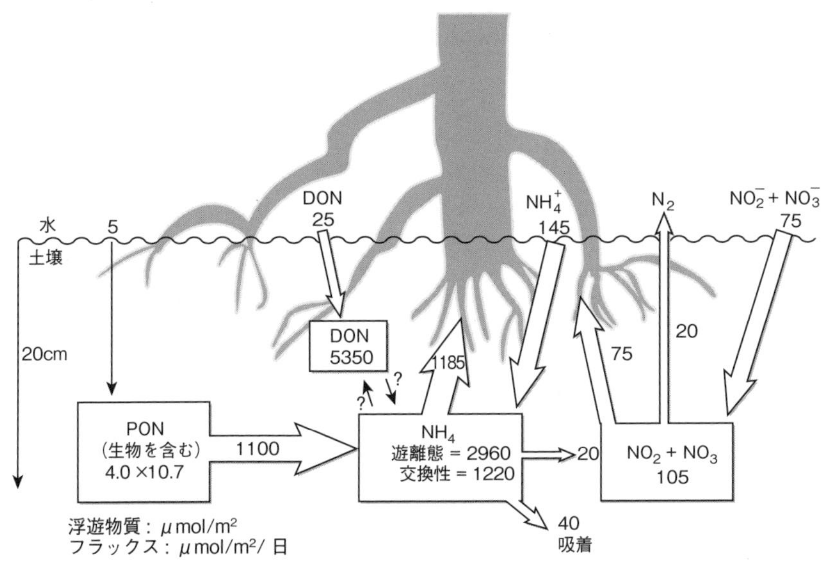

図5.10　Hinchinbrook島Missionary湾の成熟した*Rhizophora*属林における窒素収支（Alongi et al. 1992改変）

るに違いない。アンモニア化成速度は、マングローブの一次生産速度を維持するのに十分である。Hinchinbrook島のMissionary湾の中等潮位帯に位置する*Rhizophora*林では、窒素循環が速く、この森林の高い一次生産を支えている（図5.10）。溶存態窒素プールは、とても動的である。ここでの窒素の回転時間が短いのはおそらく、微細藻類がほとんどあるいは全く無いことから、樹木が急速に窒素を取り込んでいるためであろう（Alongi 1996, 2005a）。土壌-水境界で吸収された溶質のほとんどは、根で利用されているようだ。窒素の埋没速度はよく分かっていないが、これらの森林の一次生産の高さを考慮すると、おそらくN流入量のほんの一部に過ぎないと考えられる。

この森林における樹木-微生物-間隙水中の栄養塩における密接な繋がりを示す証拠は、DOC・DON動態の研究から得ることができる（Stanley et al. 1987; Boto et al. 1989）。土壌からのDOCやDONの放出を検出することは、微生物を殺したり根の働きを阻害するような土壌汚染が起きない限り、大きな濃度勾配があったとしてもめったにできない。非タンパク質アミノ酸である*β*-グルタミン酸は、間隙水Nプールの主成分で、土壌が汚染されないかぎり不動化している。ひとたび汚染されると、大量のアミノ酸が潮汐水に拡散する。樹木–微生物–土壌間のDOC・DON輸送は非常に速く、溶存有機物の残留プールは、たとえあったとしてもごくわずかだろう。

根由来の有機態窒素は、マングローブ土壌における高いアンモニア化成速度を支えている（Nedwell et al. 1994）。アンモニア化成は、窒素循環における最初の重要なステップである。主にタンパク質やヌクレオチドの形態で存在する窒素が、アンモニア化成細菌によって加水分解されNH_4^+が遊離する。アンモニア化成は、塩類土壌では容易かつ正確に測定することができない。特に、大量の生・枯死細根が含まれる土壌ではそうである。Nedwell et al.（1994）は^{15}Nを用いて、土壌深8 cmにおけるアンモニア化成速度が6.5–21.8 mmol/m^2/日であること、回転速度は数時間程度と非常に速いことを明らかにした。同程度のアンモニア化成速度は、プエルトリコの西海岸Joyuda Lagoon（Morell and Corredor 1993）やマレーシアSelangor（Shaiful et al. 1986）のマングローブ林でも観察されている。

アンモニア化成速度が速いかどうかは、土壌へのN流入量と樹木の生産性により規定される。土壌への有機態N流入量が増加するにつれて、この有機態窒素が無機化される速度も比例して増加する。図5.11は、中国、マレーシ

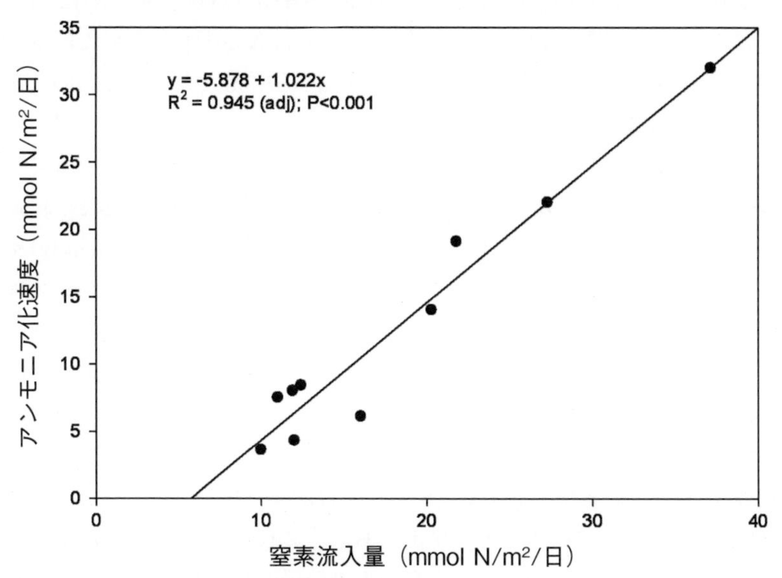

図5.11　タイ、中国、マレーシアのマングローブ林におけるアンモニア化成速度と窒素流入量との関係（Alongi et al. 2002, 2004a, 2005b）

ア、タイのマングローブ林土壌におけるその様子を表している。プーケット島におけるマングローブ土壌のアンモニア化成速度はSawi湾のそれと近かったことから（それぞれ500-1,540と500-2,260 μmol/m²/日）、N流入量はSawi湾での値と同様であると考えられる（3-8 kg soil/m²/年；Alongi et al. 2001）。窒素の無機化と埋没は、N流入量とは相関しなかった。しかし、無機化効率（N流入量に対する無機化の比率）のレンジは67-92％と狭かった。埋没効率（N流入量に対する土壌内部に保存される窒素の比率）のレンジは4-31％と広かったが、10森林のうち8森林で15％未満であった。これらアジアの森林では、窒素の大部分が流入量に比例して無機化され、速やかに吸収される。そのため、流入量に対する土壌に埋没されるN量は少なく、森林の窒素保持において大きな影響を及ぼす。このことから、N保持のための他の経路が利用される。

脱窒は、森林の発達に影響する重要な窒素流出経路の一つである。利用可能な81の測定データから（Iizumi 1986; Morell and Corredor 1993; Nedwell et al. 1994; Rivera-Monroy et al. 1995b; Rivera-Monroy and Twilley 1996; Kristensen et al. 1998; Alongi et al. 1999, 2000a, b, 2001, 2002, 2004a, 2005b, 2008; Joye and Lee 2004; Lee and Joye 2006）、大気へのN_2ロスは0-11,000 μmol N/m²/日で、平均が1,532、標準誤差が281、中央値が226 μmol N/m²/日であった。ほぼすべての細菌プロセスと同様に、測定値は測定手法に強く依存するため、これらの値の扱いには注意を要する。

脱窒は、硝酸塩の利用可能性、温度、塩分、土壌有機物含量によって規定される。硝酸塩の供給増加によって、マングローブ土壌の脱窒速度が律速されることから、硝酸塩濃度は主要な規定要因といえる（Rivera-Monroy et al. 1995b; Rivera-Monroy and Twilley 1996; Joye and Lee 2004; Lee and Joye 2006）。脱窒速度の最低値と最大値はマレーシアのMatangマングローブ林保護区で得られ、その値は0から11,000 μmol N/m²/日であった。最低値は5年生、最大値は85年生の*Rhizophora apiculata*林で得られた。このような全く異なる脱窒速度が、なぜこうした林齢の異なる森林で得られるのかはよく分かっていない。ただ、成熟林の方が窒素サイクルはあまり撹乱されておらず、長期間にわたって回っていることは事実である。これら*Rhizophora apiculata*林における脱窒と林齢との間には有意な正の関係が見られるものの（図5.12）、これらの値は成熟林と若齢林で非対称である。どうやら得られた回帰は、成

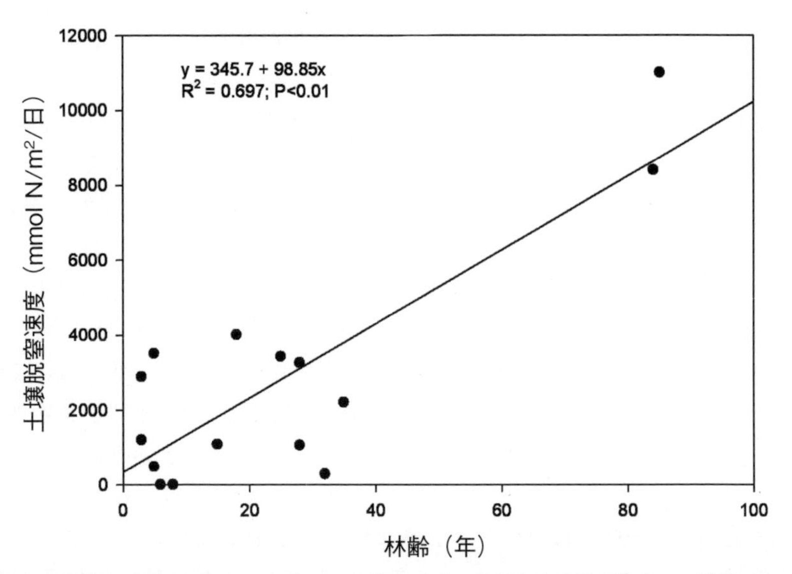

図5.12　東南アジアの*Rhizophora apiculata*林における林齢と土壌脱窒速度との関係（Alongi et al. 2000a,b, 2001, 2002, 2004a, 2008）

熟林での測定値にだいぶ偏っているようだ。このデータは、林齢が3-35年生の中では特に関係性がないことを示唆している。

脱窒は、アンモニア化成速度やN流入量とは関係が無かった。したがって、脱窒速度の規定要因は、亜硝酸塩（アンモニア態Nが硝化して生じる）の利用可能性以外が考えられる。例えば、底生微細藻類マットの存在は脱窒を促進する（Joye and Lee 2004; Lee and Joye 2006）。ベリーズのTwin Caysでは、ヘテロシスト形成型・糸状性・球状性シアノバクテリア、紅色硫黄細菌、従属栄養細菌からなる微生物マットが、矮性マングローブ林の中に厚く形成されていて、窒素循環において重要な役割を果たしていた。これら微生物マットでは、硝酸塩が脱窒の重要な制限因子となっている。窒素固定は、酸素阻害に対するニトロゲナーゼ酵素の感度によって主に規定されている。微生物マットのサイズとそれに伴う生態系窒素循環に対する寄与の程度は、地盤高と冠水の頻度・季節性によって左右される。メキシコ・テルミノス湖のマングローブ土壌でも同じような規定因子が見出され、硝酸塩の利用可能性が主要な規定要因であることが分かった（Rivera-Monroy et al. 1995b; Rivera-Monroy and Twilley 1996）。しかし、脱窒は硝化とは関連していなかった。また、硝酸塩の取り込み経路として潮汐水は主要な供給源ではなく、これは^{15}Nを用いた実験から土壌に窒素が保持されていたことから示唆される。タイのマングローブにおいてもAlongi et al.（2002）が、脱窒は変動が激しく硝化とは関連しないこと、窒素は土壌に不動化していることを示している。

このタイのデータは、マングローブ樹木による大量のアンモニウムの吸収は、低い硝化速度と関係があることを示している。硝化速度は、可溶性タンニンや硫化物などの嫌気性代謝物によって阻害されていると考えられる。逆にKristensen et al.（1998）は、プーケット島のマングローブにおいて、硝化は脱窒に必須な硝酸塩の90%に寄与していることを示した。彼らは、これまでに無く信頼性の高いマングローブ土壌の硝化速度を報告した。信頼性が低い旧来型の硝化速度の測定手法では、1-2 μmol/m^2/日という低い値が報告されてきた（Iizumi 1986; Shaiful et al. 1986 ; Shaiful 1987）ものの、Kristensen et al.（1998）はプーケット島において12-43 μmol/m^2/日という値を報告している。Rivera-Monroy and Twilley（1996）は安定同位体を用いて、メキシコのマングローブから採取した土壌コアから672 μmol/m^2/日という硝化速度を得た。しかしその後数日中に、土壌中の$^{15}NH_4^+$の不動化によって、硝化速度は検出限界以下にまで下がった。硝化速度の場所間の差は、実際の森林間の差というよりも方法論的欠点によるものであると考えられる。

マングローブ土壌に流入する全窒素量のうち、平均約15%（3-47%）が脱窒される。他のエスチュアリや海底のセジメントでは、脱窒によるN損失は通常15-70%である（Seitzinger 1988）。このように、マングローブにおける脱窒は、窒素の流出経路としては、他の水域生態系よりもそれほど重要ではないようである。脱窒によるN損失がわずかである理由として、無機態から有機態窒素への微生物変換、硝化速度の低さ、硝酸塩濃度の低さ、基質のC：N比の高さ、有毒代謝物による阻害が挙げられる。これらは実際、前述のように森林内でのN保持に寄与するプロセスであろう。

NO_2^-からN_2への嫌気性変換は、嫌気性アンモニア酸化あるいは「アナモックス」[49]として知られる。アナモックスは、温帯の海底セジメントで最初に発見され、マングローブ土壌でも検出されている（Meyer et al. 2005）。Meyer et al.（2005）は亜熱帯のマングローブ河川に沿ってアナモックス速

[49] アナモックス：Anammox。嫌気性条件下において、亜硝酸性窒素を電子受容体とすることで、アンモニア態窒素を直接窒素ガスへと変換する生物学的プロセス。

度を調べ、それは上流ほど高く、亜硝酸の生成量と土壌中における亜硝酸の貯留量と相関することを見出した。硝化および硝酸・亜硝酸還元の両方によって、NO_2^-は蓄積するが、後者のプロセスは、貧酸素土壌において亜硝酸の利用可能性を規定する。脱窒は、アナモックスの基質も供給する。アナモックスが他のマングローブ土壌においても重要な代謝プロセスであるとすると、Daniel M. Alongiと彼の共同研究者らによって得られた脱窒速度（Alongi et al. 1999, 2000b, 2001, 2002, 2004a, 2005b, 2008）は過大評価かもしれない。それは、直接的な脱窒のガスプロセスとして測定されたNの一部が、脱窒によるものではなく、むしろ嫌気性アンモニウム酸化（アナモックス）によるものであると考えられるためである。

しばしば脱窒は、窒素固定（窒素固定する原核生物がニトロゲナーゼ活性を介して大気中のN_2をアンモニアに変換する過程）によって相殺されると考えられることがある。しかし窒素固定速度は、ほとんどの底生生態系では脱窒速度よりも低い。マングローブ土壌でも、根圏における硫酸還元菌などの微生物のせいで窒素固定速度は比較的低い（Alongi 2005a）。利用可能なデータから（Iizumi 1986; Morell and Corredor 1993; Nedwell et al. 1994; Kristensen et al. 1998; Alongi et al. 1992, 1999, 2000b, 2001, 2002, 2004a, 2005b, 2008; Joye and Lee 2004; Lee and Joye 2006）、窒素固定速度は0–4,316 μmol N/m²/日で、平均は616、標準誤差は145、中央値は18 μmol N/m²/日であった（アセチレン：N還元比は4:1と仮定している）。これらの値は脱窒よりも低いため、窒素固定は脱窒によるN損失を相殺できていないことを示している。これらの値は、塩性湿地や海草藻場での値よりも低い（Howarth et al. 1988）。しかし、マングローブ林で測定された値のほとんどは、土壌表層で得られたものである。窒素固定細菌は、樹冠内の各所においても非常に活性が高い。窒素固定は、支柱根、リター、新葉、樹皮、幹などでも検出されている（Alongi et al. 1992）。こうした木質器官における窒素固定が、脱窒や嫌気性アンモニア酸化（アナモックス）によるN損失と釣り合っているのかどうかについて、さらなる研究が必要である。

窒素固定は、広範に広がるマングローブ根系の深部で、より多く生じているかもしれない。窒素固定細菌は、非窒素固定の細菌や樹木と共生関係にあり、大量の窒素を植物に供給している（Sengupta and Chaudhuri 1991; Holguin and Bashan 1996; Bashan et al. 1998; Rojas et al. 2001; Ravikumar et al. 2004;

Naidoo et al. 2008)。細菌*Azospirillum brasilense*による窒素固定速度は、マングローブの根圏細菌*Staphylococcus* sp.株と一緒に培養すると増加した(Holguin and Bashan 1996)。これは、根圏細菌が生産する代謝副産物が、窒素固定細菌の成長に有益であることを示唆している。糸状性シアノバクテリアによって固定された窒素のマングローブ根系への移動も、マングローブ実生の成長を促進する（Bashan et al. 1998)。実際最近では、根圏に生育している窒素固定細菌は、森林再生の現場でマングローブの成長促進のために利用されている（Ravikumar et al. 2004)。こうした結果は、インドの若齢vs.老齢マングローブ林における窒素固定パターンを説明するのに役に立つかもしれない（Sengupta and Chaudhuri 1991)。ガンジス・デルタのマングローブにおいて、採取した根圏から得られた窒素固定速度は、パイオニア種7種でピークを示した。一方、遷移後期種ではそれが低下した。マングローブは森林発達の初期段階において、窒素固定細菌から重要な後押しを受けていることを意味している。

亜酸化窒素（N_2O）は、硝化と脱窒の中間生成物で、地球温暖化係数がCO_2の200-300倍という温室効果を持ち、高層大気のオゾン動態に関与する重要なガスである（Canfield et al 2005)。マングローブ土壌からのN_2Oフラックスを測定した研究は、ごくわずかである（表5.7)。その速度は、検出不能、正味の取り込み、最大330 μmol/m^2/日もの高い放出速度まで様々である。プエルトリコでの研究は、N_2Oフラックスの制御要因についていくつかの洞察を与えてくれる。NH_4^+あるいはNO_3^-の添加によって、土壌からのN_2Oフラックス速度は劇的に増加し、硝酸（NO_3^-）の添加に伴うフラックスの飽

表5.7　世界のマングローブの土壌-大気境界における亜酸化窒素フラックス（μmol/m^2/日）

場　所	森林タイプ	N_2O	文　献
プエルトリコ	*A. germinans*	2.9-7.9	Corredor et al. (1999), Bauza (2007)
プエルトリコ	*R. mangle* (bird rookery)	186.7	Corredor et al. (1999), Bauza (2007)
プエルトリコ	*R. mangle* (untreated)	1.0-16.1	Muñoz-Hincapié et al. (2002), Bauza et al. (2002)
中国	*K. candel*	0-106.5	Alongi et al. (2005b)
オーストラリア	*A. marina*	−2.2-35.5	Allen et al. (2007)
インド	*R. apiculata, A. marina*	0.5-28.8	Barnes et al. (2006, 2007), Upstill-Goddard et al. (2007)
ベトナム	*K. candel*	−22.6-330.0	Imamura et al. (2007)
インドネシア	*R. apiculata*	0	Alongi et al. (2008)

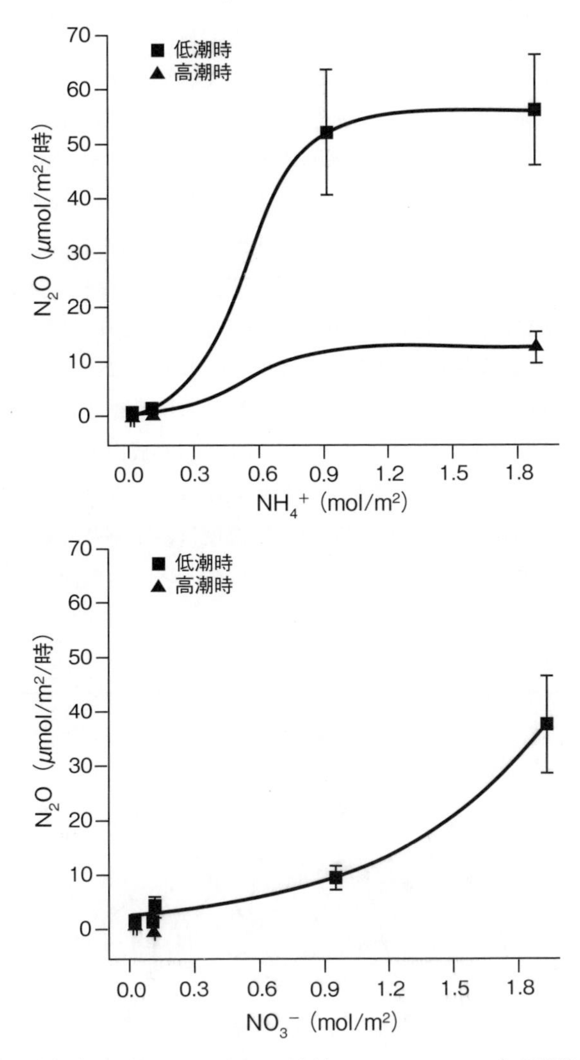

図5.13 乾季の干潮時におけるマングローブ土壌へのアンモニウムと硝酸塩の施肥量に応じた亜酸化窒素フラックス（Muñoz-Hincapié et al. 2002改変）

和も見られなかった（図5.13）（Muñoz-Hincapié et al. 2002）。また日周変化が見られ、日射のピークとなる頃に放出速度も最大となっていた。N_2Oの放出は、硝化と硝酸塩の利用可能性により規定されることがわかった（Bauza et al. 2002; Bauza 2007）。Meyer et al.（2008）はマイクロセンサーを用いて、同じような促進効果を見出している。彼らはN_2O放出は、硝化と脱窒の両方が関係していることを明らかにした。したがって、硝酸塩の利用可能性に影響を及ぼす要因（窒素負荷、酸化還元性、温度など）もN_2Oの放出速度に影響するようである（Kreuzwieser et al. 2003; Upstill-Goddard et al. 2007）。

Robert Upstill-Goddardと彼の共同研究者らによるインドでの研究により、「マングローブの水」が、CO_2やCH_4（6章2.1参照）だけでなくN_2Oにとっても重要な放出の場であることが分かった（Upstill-Goddard et al. 2007; Barnes et al. 2007）。フローティング・チャンバーを利用したり、ガス交換速度-風速関係をN_2Oの水-大気間の濃度差に適用したりすることで、彼らはN_2O放出速度を2.88-31.2 μmol/m²/日と見積もった。より重要な発見であったのは、マングローブ土壌よりもクリーク水からの方がN_2O放出速度が高かったことである。同じサイトの水柱におけるN_2Oの濃度は、溶存無機態窒素の潮汐による濃度変化と対応していた（図5.14）。同濃度は、干潮時に最大レベルを示し、満潮時には最低レベルとなった。このパターンは、「潮汐ポンプ作用」と

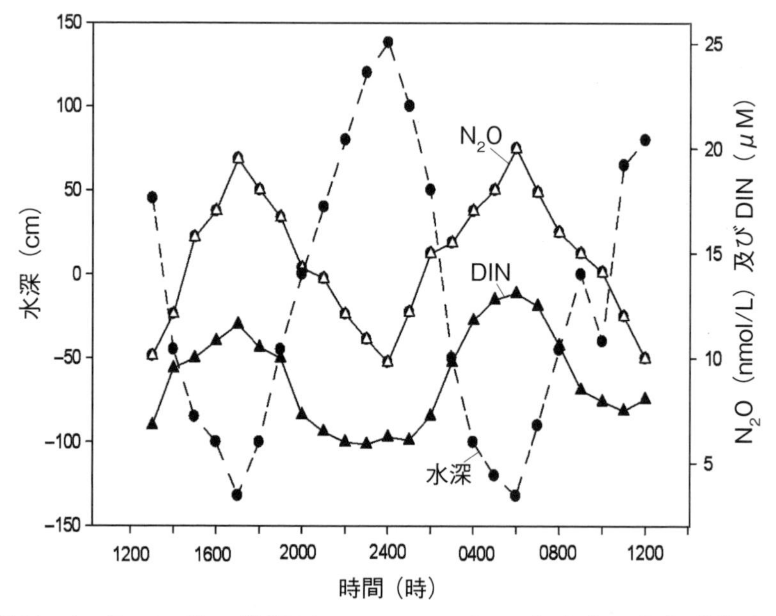

図5.14 インド・アンダマン諸島Wright Myoのマングローブにおける、乾季の潮汐サイクルと、水柱の溶存無機態窒素とN_2O濃度の変化（Barnes et al. 2006, 2007改変）

一致する。干潮になるにつれて徐々に静水圧が低下した後に、間隙水中の高濃度の栄養塩や溶存ガスは、クリーク水へとその周りのマングローブ土壌から浸透していく（Barnes et al. 2006、2007）。Imamura et al.（2007）も、感潮河川からのN_2O放出をベトナムで4-72 μmol/m^2/日、日本で－50-150 μmol/m^2/日と推定した。ほとんどの沿岸マングローブ生態系では、森林面積よりも隣接するクリーク水系の面積の方が大きいことを考えれば、生態系スケールでは潮汐水は大気N_2O（およびCO_2とCH_4）の重要な供給源とみなすことができる。

5.4.6　リン循環

マングローブ土壌におけるリン循環に関する私たちの知見は、この10年間で特に変わっていない（Alongi et al. 1992）。土壌-水境界に沿った溶存無機態リンのフラックス測定が数多く行われ、また森林の成長に及ぼすP制限の効果についてもいくつか研究が行われてきた。しかしこれらの研究が、土壌内でのリン循環の速度や経路、どのような条件下でどのようにリンが樹木へと移動していくのかについて、教えてくれることは少ない。

有機態リンは有機物分解の間に、一部は微生物によって同化され、一部は溶存無機態リン（DIP）として放出される。この分解の程度は、主に分解基質のC：P比によって決まる（Canfield et al. 2005）。DIPは、土壌pHによって$H_2PO_4^-$あるいはHPO_4^{2-}の形で利用される。しかしDIPは、多数の二価の陽イオン（特にCa_2^+とFe^{2+}）を伴う不溶性沈殿物を形成しやすい。好気的条件下では、リン酸は、正電荷を帯びた粘土鉱物の表面や、Fe^{3+}とAl^{3+}の酸化物に吸着する。無酸素条件下では、Fe^{3+}は、Fe^{2+}や他の吸着性の低い鉄鉱物（菱鉄鉱など）に還元され、やがてPは間隙水へと放出される。このように、Pサイクルは土壌中の金属や酸化還元状態と密接に関連している。

一般にマングローブ土壌は、有機物含有量が無植生の塩性セジメントなどよりも高い。そのためマングローブ土壌は、有機態Pが高い割合で含まれ、一部の場所では抽出性P（total extractable P）の最大75-80％を占める（Alongi et al. 1992）。有機態と無機態の比率は、土壌の粒径組成、起源（陸域か海洋か）、森林の発達段階によって大きく変動し、多くの土壌では無機態Pが50％を超えることが最近の研究で明らかになってきた（Fabre et al. 1999; Koch et al. 2001; Chambers and Pederson, 2006; Lai and Lam 2008）。ミクロネシアでは、可溶性・反応性リン（SRP：soluble reactive phosphorus）の濃度は、酸化還元状態と樹種組成に関係していた（Gleason et al. 2003）。樹種組成に関しては、リン濃度は種組成の異なる林分間および個体間でも差がみられた。

無機態Pは樹木が利用できる最大の潜在的Pプールであるため、総Pプールの無機態が最も注目されてきた。リン循環は、ガス態が存在しない点で比較的単純である。しかし、微生物活性とリンの地球化学的性質の変化との関係は、非常に複雑で測定も困難である。Pの変化は、非生物（沈殿、分解、吸着・脱着、化学吸着）および生物的（同化、排泄、加水分解）プロセスに分類することができる。生物は、SRPを排出し、有機態リンの無機化に寄与するという形で（独立栄養生物の場合は、無機態リンを吸収するという形で）、Pサイクルに加わっている。しかし、Pの利用可能性は、生物的プロセスではなく地球化学的反応によって規定される。「容易に利用可能な」Pは、急速に粘土鉱物や金属のオキシ水酸化物に組み込まれ、Ca、Fe、Alの塩として沈殿し不動化する。これにより、生物にとって利用可能なPプール量は制限される。有機態リン（主に生細胞由来のリン酸エステル）は、しばしば加水分解に耐性があり、そのため微生物や植物を制限する。初期の研究や（Hesse 1962, 1963; Boto and Wellington 1983）もっと最近の実験によると（Tam and Wong 1996; Holmboe et al. 2001）、マングローブ土壌にリン酸塩を加えると、すぐにFeやAlのオキシ水酸化物に固定され、易交換性画分になることが分かった。そうした高い吸着能を持つマングローブ土壌は、リンの貯蔵庫として機能する。

リンは、鉄や硫黄の循環と密接に結びついている。そのため、マングローブの分布がリン濃度や硫黄欠乏の程度とリンクしていることは特に驚くべきことではない。ドミニカ共和国の*Laguncularia*優占林は実際そうであった（Sherman et al. 1998）。こうしたデータは、鉄と硫黄の利用可能性に影響を与えるプロセスは、やがてリンの利用可能性にも影響することを示している。硫酸塩や鉄の還元速度が高くなるほど、オキシ水酸化鉄がFe^{2+}に還元され、結果として、鉄と結合したリンが間隙水に放出されることでより多く取り込まれるようになる。

マングローブによる可溶性Pの吸収には、細菌-真菌-樹木根の間の相互作用が密接に関与している。マングローブ根圏のアーバスキュラー菌根菌は、樹木根へ送られてくる酸素の恩恵を受けている。いくつかのマングローブ樹種の根にみられる小胞（栄養貯蔵器官）は、菌根菌共生が栄養吸収に寄与していることを示唆している（Kothamasi et al. 2006）。リン可溶化細菌は根や真菌と結びついていて、リン酸塩を放出する。やがてそのリン酸塩は真菌の菌糸によって取り込まれ、宿主である樹木へと移動する。もしくは樹木根によって直接吸収される場合もある。リン酸塩を可溶化する細菌は、多くのマングローブ樹種の根で発見されている（Vazquez et al. 2000; Rojas et al. 2001; Kothamasi et al. 2006; Bashan and Holguin 2002）。さらに、この細菌類は、窒素固定などの他の細菌プロセスをも促進することが知られている（Rajas et al. 2001）。こうした細菌がどのようにリンを可溶化しているのかはよく分かっていない。しかし培養実験から、細菌が産生する有機酸が不溶態のリン酸カルシウムを溶解している可能性が示唆されている（Vazquez et al. 2000）。こうした植物の成長を促進する細菌や真菌は、森林再生のツールとして利用できる（Bashan and Holguin 2002）。いずれにしろ、マングローブ生態系におけるリンの役割の全体像を掴むにはさらなる研究が必要である。

第6章　生態系動態

6.1　はじめに

「生態系」とは、ある一定の範囲に生育する全ての生物と、それと相互作用する物理的環境を全て含んだ機能的単位である（Odum and Barrett 2005）。生態系内では、エネルギーや物質が流れ、生物的実体があり、また生物-非生物の構成要素間での物質の循環もある。生態系は、森林を包括的に捉えるための最も基本的な生態学的単位である。このような観点から、本章では生態系の発達段階に沿ったマングローブ生態系（つまり、未発達 vs. 発達した生態系）の炭素収支や、窒素や他の栄養塩の循環を評価する。また、こうした循環における繊細なバランスが、人為攪乱によってどのように変化するのか（あるいはしないのか）も評価する。マングローブにおける食物網の動態に関する包括的モデルを検討した後、エネルギー論的視点が持続可能性と生態系サービスの保全と管理にどのように役立つのかを検討する。

6.2　物質交換：流出仮説

潮汐は、マングローブ生態系にとってエネルギー補助の一形態と言える。潮汐および波（影響はより弱い）は、森林から沿岸域へと懸濁・溶存態物質、ガス、その他の副産物を輸送する（第3章参照）。これは、マングローブで過剰に生産された有機物（ソース）が生産性の低い沿岸域に運ばれる（シンク）という、ソース-シンク的に必然的な結果である。実際にはもちろん、同じ潮汐でエネルギーと物質がマングローブ生態系へと運び込まれもする。肥沃なエスチュアリは、栄養供給を通して沿岸域の生産性の維持に寄与しているかもしれない。このアイデアは、Eugene Odum（1968）の短い解説文にあるものである。彼は、沿岸域における高い生産性は、深海からの「湧昇」か、塩性湿地・サンゴ礁・大型植物群落など肥沃なホットスポットからの栄養塩や有機デトリタスの「流出」によるものである、と提案した（Odum 2000）。流出仮説はその後、湿地と隣接沿岸域間での懸濁態・溶存態栄養塩の交換に関する多数の研究を生み出すこととなった。その中には、マングローブが熱帯沿岸域へ大量の物質を流出させているのかどうか、に関する多くの研究プ

表6.1　世界のマングローブ・エスチュアリからの懸濁態有機炭素の流出量（mol C/m²/年）

場　所	流　出	引用文献
フロリダ、Rookery Bay	5.3	Twilley (1985b)
南フロリダ	15.5	Twilley (1985b)
ニュージーランド、Tuff Crater	9.3	Woodroffe et al. (1985a, b)
オーストラリア、Darwin Harbour	26.7	Woodroffe et al. (1988), Burford et al. (2008)
マレーシア、Matang	19.1	Gong and Ong (1990), Alongi et al. (2004a)
タイ、Klong Ngao	0.1	Wattayakorn et al. (1990)
ブラジル、Itacuruca	18.3	Lacerda (1992)
パプアニューギニア、Fly River	23.8	Robertson and Alongi (1995)
オーストラリア、Missionary Bay	27.7	Alongi (1998)
オーストラリア、Hinchinbrook Channel	10.4	Ayukai et al. (1998)
タイ、Sawi Bay	5.9	Alongi et al. (2000c)
ブラジル、Caeté estuary	16.1	Dittmar et al. (2001)

ログラムが含まれる。

約30年におよぶ研究によって、マングローブからの流出デトリタス量には多くの要因が影響することが分かってきた。例えば、森林の純一次生産、潮差、流域に対するマングローブの面積比率、水の側方へのトラッピング、塩分極大域による水塊の隔離（high salinity plug[50]）、マングローブの総面積、暴風雨の襲来頻度、降雨量、水交換量、カニや他のリター消費者の活動度などが挙げられる（Twilley 1988）。要因の数や特徴は、地域によって様々である。栄養塩を「流出」させているマングローブ林もあれば、そうでない森もある。

6.2.1　海洋と大気への炭素放出

物質交換に関するデータの多くは、マングローブ・エスチュアリからの懸濁態有機炭素（POC、主にリター）の流出量を推計している。Jennerjahn and Ittekkot（2002）のデータを更新すると、年間炭素流出量は15.3 mol C/m²と推計される（表6.1）。世界全体のマングローブ面積が15,763,000 ha（FAO 2003）と仮定したうえで両者を掛け合わせると、29 Tg/年という値が得られる。この推定値は、Twilley et al.（1992）によって初めて推定された範囲（30-50 Tg/年）の下限値であり、Jennnerjahn and Ittekkot（2002）が推計した46 Tg/年よりも小さい。さらに、地上部純一次生産（ANPP）を44.5 mol

[50] High salinity plug：蒸発散などによるクリーク内陸側の高塩分化が塩分極大域を作り、（密度の違いなどにより）海側と陸側の水塊が隔てられる現象。

C/m²/年（2章5.3）と仮定すると、POC流出はANPPの32%（およそ3分の1）に相当する。当然この流出量は、先述した要因の相対的重要性によって、エスチュアリ間で大きく変動する。しかしこれらの推定値は、マングローブのPOC流出が、陸域炭素の海洋への供給量の10-11%、そして大陸縁のセジメントの炭素蓄積量の12-15%を占めていることを示している。Dittmar et al.（2006）も、海洋へ流出する陸域由来DOCの約10%はマングローブ起源であると見積もっている。マングローブは、他の生態系よりもその面積が小さいことを考慮すると、沿岸海洋へのPOCフラックスに対し不釣り合いに大きく寄与している。

野外において流出量が最大だったのは潮差が大きいか中程度のエスチュアリ（例：Darwin Harbour、Missionary湾、Fly River）で、流出量が最小だったのは潮位差の小さいエスチュアリ（例：Sawi湾）であった。これらは、潮汐の重要性と、下げ潮が満ち潮よりも強い影響を持つ事を示している。純流出量の測定例もあるものの、既存研究ではその量を定量化できていないか、測定が困難であった（Hemminga et al. 1994; Harrison et al. 1997; Rivera-Monroy et al. 1998; Ovalle et al. 1999; Davis et al. 2001; Pradeep Ram et al. 2003）。

ほとんどのマングローブは、明らかにPOCを流出している。しかし、POCとDOCの交換パターンは、同じエスチュアリ内でも季節によってしばしば異なる。例えば、オーストラリア北部Missionary湾のCoral Creekでは、マングローブは年間平均27.7 mol POC/m²を流出している。DOC交換は季節的に変化し、夏期は純流入で、全体としても0.6 mol DOC/m²/年とわずかに純流入であった（Robertson et al. 1992）。

潮位差が小さい湿地型のマングローブ生態系では、溶存態として流出する割合がより大きい（フロリダ南西部：Twilley 1985b、タイのSawi湾：Alongi et al. 2000c）。Dittmar et al.（2006）は、大陸スケールでマングローブからのDOC流出を初めて見積もった（12 mol C/m²/年）。この値は、以前ブラジルの同地域で行われた小規模な研究での値（4 mol C/m²/年：Dittmar et al. 2001）よりも高かった。この違いは、一般に空間スケールの小さい研究が、沿岸で浮遊するデトリタスからゆっくりと放出されるDOCを考慮に入れていないためだと考えられる（Kristensen et al. 2008）。Thorsten Dittmarと彼の共同研究者らは、感潮河川とそこに発達した森林から13 mol C/m²/年の炭素がデトリタスとして流出していることを明らかにした（Dittmar et al. 2001,

2006; Dittmar and Lara 2001a, b; Schories et al. 2003)。また、より小径の粒子およびDOCが、それぞれ3および4 mol C/m²/年流出していることも示した。以上の流出量の合計は、全リターフォール量の約40%分に相当していた。総流出量である20 mol C/m²/年のうちの約60%は、大陸棚においてさらに分解され、最終的にDOCの形でより沖合いに運ばれる。これらのデータから、グローバルレベルでのマングローブからのDOC流出量は、14 Tg/年と推定することができる。

マングローブ・エスチュアリから流出するDOCは、土壌に取り込まれたり間隙水に滲出したマングローブ・デトリタスの分解生成物であり、それに伴う特徴的な化学的シグナルを持っている(5章2)。このDOCの起源は、下げ潮時にエスチュアリから出ていくマングローブ起源DOCと、満ち潮時にエスチュアリに入ってくる海洋起源DOCという、明瞭な潮汐シグナルから推定できる(Bouillon et al. 2003, 2007b, c)。流出DOCの大部分は、潮汐に伴う間隙水の流れを経由してから流出する(Schories et al. 2003)。

DOCの大部分は、微生物的、物理的、光化学的に急激に分解することはあまりない。植物由来DOMの分解をフロリダ・エバーグレイズの地形勾配に沿って調べた研究(Scully et al. 2004)では、ポリフェノール化合物は主に光分解によって、高分子化合物は主に微生物的・物理化学的プロセスによって分解されることが示された。後者のプロセスは、難分解で有色の高分子ポリマーの形成を引き起こす。したがって、マングローブ由来DOCはまず急速に分解され、それに続いてよりゆっくりとしたDOMの変化が起こる。この知見は、マングローブや沿岸水路におけるDON化合物でみられたものと同様である(Maie et al. 2008)。高濃度のタンニンは、塩分にさらされたりエスチュアリ・セジメントに吸着すると沈殿する。DONは、タンニンと共沈する。この複合体は、水柱における半減期が1日未満と反応性が非常に高い。たんぱく質はこのDON-タンニン複合体から徐々に放出されるため、タンニンは系内における窒素保持にとって重要な役割を果たし、潮汐による急速な流出を防いでN損失を緩和している(4章2参照)。

マングローブからの流出には明確なパターンがあるが、この流出物が沖合の食物連鎖における栄養補償にどのような役割を果たしているのかはよく分かっていない。概要は分かってはきているが、マングローブが影響する範囲は海岸から数kmに過ぎないようだ(Lee 1995; Alongi 1998; Baltzer et al. 2004)。

藻場やサンゴ礁は、マングローブ呼吸由来のDIC[51]によって部分的に支えられている（Jennerjahn and Ittekkot 1997; Ovalle et al. 1999; Machiwa 2000; Machiwa and Hallberg 2002; Mfilinge et al. 2005; Bouillon et al. 2008）。DOCは懸濁物質よりもさらに沖合まで運ばれることが多く、アマゾンのような大きなデルタのマングローブの場合は特にそうである（Dittmar et al. 2001b）。DOCは実際、大陸末端まで化学的にトレースできることがある。

マングローブ・デトリタスが沖合の食物網に与える影響が限られている理由として、以下が考えられる。

・マングローブ・エスチュアリにおける局所的な地形や水動態が、易分解性物質の広範囲への拡散を減らしているため
・熱帯海岸特有の沿岸境界層[52]や、乾季における塩分極大域（が水塊を隔離すること）の存在により、リターや懸濁粒子を効果的にトラップするため
・系外流出する物質のほとんどは、難分解な懸濁物質か、水柱でかなり分解されてしまう易分解なDOCであるため

ただ、このような一般化はアマゾンやインダスといった大規模河川系には適用できないだろう。

マングローブ水路とその沿岸域における水–大気間CO_2フラックスに関する最近の研究から、海洋における有機物の無機化とその後の大気へのCO_2放出が、マングローブ生態系からの炭素放出のもう一つの重要な経路であることが分かってきた（Ghosh et al. 1987; Richey et al. 2002; Borges et al. 2003; Bouillon et al. 2003, 2007a-c; Biswas et al. 2004; Barnes et al. 2006; Ramesh et al. 2007; Upstill-Goddard et al. 2007; Koné and Borges 2008; Ralison et al. 2008）。これらの研究は一貫して、海洋における呼吸と森林土壌内における呼吸由来CO_2（これは後に間隙水に溶解し潮汐ポンプによって周辺のクリークや水路へと側方輸送される）が直接的原因となって、マングローブ水はCO_2で過飽和状態にあることを示している（Borges et al. 2005）。フラックスチャンバーか大気–海洋間ガス交換モデルによって測定されたCO_2フラックスは、潮位、温度、

---

[51] DIC：Dissolved inorganic carbon。溶存無機炭素。

[52] 沿岸境界層：陸水と海水の温度差による境界層（隔離水塊）が沿岸に発生すること。ここでは、salinity plug（塩分極大域により海側と陸側の水塊が隔てられる現象）と合わせて、温度による密度差、塩分による密度差が生み出す水塊の隔離効果がトラップ効果を高めていることを示している。

降水量、場所によって大きく変化する。ベンガル湾に隣接し、世界のマングローブ面積の約3%を占めるスンダルバンスは、大気-海洋間CO_2交換の制御に大きく寄与している。Biswas et al.（2004）はここでCO_2交換の日・季節変動を測定し、CO_2の飽和度とフラックスはポストモンスーン期に最小、プレモンスーン期およびモンスーン初期に最大になることを示した。ちなみにスンダルバンス水域は、従属栄養である。スンダルバンスのマングローブ林は、生態系から放出されるCO_2の約60%を生物学的プロセスが吸収していること（例：植物による吸収）を差し引いてもなお、314.6 μmol C/m^2/日のCO_2を大気に放出している。

表6.2のデータを平均すると、平均フラックス速度は43.3 mmol C/m^2/日であった。Koné and Borges（2008）は72 mmol C/m^2/日というやや高い平均速度を用いて、マングローブ水域からのCO_2放出量は、熱帯・亜熱帯海域からの総放出量の7%、世界の沿岸域からの総CO_2放出量の約24%に相当すると推定した。グローバルレベルの放出量に対するマングローブ水域の寄与率

表6.2 マングローブ水域におけるCO_2フラックス（mmol C/m^2/日）

Location	Flux	Reference
インド、Saptamukhi Creek	56.7 ± 37.4	Ghosh et al. 1987
インド、Mooringanga Creek	23.2 ± 10.1	Ghosh et al. 1987
ブラジル、Itacuraçá Creek	113.5 ± 104.4	Ovalle et al. 1990, Borges et al. 2003
アメリカ、フロリダ湾	4.6 ± 5.4	Millero et al. 2001
ベトナム、メコン	42.1	Richey et al. 2002
ブラジル、Amazonas	175.2	Richey et al. 2002
パプアニューギニア、Nagada Creek	43.6 ± 33.2	Borges et al. 2003
インド、Gaderu Creek	56.0 ± 100.9	Borges et al. 2003
バハマ、Norman's Pond	13.8 ± 8.3	Borges et al. 2003
インド、Godavari	21.9 ± 26.1	Bouillon et al. 2003
インド、Godavari、感潮河川	70.2 ± 127.0	Bouillon et al. 2003
インド、Kakinada Bay	8.3 ± 13.6	Bouillon et al. 2003
インド、スンダルバンス	3.2	Biswas et al. 2004
タンザニア、Ras Dege	33	Bouillon et al. 2007c
インド、Adyar	17.8	Ramesh et al. 2007
インド、Muthupet	31.8	Ramesh et al. 2007
インド、Pichavarum	6.1	Ramesh et al. 2007
フロリダ、Shark River	43.8 ± 52.1	Koné and Borges 2008
ベトナム、Ca Mau	94.2 ± 50.9	Koné and Borges 2008
マダガスカル、Betsiboka estuary	9.1 ± 14.2	Ralison et al. 2008

は、より多くの測定が行われるにつれて変化するだろう。こうした予備的な推定によって、世界の海洋における無機態炭素動態に対するマングローブの寄与は、有機態炭素と同様に、その比較的小さい面積に不釣り合いなほど大きいことが分かってきた。

6.2.2 溶存態窒素・リンの交換

マングローブ水路と周辺沿岸域間の溶存栄養塩の交換は、潮差、地下水の湧出（3章3)、降水量に対する蒸発量の比、一次生産、塩分濃度、濁度、pH、溶存酸素濃度、微生物同化速度によって変化する。見過ごされがちなもうひとつの要因は、間隙水の栄養塩濃度が一次生産者の要求をどれくらい超えているか、ということである（Dittmar and Lara 2001c)。これは単に、生態系内で利用される以上の栄養塩があればその系は栄養塩を流亡させるが、逆に、もし不足しているのであれば窒素などの栄養塩は系内に流入するだろう、ということである。エスチュアリに生じる人為的変化もまた、栄養塩や物質の交換パターンを変化させる。ベトナムの紅河エスチュアリでは、上流から運ばれてきた大量のセジメントによって、マングローブの生産性が大幅に増加した。エスチュアリはNとPのシンクになっており、これが生産性増加に直接寄与したと考えられる（Wösten et al. 2003)。

同じ生態系でも、ある栄養塩は流入し、また別の栄養塩は流出する（表6.3)。

表6.3 世界のマングローブ・エスチュアリにおける溶存栄養塩の正味の流出入。I＝流入、E＝流出

場　所	NH_4	NO_3	PO_4	DON	引用文献
オーストラリア、Coral Creek	I	E	I	I	Boto and Wellington 1988
ブラジル、Sepetiba Bay	E	E	E		Ovaille et al. 1990
タイ、Klong Ngao		I	I		Wattayakorn et al. 1990
メキシコ、Estero Pargo	I	I		E	Rivera-Monroy et al. 1995a
オーストラリア、Conn Creek		E	E		Ayukai et al. 1998
タイ、Sawi Bay	E	E	E		Ayukai et al. 2000
フロリダ、Taylor River	I	E			Davis et al. 2001
タイ、Bandon Bay	E	E	E		Wattayakorn et al. 2001
ケニア、Gazi Bay	E	E	E		Mwashote and Jumba 2002
日本、沖縄	E	I			Kurosawa et al. 2003
ベトナム、Red river	I	I	I		Wösten et al. 2003

例えばMissionary湾のCoral Creekでは、大量のリターと少量の硝酸が流出する一方、リン酸、ケイ酸塩、アンモニウム、DONは流入している（Boto and Wellington 1988; Alongi 1996）。湿潤熱帯のいくつかのエスチュアリは、強い流出の傾向を示す（Ovalle et al. 1990; Ayukai et al. 2000; Mukhopadhyay et al. 2006）。ほぼ全ての生態系では、ローカルな気象（長期の乾燥や暴風雨など）と関連して、流出入パターンに季節性が見られる。つまり、マングローブと周辺沿岸域間での溶存栄養塩類の交換には普遍的なパターンはないということである（たとえ同じ生態系が懸濁物質を流出しているとしても）。

6.3　マングローブ生態系における炭素収支

植物による純一次生産と全ての生物の呼吸による炭素損失とのバランスは、生態系、大気、周辺沿岸水域間の炭素交換に影響する。このバランスのことを、純生態系生産量（net ecosystem production：NEP）または純生態系交換量（net ecosystem exchange：NEE）と呼ぶ。化石燃料消費と森林伐採に起因する大気CO_2の増加が炭素収支を変化させるかどうかといった生態系評価を行う際に、NEPは重要な指標となりうる。森林は特に重要なCO_2貯蔵庫で、人為による大気へのCO_2放出を軽減する（Perry et al. 2008）。

マングローブ生態系の炭素バランスを決めるには、光合成による炭素固定と呼吸や落葉等による炭素損失が量的に釣り合っていなければならない。これは、樹木の場合と同様（2章5.2参照）である。しかし生態系レベルでは、地下水、地下への埋没、潮汐交換、河川水の流入、微生物・動物・植物の呼吸による損失など、その他のインプットやアウトプットも考慮に入れなければならない。撹乱を受けた生態系では、伐採・皆伐・漁業による減少や養殖・排水による増加など、人為影響も考慮する必要がある。これらのインプットとアウトプットは、NEP推定に用いる物質収支モデルの構築のために必要である。しかしまず、マングローブの炭素収支定量のためのより包括的アプローチを検討する。

6.3.1　生態系全体における炭素収支

微気象学や陸域生態学から借用してきた技術が、森林–大気間のCO_2交換を測定する新しいアプローチを提供している（Aber and Melillo 2001; Perry et al. 2008）。その一つである渦相関法は、林床から樹冠上までのCO_2濃度の垂直勾配を測定することでCO_2交換速度を評価する（図6.1）。CO_2濃度の垂直プロファイルとともに風速、風向、気温を同時測定することで、森林が吸収・放出する炭素のフラックスを様々な時間スケールで測定することができる。

渦相関法は、樹冠上での乱流渦による空気の動き（樹冠上を風が吹くと大小さまざまなスケールの渦が発生する）とそれに連動したCO_2濃度の変動を高速で計測する方法である。樹冠部から放出される空気が森林に入っていく空気よりもCO_2濃度が低い時、正味で炭素が蓄積したと考えることができる。

マングローブにおいてこの手法が初めて用いられたのは、タイ南部Phangnaでの文字信貴と彼の共同研究者らによる研究である（Monji et al. 1996, 2002a, b; Monji 2007）。Monji et al.（2002a, b）は、いくつかの異なる分析手法に基づき（豪雨時や乾土・湿土におけるCO_2濃度測定に特有の問題があるため）、樹冠上のCO_2フラックスは予想通り明確な日変化を示すことを明らかにした（図6.2）。日中における正味の吸収（マイナスのフラックスとして示される）と夜間における放出（プラスのフラックス）を示す乱流CO_2フラックスが見られた。このパターンは、顕熱・潜熱フラックスを正確に反映している（図6.2）。光合成と呼吸にはエネルギーが使われるため、熱エネルギーはガス・フラックスを反映する。潜熱とは、水分蒸発や水蒸気凝縮によって森林–大気間で伝達されるエネルギーのことである。一方、顕熱とは、対流による伝導や運動によって森林–大気間で伝達されるエネルギーのことである。

このタイのマングローブ林における土壌呼吸は、樹冠からのCO_2フラック

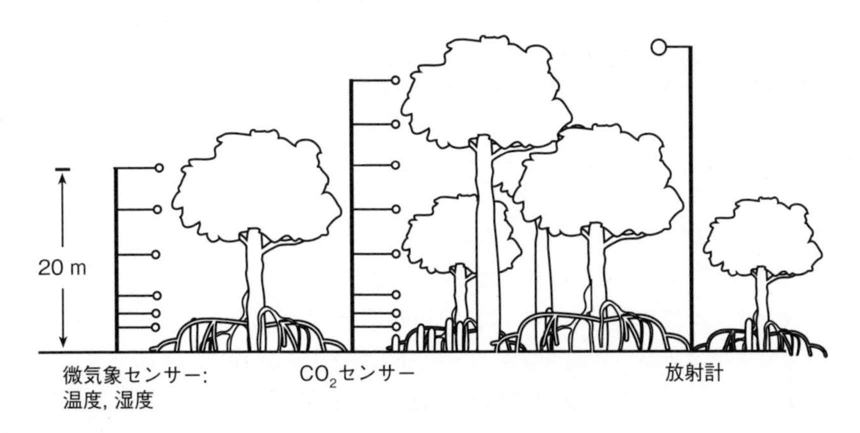

図6.1　マングローブ林において渦相関法でCO_2鉛直勾配を定量化する際に用いる測定装置とその配置

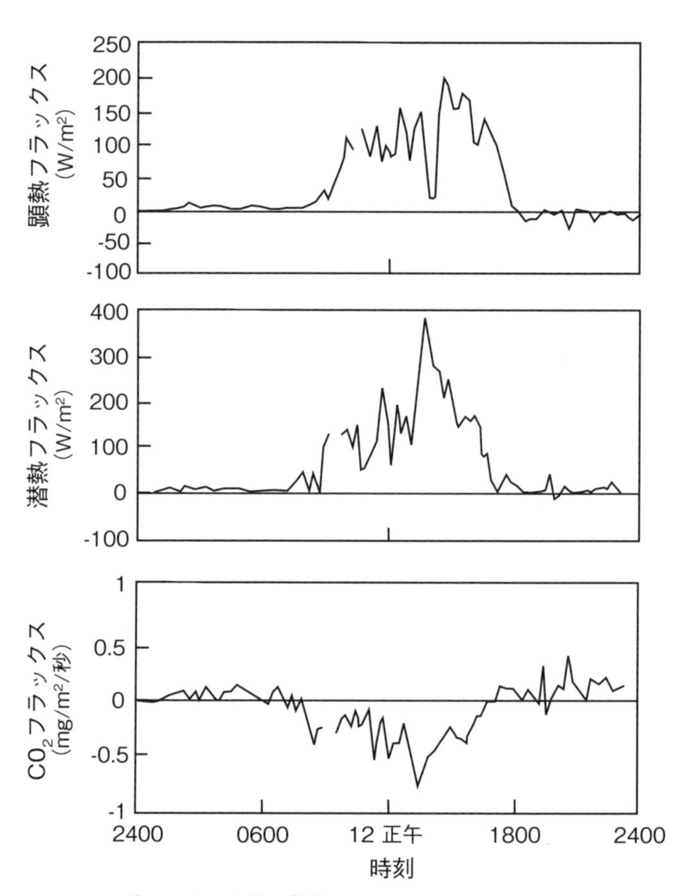

図6.2　マングローブ林における顕熱、潜熱、CO_2フラックスの日周変化。タイ南部Phang-ngaにおける1998年9月9日の測定結果（Monji et al. 2002aを改変）

スよりも一桁小さく、雨季・乾季間で有意差は見られなかった（Monji et al. 2002a, b)。正味のCO_2フラックスは、平均で0.11 mg/m^2/秒であった。これは、NEPにして78.8 mol C/m^2/年（潮汐による損失を除く)、Phangnga（30,000 ha）のマングローブ生態系全体では23.6 Gmol C/年に相当する。ベンガル湾に隣接するスンダルバンスのマングローブ林生態系でも同様に、年間を通して熱とガスのフラックスが測定された（Ganguly et al. 2008)。これにより、モンスーン期の日中におけるフラックス速度が低くなるという、CO_2フラックスの季節的「パルス」があることが分かった（図6.3)。これは、低温、塩分濃

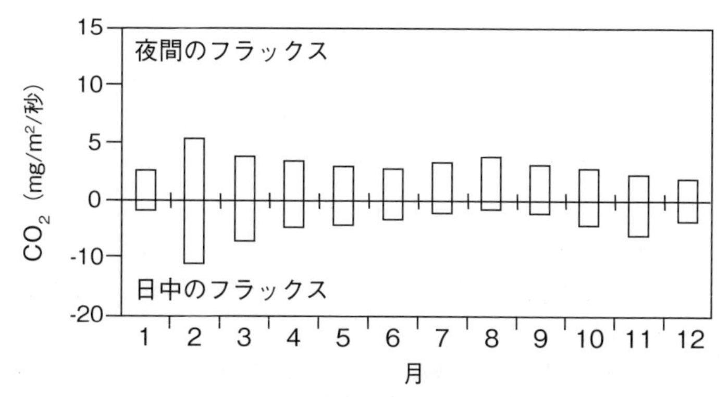

図6.3 スンダルバンスのマングローブ林における日中と夜間のCO_2フラックスの月ごとの変化。縦棒は平均フラックス速度を示す（Ganguly et al. 2008を改変）

度の低下、日射量の減少によるものである。夜間フラックスは、季節的に変化しなかった（図6.3）。NEPは121 mol C/m^2/年、スンダルバンス（426,400 ha）では515.9 Gmol C/年であった。

6.3.2 マス・バランス（物質収支）法

マス・バランス法は、炭素収支と純生態系生産量（NEP）の推定手法として特に目新しいものではなく、間違いなくもっと面倒な（つまり高価な）手法である。このアプローチは、生態系における炭素フローは定常状態にある、という単純な前提に基づいている。単純なマス・バランス式は、炭素（または他の元素）のフラックスを基礎としており、$C_i = F_i + \Sigma R_i$で表される。ここで、C_iは元素iの濃度（質量/単位容積/単位時間）、F_iは元素iのフラックス（質量/単位面積あるいは容積/単位時間）、R_iは元素iに影響する物理・化学・生物学的プロセスの速度（質量/面積あるいは容積/単位時間）である。この式は単に、どの炭素が系内に入りどの炭素が系外に出るかの差を示しているに過ぎない。生態学的に言えば、流入あるいは生産される炭素量（総インプット）が流出あるいは消費される炭素量（総アウトプット）を超えると、NEPはゼロより大きくなりその系は炭素を蓄積していると言える。NEPがゼロにほぼ等しい場合は、その系は定常状態にある。NEPがマイナスの場合は、その生態系は獲得しているよりもより多くの炭素を失っている、と言える。後の6章7で詳細に検討するように、NEPが正か負にかかわらず、このバランスは生態系の持続可能性にとって非常に重要である。

数多くの測定が別々に行われてきてしまったため、炭素マス・バランスが包括的かつ十分に調べられてきたマングローブ生態系は次の6ヶ所に限られる。フロリダのRookery湾、マレーシアのMatangマングローブ林保護区、タイのSawi湾、オーストラリア北部のHinchinbrook Channel、Missionary湾、Darwin Harbourである。

これら6つの生態系における炭素フローの特徴については、すこし説明を要するだろう（表6.4）。これらのマングローブ生態系は独立栄養で、P/R比

表6.4　6つのマングローブ生態系の環境と有機炭素の流出入量。単位は、特に断りのない限りmol C/m²/年。データはTwilley（1985b, 1988），Caffrey（2003））Clough et al.（1997b），Clough（1998, 未発表データ），Gong and Ong（1990），Ayukai and Miller（1998b），Ayukai et al.（1998, 2000），Alongi（1998），Alongi et al.（1998, 1999, 2000c, 2001, 2004a），Tanaka and Choo（2000），Alongi and McKinnon（2005），Burford et al.（2008）。a：河川・海洋からの流入、養殖廃液、下水、藻類生産。b：伐採、河川・海洋からの流入、養殖廃液、下水。c：総流入から総流出を引いたもの

	Rookey Bay	Matang	Sawi Bay	Hinchinbrook Channel	Missionary Bay	Darwin Harbour
生態系面積に対するマングローブ面積（%）	24%	67%	20%	36%	39%	18%
潮差（m）	0.55	2	1.3	2.4	2.3	7.8
降雨量（m/年）	1.3	2.5	1.2	2.5	2.5	2.2
ソース						
マングローブGPP	276.5	415.3	450.4	370.3	294	490.2
藻類GPP	68.5	69.2	16.1	16.6	16.4	49.9
他のインプット[a]	NA	23.2	0.1	15.8	NA	42
総インプット	345	507.7	466.6	402.7	310.4	582.1
シンク						
群落呼吸	184.9	293.2	297.1	190.3	158	201.8
水系呼吸	114	11.5	24.3	8.5	8.2	10.5
土壌呼吸	16.4	36.1	26.7	9.4	10.7	53.6
埋没	NA	9.4	22.9	5.6	4.2	NA
流出と他のアウトプット[b]	5.3	30.5	5.9	10.4	27.7	26.7
総アウトプット	320.6	380.7	354	224.2	208.8	292.6
NEP[c]	24.4	127	112.6	178.5	101.6	289.5
NEP/GPP比（%）	9%	31%	25%	48%	35%	59%
NEP/NPP比（%）	27%	100%	73%	100%	75%	100%
P_G/R比	1.09	1.42	1.34	1.86	1.75	2.03
埋没される有機態炭素の割合（%）	NA	2%	4%	1%	1%	NA
マングローブNPPのうち流出する割合（%）	6%	25%	2%	6%	20%	9%

は平均で1.6であった。これは、Gattuso et al.（1998）の推計の1.4よりも高い。また、GPPとNEPは平均でそれぞれ383および139 mol C/m^2/年であった。これは、Gattusoらが推定した232および89 mol C/m^2/年よりも高い。こうした炭素収支の違いにもかかわらず、以下の点は明らかである。

・これらのマングローブ生態系は、純一次生産量（NPP）の2-25%に当たる有機態炭素を流出している
・林冠呼吸は、GPPの58%を占める。このデータは葉呼吸のみで幹・根呼吸を含まないため、この値はより高くなるだろう
・生産は、炭素インプットにおいて卓越している。しかし、Matang、Hinchinbrook、Darwin Harbourで見られるように、ヒトの居住や活動、河川や海洋からのインプット量もかなり大きい（表6.4「他のインプット」を参照）
・土壌や水柱における呼吸は、林冠呼吸よりも少ない
・地下に埋没されていく炭素量は、全インプット量の1-4%と比較的少ない
・NEPは、6つの生態系全てにおいてプラスだった。しかし、実際のNEPは、水から大気へのCO_2損失が測定されていないためより低いだろう

これらの推計値とGattuso et al.（1998）との差は、本推計がオーストラリアのマングローブ生態系を多く含んでいることによるのは明らかである。オーストラリアのマングローブ生態系は、世界の中でもかなり生産性が高いと考えられる。また表6.4のいくつかの値は、わずかな測定回数で代表させていて大きな誤差を含むため、これらの結果は慎重に扱う必要がある。さらに、Rookery湾とDarwin Harbourの潮差は両極端に外れており（それぞれ0.55と7.8 m）、マングローブ・エスチュアリの典型とは言い難い（多くはより穏やかな潮差（1-3 m）である）。

何が生態系レベルでの有機態炭素フラックスを規定しているのだろうか？環境の物理化学的要因と各生物種の生理学的制約との関係が、個々の集団や群集の成長や生産を規定している。しかし例えば、なぜNEPはこれら6つの生態系間でこれほど違うのだろうか？それぞれの生態系独自の特徴が、重要な役割を果たしていると考えられる。Matangは、森林の大部分が薪炭のために皆伐されており、また養殖や有機物による汚染があまり規制されていない。Sawi湾は、ほとんどの森林が25年生未満で、1970年代の産業開発や80年代の養殖池のための無秩序伐採の後に回復してきたものである。

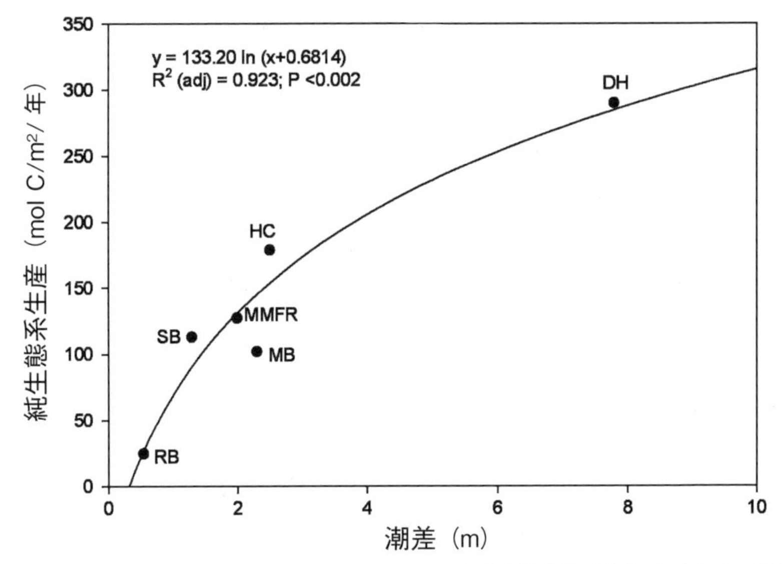

図6.4　様々なマングローブ・エスチュアリにおける調査と純生態系生産（NEP）との関係。データは表6.4。DH＝Darwin Harbour、HC＝Hinchinbrook Channel、MB＝Missionary湾、MMFR＝Matangマングローブ林保護区、SB＝Sawi湾、RB＝Rookery湾

これら6つの生態系における潮差とNEPとの関係から（図6.4）、生態系生産の変化に潮汐が重要な役割を果たしていることが分かる。これはOdum（Odum 1968, 2000; Odum et al. 1979, 1995）やNixon（1988）が提示した、「潮汐補償」仮説を支持する。Odum et al.（1995）は、潮汐のような外部「パルス」と生物学的「パルス」が同期している時、最大のエネルギーが生じると考えた。Nixon（1988）は湖と海洋を比較し、海洋における潮汐の追加的な物理エネルギーが、両生態系の機能的差異に大きな影響を及ぼしていることを示した（海洋におけるより高い漁業生産、速い流速、強い鉛直混合など）。こうした物理的エネルギーとは潮汐のことで、潮汐は生態系からの老廃物や有害物質の排出、浸水した土壌への酸素の供給、エスチュアリ内の生物・化学・物理的勾配を中程度の規模で撹乱し続けることに寄与する。このように仮定することで、潮差とNEPとの正の相関を説明できるかもかもしれない。

逆の仮説として、これらの値が必ずしもNEPを反映しているとは限らない、と考えることもできる。しかし、未だ測定されていない呼吸由来の炭素損失が実際にある。土壌呼吸由来の多くの炭素は、側方輸送や地下水流動に

よって失われてしまい、これらの生態系において測定されてこなかった経路である（7章1を参照）。例えば、Darwin Harbourにおける大きな潮差は、林床間隙水中の呼吸由来炭素の側方輸送を大きくさせる可能性がある。そのため、より潮差が小さい生態系よりもNEPがより大きくなるのは、実際には生態系からの炭素損失の割合がより高いことにあるのかもしれない。これが正しければ、マングローブは熱帯沿岸海域により多くの溶存無機態炭素を供給していることを意味する（7.1参照）。

6.4　マングローブ生態系における窒素フロー：Hinchinbrook島の例

窒素収支が完全に分かっているマングローブ生態系は、1つしかない。オーストラリア・クイーンズランド州北部Hinchinbrook島北端のMissionary湾のマングローブである（図6.5）。この生態系の窒素収支は、1992年に初めて示された（Alongi et al. 1992）。この時の結論は、いくつかの追加のデータ・

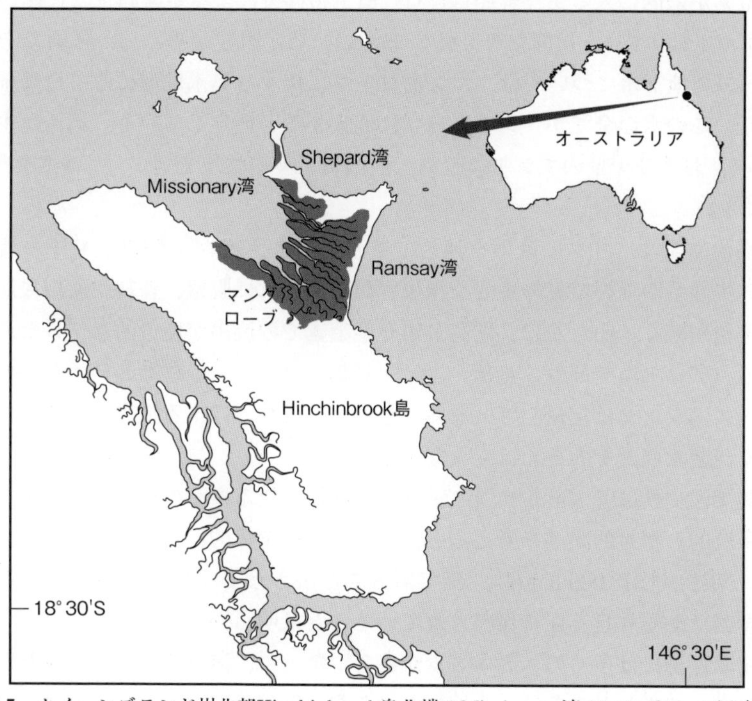

図6.5　クイーンズランド州北部Hinchinbrook島北端のMissionary湾のマングローブの位置

修正を除けば、今もなお有効である。にもかかわらずここで収支データを更新しその結論を再度詳述することは、マングローブが窒素負荷によってますます強い人為影響を受けるようになっている現在では有効であろう。

Hinchinbrook島（18° 20'S、146° 10'E）は、森と山に覆われた国立公園で、オーストラリア本土タウンズビルという都市の北西約100 kmに位置している。島の西側は、長さ50 kmの狭い水路であるHinchinbrook Channelによって本土から隔てられ、広大なデルタ型マングローブ林に縁取られている。島の北側にはMissionary湾（64 km^2）がある。この湾は、クリークによって分かれているマングローブ林の指状の突起列から成る。マングローブ面積は42.5 km^2で、主に*Rhizophora*属の混交林である。潮汐周期で交換される水量は約1.5×10^7 m^3、潮汐は1日2回、平均潮差は2.3 mである。Missionary湾のマングローブには2500 mm/年の降雨があるが、地下水の著しい流入はない。完全な海洋システムである。塩分濃度は、夏の雨季であっても33未満になることはめったにない。

窒素が系内に入る主な経路は、(1) 微生物群集による窒素固定（表層土壌、倒木や木質リター、樹幹や地上根における）、(2) 潮汐交換、(3) 降雨である（表6.5）。地下水については、マングローブに接する集水域内に降った降雨量とし、この水の全てがマングローブに流入すると仮定している。潮汐は主にDON、および少量のアンモニウム、硝酸塩、亜硝酸塩を運ぶ（懸濁態窒素は含まない）。

潮汐交換は、リター流出を通して窒素を流出させる（表6.5）。リター流出は、生態系からの窒素の主要な損失経路で、これに脱窒、森林や河川堤防への堆積が続く。明らかに、懸濁・溶存態窒素での流出が優占的なプロセスである。アンモニア揮散、魚類・エビ・鳥類・コウモリの移動といった、他のソース・シンクは定量していない。しかし、これらによる損失はおそらく小さく、窒素収支を大きくは変えないだろう。

純潮汐交換は97 Kmol N/年である。長期にわたる多くの独立した測定に伴う系統的・相対的誤差を考えると、この収支は全体的にバランスが取れている。NEPが4,318,000 Kmol C/年であることからして（表6.4）、この生態系内で窒素はかなり良く保持保存されていることは明らかである。

窒素保持には多くのメカニズムがある。第一に、溶存窒素のほとんどが樹木によって吸収される位、土壌における窒素循環速度が速いことが挙げられ

表6.5　オーストラリアMissionary湾のマングローブ生態系における窒素収支（kmol N/年）。収支は、Alongi et al.（1992）の279ページに引用された論文のデータを用いて算出

プロセス	インプット	アウトプット	変　化
降　雨			
NO_2+NO_3	0.7		
NH_4^+	0.5		
DON	1.3		
懸濁態N	0.1		
			2.6
地下水	2.4		
			2.4
窒素固定			
塩原	466.2		
表層土壌	479.7		
支柱根	1,192.7		
材部	930.7		
幹	376.7		
			3,446
潮汐交換			
NO_2+NO_3	437.5	525	−87.5
NH_{4+}	928	696.8	231.2
DON	12,684.3	8,821.4	3,862.9
懸濁態N		6,360.8	−6,360.8
窒素固定			
		658.4	−658.4
堆　積			
		342.5	−342.5
合　計	17,501	17,405	95.9

る。第5章で述べたように、わずかな量の窒素（土壌へのNインプットの約5%）が脱窒や満潮時の流出によって失われるに過ぎない。微生物-土壌-根系の複合体は、死亡・分解・吸収・生物の成長を介して窒素（および他の栄養塩）を素早くリサイクルしており、結果的に窒素保持メカニズムとして機能している。第二に、カニ類による土壌中での活動が、リター流亡を最小化する一方、N獲得を促進していることである。第三に、幹、根、倒木、木質リターが、窒素固定生物の定着スペースを提供し、大気からのNインプットを促進していることである。最後に、森林から流出する懸濁・溶存物質のC：N比

は、レッドフィールド比よりも高く、腐植酸・フルボ酸・ポリフェノールのような難分解性物質の濃度が高い（分解がかなり進んだ状態であることを示す）ことが挙げられる。つまり、易分解性物質は森林や水路にほとんどない、ということである。

窒素収支を推計可能なほど詳細に調査されたマングローブ生態系がこれ以外にないため、特定のプロセスしか他のマングローブ林と比較することができない。例えば、沖縄吹通川のマングローブでは、窒素の流出は土壌への窒素蓄積（0.2 mmol N/m^2/日）にほぼ等しい0.17 mmol N/m^2/日と推定された(Kurosawa et al. 2003)。この生態系では、流出も蓄積もそれぞれGPPの約5%を占めるに過ぎなかった。ブラジル北部Potengiのマングローブでは、N流出は0.3 mmol N/m^2/日で、この流出量は吹通川マングローブと同じく一次生産のほんの一部に過ぎなかった（Silva et al. 2007）。

マングローブ生態系で最近測定されたばかりのプロセスの1つは、アンモニアガスによる損失である。このプロセスは、Missionary湾ではあまり重要ではないと考えられているが、スンダルバンスでのアンモニア交換に関する詳細な研究（Biswas et al. 2005）からそうではないことが分かってきた。森林から大気へのアンモニアガスの放出量は1,790 kg N/km^2/年、乾性・湿性沈着は2350.5 kg N/km^2/年、水路へのアンモニアの純流入は775.7 kg N/km^2/年であった。これらのフラックスをMissionary湾に適用すると、インプットとアウトプットはそれぞれ7,910.7および5,434 kmol N/年となり、約2,500 kmol N/年の純アンモニア交換が行われていることになる。これは、DON交換に次いで2番目に大きなフラックスである（表6.5）。

窒素収支をMissionary湾とマサチューセッツ州Cape Cod西岸Great Sippewissett塩性湿地で比較することで、Alongi（1998）のように様々な知見を得ることができる。別の塩性湿地であるジョージア州沿岸のサペロ島の窒素収支データも加えてみよう（表6.6）。マングローブと塩性湿地には、多くの共通点がある。

・潮汐は、栄養交換の主要な物理的制御要因である
・流入と流出は、誤差も考えると基本的にバランスがとれている
・主要な流入は、潮汐による流入と窒素固定である
・主要な流出は、潮汐による流出である

しかし、顕著な違いもある。

表6.6 オーストラリアのマングローブ生態系とアメリカの塩性湿地生態系の窒素収支（kg N/年）の比較（データは表6.5、Valiela and Teal 1979; Whitney et al. 1981; Thomas and Christian 2001）。NA＝データなし

	オーストラリア クイーンズランド州 Missionary湾	アメリカ マサチューセッツ州 Great Sippewissett	アメリカ ジョージア州 Sapelo島
インプット			
降雨	36	271	3,480
地下水	34	6,435	464
窒素固定	48,244	1,642	212,052
潮汐による流入	196,697	21,833	740,560
その他	0	20	NA
インプット合計	245,011	30,201	956,556
アウトプット			
潮汐による流出	229,656	26,316	762,352
脱窒	9,218	4,349	261,864
堆積	4,795	4,150	15,086
その他	0	30	NA
アウトプット合計	243,669	34,845	1,039,302
変化	1,342	－4,644	82,746

・Missionary湾では、淡水由来の窒素が相対的に少ない
・Missionary湾では、全流出量に占める潮汐による流出の割合が大きい
・全流出量に占める脱窒の割合は、マングローブ（4%）より塩性湿地のGreat Sippewissett（12%）やサペロ島（25%）で高い
・Missionary湾では窒素固定速度が脱窒速度を超えるが、塩性湿地ではこれが逆である
・堆積速度は生態系間で異なり、Missionary湾とサペロ島で低く（全流出量の1-2%）Great Sippewissett塩性湿地で高い（12%）
・Missionary湾では懸濁態による流入はわずかだが、塩性湿地では懸濁態窒素での流入が多い

しかし、こうしたマングローブと塩性湿地間の窒素フローの違いや類似点は、今後の研究でも当てはまるとは考えにくい。他のマングローブや塩性湿地もまた異なっているはずで、マングローブ生態系間の違いも、マングローブと塩性湿地間の違いと同じ位大きいに違いない。それぞれの生態系に内在する機能的特性は、まだ十分には理解できていない。より多くの生態系レベルの

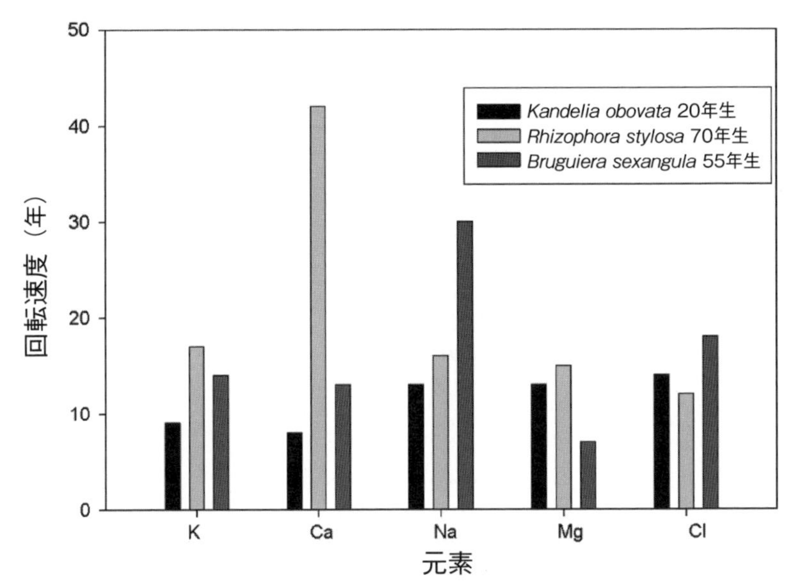

図6.6　中国南部の樹種・林齢が異なる3つのマングローブ林における、リターフォールを介したカリウム、カルシウム、ナトリウム、マグネシウム、塩素の回転速度（Lin 1999）

収支を明らかにすることが、この矛盾の解消のためには必要だろう。

6.5　栄養塩循環

土壌や樹木中の元素濃度に関するデータを除き、マングローブ生態系における鉄、カリウム、ナトリウム、マグネシウム、カルシウム、亜鉛、銅、マンガン、バナジウムなどの必須元素の動態に関する情報はほとんどない。Lin Pengと彼の共同研究者らは、中国のマングローブにおいてリターフォールを介した様々な元素の回転速度を求めた（Li 1997; Lin 1999）。リターはマングローブ林における物質循環のごく一部にすぎないものの、この詳細な研究から樹種や元素間での回転速度の変動を垣間見ることができる（図6.6）。リターフォールを介したカリウム、カルシウム、ナトリウムの回転速度は、*Kandelia obovata*林の方が*R. stylosa*林や*B. sexangula*林よりも短い。重要なのは、こうした元素の回転速度は、マングローブ林の方が多くの陸域の森林よりも速いことである（Barnes et al. 1998; Aber and Melillo 2001; Kimmins 2004）。

ある元素の回転速度は、林齢よりも一次生産速度とより強く相関している

表6.7　タイ南部の林齢の異なる4つのマングローブ林における土壌中の元素の回転速度（年）（Alongi et al. 2004bを改変）

	R. apiculata			*C. decandra*
	25年生	5年生	3年生	3年生
森林の生産性（炭素トン/ha/年）	52.8	16.9	37	22.9
元素				
N	4	13	12	16
P	6	26	13	22
S	113	642	322	169
Fe	916	21,272	18,264	23,098
Na	6	43	36	50
Mg	9	85	81	65
K	21	127	64	114
Ca	2	40	8	17
Zn	162	733	505	453
Cu	610	470	147	275
Mn	3	120	14	139
Mo	28	320	430	200

と考えられる。例えばタイ南部の3-25年生のマングローブ林では、最高齢の森林で最も生産性が高く、また土壌の窒素、リン、硫黄、鉄、ナトリウム、マグネシウム、マンガン、モリブデン、カリウム、カルシウム、銅、亜鉛の回転も速い（表6.7）。単に、炭素固定速度が高いほど必須元素の要求性も高くなる。中国のマングローブにおける元素の回転速度は、熱帯域の湿地や森林とほぼ同程度である（Golley et al. 1975; Dykyjova and Ulehlova 1998; Fassbender 1998）。しかし、マングローブ林における元素循環を明らかにするためには、生態系レベルで多くの必須元素の収支を明らかにすることが必要であろう。

6.6　生態系解析：生態系機能間のリンクの理解

Howard Odum（1983）が考え出した生態系生態学は、生態系機能のふるまいを理解するために概念モデルやシミュレーションモデルを発展させた。こうしたモデルは、私達の認識のギャップを明らかにするとともに、生態系に及ぼす汚染物質や人為攪乱の影響予測のためにも利用されている。また、経済的な目的で、比較的新しい分野である「生態経済学」へも利用が広がっている。本節では、マングローブの様々な生態系機能を扱うモデルを評価し、持続可能性を定量化する際の物質循環に関する情報について理解する。

6.6.1 ネットワークモデル

マングローブ生態系の最初のモデルは概念モデルで、栄養相互作用やデトリタス・フローに関する新しい考え方を明らかにする必要から考え出された(Heald 1969; Odum and Heald 1975)。マングローブ生態系の最初の真のコンピュータ・シミュレーションモデルは、Ariel Lugoと彼の共同研究者らによって開発された(Lugo et al. 1976)。このオリジナルのモデルは、改良され続けている(Pandey and Khanna 1998)。このモデルにおけるエネルギーフローの主要経路は、林床からエスチュアリへのデトリタスの流出である。被食や分解で失われる物質や、線形・非線形の関数としてモデル化されたコンパートメント間の移動や相互作用は、プロセス依存的で定常状態であると仮定してある。このモデルとその後の感度分析(Pandey and Khanna 1998)から、全ての変数(デトリタス、栄養塩類、バイオマスなど)は、潮汐にとても影響を受けやすいことが分かった。中でもデトリタス・フローは、最も顕著に影響を受けていた。バイオマスに最も強い影響を与えるのは陸源物質の流入で、二次的には太陽放射である。

リターフォール動態がエネルギーフラックスに最初に組み込まれたのは、Wafar et al. (1997)によるインド西部MandoviおよびZuariエスチュアリのマングローブである。彼らは、微生物分解を介した炭素フローにおいて、マングローブの生産性の方が食物連鎖の動態よりも重要であることを見出した。NETWORK(Kay et al. 1989)やECOPATH(Ulanowicz and Kay 1991)のようなコンピュータ・パッケージが開発され、より高度なマングローブ生態系のエネルギーフローの分析に利用されるようになった(Manickchand-Heileman et al. 1998; Lin et al. 1999; Ray et al. 2000; Wolff et al. 2000; Vega-Cendejas and Arreguin-Sánchez 2001; Ortiz and Wolff 2004; Cruz-Escalona et al. 2007; Ray 2008)。

これらのモデルの主な前提は、定常状態を仮定したマス・バランス型の式を解くことと、その結果から以下のネットワーク特性を計算することである。その特性とは、エネルギーフローの各経路の平均長、リサイクル率(Finnの循環指標（生態系内の物質循環を評価する指標のひとつ）、Finn 1976、）、栄養段階間の連結性、栄養段階や系全体（全てのエネルギーフローの合計）でのデトリタス食者や植食者の量的割合などである。これは、次の一次方程式を解くことで求められる。

$$B_i P_i (B_i)^{-1} E_{Ei} - {}^n\Sigma_{j=1} B_j Q_j (B_j)^{-1} D_{Ci} - E_{Xi} = 0$$

ここで、B_iはグループiのバイオマス、$P_i B_i^{-1}$はiの生産/バイオマス比、E_{Ei}は生産のうち捕食される割合、B_jは捕食者jのバイオマス、$Q_j B_j$は捕食者jの消費/バイオマス比、D_{Ci}は捕食者jの餌における被食者iの割合、E_{Xi}はグループiの流出を示す。

ECOPATHの初期バージョンを用いて、マングローブ生態系におけるエネルギーフローと栄養移行のモデルが多く作られた。メキシコのテルミノス湖では、栄養伝達効率は低いが（7%）、リサイクル率は高く（Finnの循環指標＝7.0）食物連鎖の経路長も長かった（10）（Manickchand-Heileman et al. 1998）。これは、大部分のエネルギーフローが、低次の栄養段階で回っていることを示している。初期バージョンのソフトウェアには、細菌によるデトリタスの利用や有機物セジメントとしての埋没は組み込まれていなかったにもかかわらず、このような結果であった。当時の研究者は、消費者がデトリタスよりも底生藻類を選好することを知らなかった。そのためこのモデルは、デトリタス経路が系内において優占する傾向がある。逆に、よりバランスの取れた栄養モデル（Lin et al. 1999）を用いた台湾南西部の別のラグーンでの例では、高いプランクトン一次生産が、植食性動物プランクトンが優占する食物連鎖の主要なエネルギー源であることが分かった。植物プランクトンが固定した炭素の半分は、より高次の栄養段階にすぐに消費されるのではなく、デトリタス・プールへと流出する（その多くは魚類や他の大型消費者に直接消費され、最終的には集約的漁業によって持ち去られる）。このようなフラックスは、栄養経路が短く（平均経路長＝3.38）、高次の栄養グループ間での栄養伝達効率が高いことを示している。

メキシコの2つのラグーンにおけるネットワーク解析では（Vega-Cendejas and Arreguin-Sánchez 2001; Cruz-Escalona et al. 2007）、テルミノス湖と同様に集約的漁業の存在が示唆された。そのうちの1つのラグーン（Celestun）では、一次生産の大半が運び出され、僅か4%が被食、7%がデトリタス・プールに入る。もう一つのラグーン（Laguna Alvarado）は、台湾のように純一次生産が主要なエネルギー源であり、消費、呼吸、デトリタスのフラックスはそれぞれ、総フラックスの47、37、16％を占めていた。明らかにこうしたモデルは全て、ラグーン-マングローブ生態系は生産性が非常に高い一方で、マングローブ植物以外の独立栄養生物も栄養動態において大きな役割を果たしていることを示している。

より開放的な河川型エスチュアリにおいては、「マングローブはエネルギーフローにおいて主要な役割を果たしている」という経験則が、栄養フローのモデルによっても裏付けられている（Wolff et al. 2000）。アマゾンのCaeté川は世界最大規模のマングローブを有するが、集約的な伐採とカニ漁が行われている。この生態系におけるモデリングの結果、エビ・魚類はエネルギー動態における重要性は比較的低い（漁獲量の多いカニ類*Ucides cordatus*のような表在性底生生物と共に）ことが分かった。栄養伝達効率（10％）や高い漁獲効率（純一次生産当たり漁獲量＝9％）は、マングローブの伐採量やカニの漁獲量が多いことによる。総エネルギーフローのうち、細菌が34％、マングローブ植物が19％、シオマネキ類が13％、藻類が10％、カニ類が10％、他の栄養グループが14％寄与していた。より重要なのは、本モデルがカニ類の乱獲を示していることである。現実的なP：B比（生産：バイオマス比）ではモデルがバランスしなかったことから、生産されるよりも多くのバイオマスが収奪されていることが示された。このシナリオは、どのようにモデルを持続可能な資源収穫レベルの決定に利用できるのか、を示す良い例である。

このようなモデルは、マングローブの原生林と二次林間における生態系レベルの違いを見る際にも役立つ。インド・スンダルバンスにおける、Santanu Rayと彼の共同研究者らによる研究は良い例である（Ray et al. 2000; Ray 2008）。人為撹乱を受けたマングローブの底生食物網に関する初期のネットワーク分析によって、生食連鎖系と腐食連鎖系は等しく重要であること、人為撹乱が藻類の一次生産、植食性動物プランクトン、メイオファウナの重要性を相対的に増加させることが分かった（Ray et al. 2000）。物質のリサイクル率は低いものの、経路の冗長性は高かった。これは、人為撹乱を受けたマングローブに住む底生生物群集は、さらなるストレスに対しては耐性が高いだろうことを示唆している。次なるモデル研究で、原生林における底生生物群集は、よりデトリタス・ベース、つまりよりリターに依存していることが分かった。単位時間・面積当たりのエネルギーフラックスは、原生林

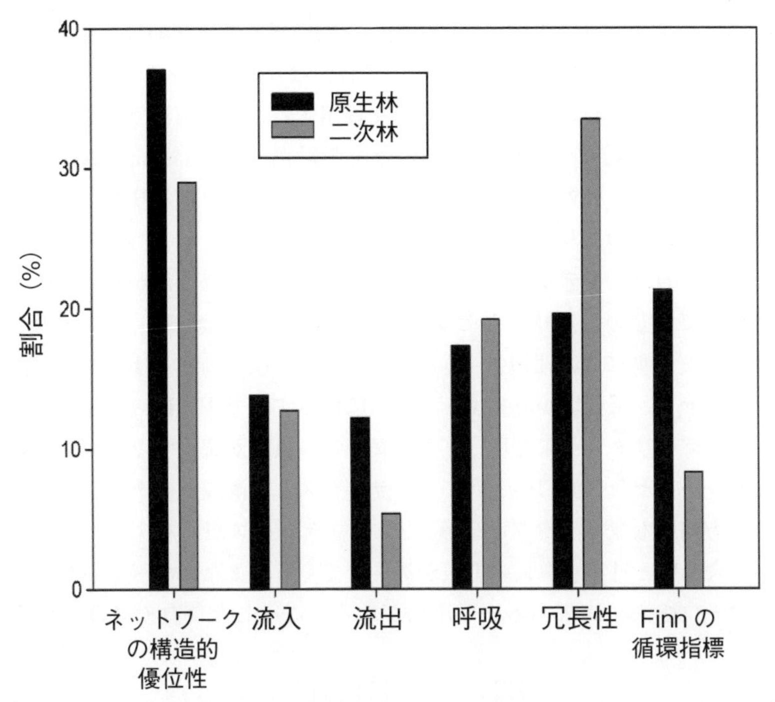

図6.7　スンダルバンス・マングローブの原生林と二次林間における、ネットワーク分析で算出された主要な生態系特性の比較（Ray 2008）

（539,040 kcal/m²/年）のほうが二次林（136,570 kcal/m²/年）よりもずっと高く、呼吸による損失割合も二次林の方が大きかった（図6.7）。このネットワーク分析により、生態系間の明瞭な違いもいくつか分かった（図6.7）。ネットワークの活性や構造の優位性、流出入の割合、Finnの循環指標は、二次林よりも原生林の方が高かった。これは、二次林の食物網が十分に構造化されておらず、任意のニッチ内において群集が互いに交換可能な状態にあることを示している。また、相対的に多くのエネルギーが健全な生態系から流入・流出しており、比較的多くのエネルギーがリサイクルされている。これらのモデルは、線形性と定常状態に関する未立証の仮定や多くの制限があるものの、マングローブの生態系機能の顕著な特徴を分析することができる有用なツールである。

6.6.2　生態水文学：生態系管理に向けた物理学と生態学のリンク

生態系内において物理学的・生物学的特性は互いにリンクしていること、また生態系管理において生態系生態学を適用することが急務であることが認識されてきた。そこでユネスコ国際水文学計画（International Hydrological Programme）は、水文学的プロセスが生態学的サブモデルとリンクした新しいモデルのためのフレームワークを構築した（Zalewski et al. 1997）。このモデルの物理的サブモデルでは、エスチュアリは、河川河口部から潮汐影響の上限域までが互いに連結したセルに分割されている（図6.8）。感潮域の上限に位置するセルには、河川水（Q_f）、セジメント（Q_s）、デトリタス、淡水のプランクトン、栄養塩が流入する。河口に位置するセルには、海洋水、セジメント、デトリタス、栄養塩、プランクトン、魚類が流入する。河川流入によるセルからセルへ河口へと向かうフラックスと、潮汐混合を模したセル間での双方向的なフラックスという、2つのフラックスがある。これらによって、最大濁度と外洋水進入の上限が決まってくる。また、すべてのセルのマングローブから、流入あるいは流出がある。こうしたプロセスは、経験的

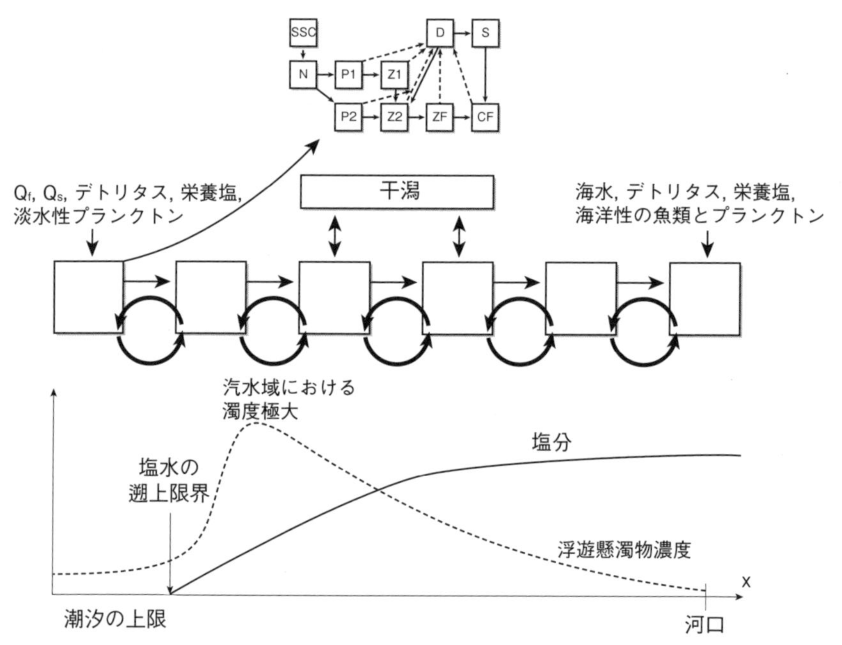

図6.8　マングローブ・エスチュアリの生態水文学的モデルの概念図（Wolanski 2007を改変）

データとフィットさせ、定常状態を仮定した物理的フローと捕食-被食関係の式を用いてサブルーチンとしてシミュレートされる。

このようなマングローブのモデルが最初に利用されたのは、オーストラリア・ノーザンテリトリー州の小さな街Darwin Harbourで、ここは街を取り囲むように潮位差が大きいエスチュアリが広がっている（Wolanski et al. 2006）。このエスチュアリは原生的であるが、港湾の拡張計画やエスチュアリ内での人為利用もある。このモデルを用いて3つのシナリオ、(1) 土地整備事業による懸濁態セジメント量の倍増、(2) 全てのマングローブの伐採、(3) エスチュアリの中・上流域における溶存栄養塩濃度の倍増（ただし懸濁態セジメント量は変化させない）、の影響を検証した。モデルは、次のようなアウトプットを示した。

・第1シナリオでは、溶存栄養塩濃度は上流域で4倍、ピコプランクトン量は中流域で50％増加、クロロフィル濃度は中流域で4倍、カイアシ類ノープリウス幼生はほとんど影響を受けないが、カイアシ類成体は中流域で3倍になる。
・第2シナリオでは、中上流域において肉食性と腐食性魚類の個体数がそれぞれ70％および50％減少する。
・第3シナリオでは、ピコプランクトン量が中・上流域で50％増加、クロロフィル濃度は中流域で4倍、カイアシ類ノープリウス幼生は中・上流域で30％増加する。

このように、モデルの結果は、生態系の構造や機能が土地利用の大規模改変によって大きな影響を受けることを示している。

同様のモデルは、タンザニアのマングローブ生態系における有機態炭素の流れを明らかにするためにも用いられている（Machiwa and Hallberg 2002）。この研究に用いられたモデルは、溶存・懸濁態・リターの有機態炭素から成る3つのサブモデルから成る。また、潮汐に関するパラメータ、大型・小型動物群集のサイズ構造も考慮されている。人為影響をやや受けているこの生態系は、DOC流出が顕著で有機態炭素流出の約80％を占めていることが知られており、モデルはこの観察結果を再現した。モデル調整のために、DOCの40％は微生物に利用されていると推計した。本研究では当初、有機態炭素の系外流出の程度を決める主要な要因は、マングローブの植被率と水力学的特性であるという予測を立てていた。モデル結果は、この予測を立証した。

こうしたモデルは現実よりも単純化されており、また経験的データもモデル・キャリブレーションのためには不十分であることから、こうしたモデルの結果は注意深く解釈する必要があるだろう。しかし、生態系データを実践的な管理上の問題に適用するための、良い出発点になり得る。

6.7　生態経済学とマングローブの持続可能性

生態学的エネルギー論における普遍的な法則や概念（第1章参照）は、経済学の主要原則のいくつかと似ている（Odum 1973; Smil 2008）。生態学–経済学の共通の概念は、「生態系のエネルギー動態（例：生産性）は、人々のニーズや活動、世界経済に影響する重要な変数である」という事実と間接的につながりを持っている。このつながりの単純な例は、ワット（W）＝ジュール（J）/秒である。ここで、パワー（W）とは単にエネルギーフローの速度（J/秒）である。これは、反応から得られる「仕事の最大値」は、温度、系の熱容量、エントロピー（閉鎖系における「乱雑さ」の程度）に関係している、という考えを取り入れた熱力学の法則に基づいている。エネルギー（力、あるいは仕事をする能力のどちらで定義されようとも）は、経済的生産の主要な駆動因である（Smil 2008）。生態経済学はエネルギーとその利用に関わっているが、必然的に持続可能性の問題に注目することになる。

6.7.1　資源経済モデル

マングローブ生態系は多くの物やサービスを提供し、ヒトによって商業・自給用として利用される（Moberg and Rönnbäck 2003）。多くの資源利用モデルは、木材・水産資源利用における費用便益比率のトレードオフを分析してきたが（Barbier and Strand 1998; Grasso 1998; Janssen and Padilla 1999; Larsson and Padilla 1999; Nickerson 1999; Rönnbäck 1999）、ヒトによる資源利用における生態学的・社会経済的限界を取り込んだモデルは少ない（Twilley et al. 1998; Ortiz and Wolff 2004）。

マングローブの消失が水産業の持続可能性に及ぼす影響を調べた最初の研究は、メキシコのカンペチェで行われた（Barbier and Strand 1998）。Barbier and Strand（1998）は伝統的な漁獲努力量モデル（利益とマングローブ面積の変化に応じた漁獲努力の変化を表す式から成る）を用いて、マングローブ面積のわずかな変化でさえエビ漁獲量に大きな影響を及ぼすことを示した（図6.9）。このようにエビ漁を支えるマングローブの価値は、開発の程度によって変化する。エビ資源が少なくなった場合、エビ漁の経済的価値は長期的には低下するだろう。

より高度なモデルを用いたGrasso（1998）はブラジルにおいて、木材生産と漁獲の最大化に関わるトレードオフ関係を調べた。それぞれの産業の労働者数をモデル内で変えながらシミュレートすると、最も重要な変数は森林の成長速度であり、これは各産業の労働者数とバランスしていた（各産業の労働者数そのものも、その資源量と価格との関係により変化していた）。例えば、森林の減少は木材価格の上昇をもたらす一方、林業労働者数は減少し漁業関連労働へとシフトすると予測された。しかし、漁業生産性は森林面積に直接的に関係するという負のフィードバック・ループが存在していた。

様々な利用形態によってマングローブ林が減っているフィリピン・ルソン島でも、これと同じようなシナリオが考えられた（Nickerson 1999）。Nickerson（1999）は費用便益分析が組み込まれた人口動態モデルから、マングロー

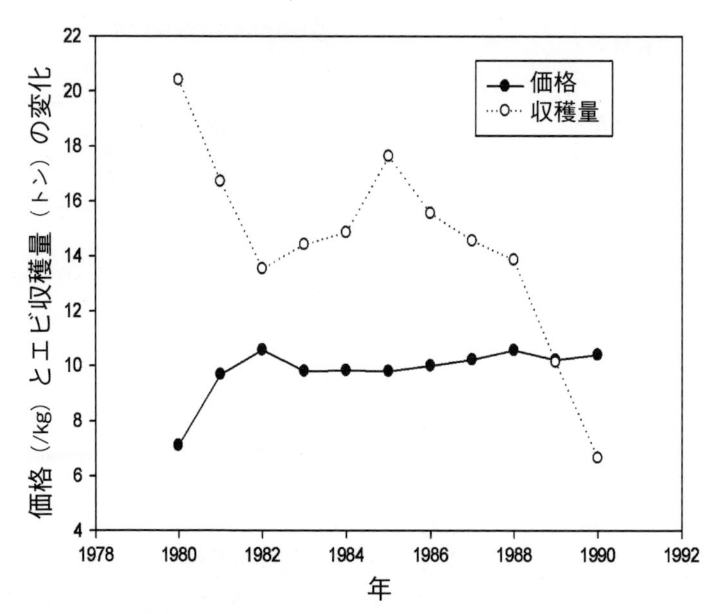

図6.9　マングローブ面積のわずかな減少（0.20%）が、メキシコ・カンペチェ沖のエビの価格と漁獲量におよぼす影響（Barbier and Strand 1998）

ブを開発しないことが、長期的には様々な利用者（漁師、養殖業者、木材生産者、地域住民など）間の異なるニーズに最善の結果をもたらすことを示した（図6.10）。ミルクフィッシュ（サバヒー）あるいはエビの養殖のために開発するシナリオはどちらも、マングローブの価値を同じくらい大幅に低下させる。残念ながらこのモデルも他のモデルも（Janssen and Padilla 1999）、生態学的・経済的な長期的利益よりも短期的利益の方を好む傾向があることを調整できていない。そのため、マングローブは開発にさらされ続けることになる。このようにマングローブは、経済的に過小評価され続けている（Rönnbäck 1999）。

持続可能（あるいは不可能）な開発に対する生態学的・経済的制約を考慮したモデルは、競合するニーズを調和させるためには社会的・文化的政策をより現実に即して考えなければならないことを示唆する。Twilley et al.（1998）はエクアドルのGuayasエスチュアリにおいて、人為利用の速度や強度がエスチュアリ環境の質にどのような影響をもたらすのかを、土地利用

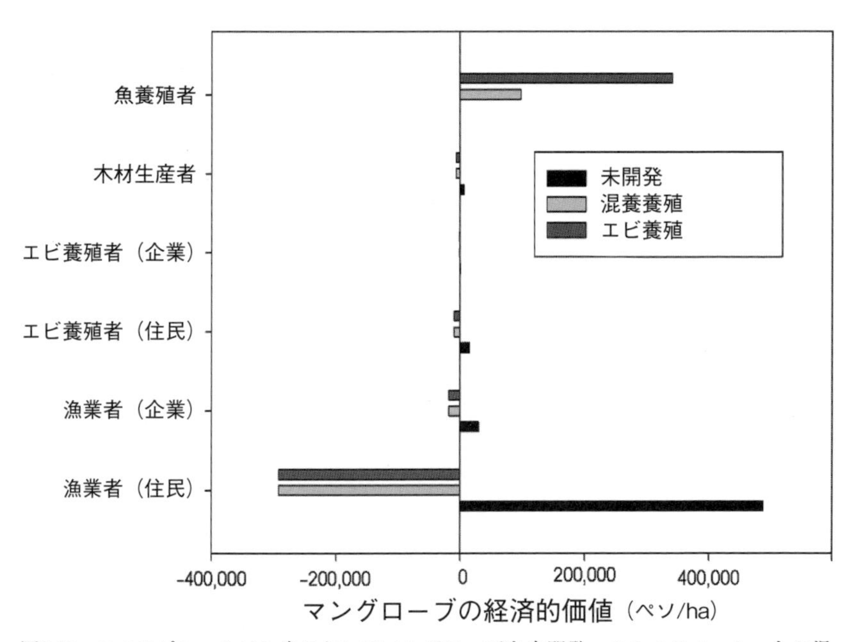

図6.10　フィリピン・ルソン島においてマングローブを未開発、ミルクフィッシュとの混養養殖、エビのみの養殖に利用した際の、各利害関係者にとってのマングローブの経済的価値（Nickerson 1999）

予測モデルを開発して調べた。シミュレーションの結果、マングローブ面積が90%減少すると潮汐水の窒素濃度が5倍増加することが分かった。また上流でダム建設を行うと、潮汐水の栄養塩濃度が60倍増加し、河川流量の減少により潮間帯や陸域が変化することが分かった。ブラジルのCaetéエスチュアリにおけるモデル研究（Ortiz and Wolff 2004）では、現在の木材生産や漁業のためのマングローブ開発は持続不可能であることが示されている。そのため、マングローブにおける木材生産では、ローテーション方式での伐採が推奨される。マングローブの木材や他資源の最大持続生産量（maximum sustainable yield：MSY）の推定は、差し迫った課題である。しかし、ヒトは短期的に最も経済的価値の高いものしか保全しない（特に所得が低い地域では）、というのは動かしがたい事実である。

6.7.2 生態系データを使って持続可能性を定量化する

では、どうやって持続可能性を意味ある形で定量化できるだろうか？この目的のために、本書で議論してきたエネルギー論的アプローチやデータはどのように役立つのだろうか？持続的管理手法を開発するためには、最大持続生産量（生産量を維持していくのに必要な生態系管理のレベルを含む）を定量化することが重要である。ここでは、以前紹介したタイとマレーシアの*Rhizophora apiculata*人工林について詳細に検討する（6章3.2）。そして、簡単な炭素マス・バランスモデルが、持続的な木材生産と生態系管理を評価するための管理ツールとしてどのように利用できるかを示したい。

植林地における持続的な木材生産の戦略には、伝統的な造林技術から、最大持続生産量の動態モデルの適用まで様々である（Fujimori 2001; Nyland 2001）。生態系レベルでの戦略は、造林業者やプランテーション管理者に支持されるようになってきた。これは、樹木の成長が、その森林の空間的制約を越えて作用する多くの要因に下支えされているということが認識されてきたからだろう。この景観アプローチは、「社会は森林の価値を、木材生産などの一つの価値ではなく、その多様性、健全性、美しさといった価値でも評価する」という考えに基づいている（Rowe 1994）。この概念に基づく戦略は、陸域の森林や人工林の管理保全においては成功している（Raison et al. 2001）。

熱帯材に対する世界的な需要増加があるものの（Brown et al. 1997）、環境の悪化、持続不可能な森林伐採、病気の発生、土壌侵食、計画の乏しさ、淡水の不足などのために、木材生産性は減少の時代に差し掛かっている。広葉樹材の世界的な供給能力を増やすには、現在のマングローブ植林の生産性を増やす必要がある。マングローブは、生態的・経済的価値が高い。マングローブの将来は、特に発展途上国においては、保全だけでなく、生態経済学的アプローチにも頼る必要があるだろう。多くのマングローブ樹種は成長速度が速いため、植林に適している。現在、マングローブの人工林がいくつかあるものの、持続的管理が行われているところは少ない（Saenger 2002）。

持続的木材生産の戦略を開発する上での大きな妨げは、統合的な生態学的情報が欠けていることである。例えば、樹木の成長や資源利用効率を制限する要因と、輪伐期に基づく管理計画とを結びつけるような情報である。現在使われている最も有用な手法は、経験的な科学情報ではなく、従来型の試行錯誤に基づく手法である。

先述のように、現在、マングローブ林の動態、成長、生産の相互作用や（Devoe and Cole 1998; Fromard et al.1998; Berger and Hildenbrandt 2000）、マングローブを保全することの経済価値と資源利用との間のトレードオフに関する生態学的・経済的モデルがある（Ruitenbeek 1994; Grasso 1998; Janssen and Padilla 1999; Rönnbäck 1999; Huitric et al. 2002）。また、沿岸養殖業をサポートする生態系の能力やエコロジカル・フットプリント（Chambers et al. 2000）を推定した研究もある（Robertson and Phillips 1995; Larsson and Padilla 1999）。こうした情報があるにもかかわらず、マングローブの許容伐採量や、持続的木材生産のためのエコロジカル・フットプリントの定量的評価はない。温帯林の最大持続生産量（MSY）を推定する数学的・コンピュータ・シミュレーションモデルはあるが（Fujimori 2001; Nyland 2001）、マングローブ林の複雑なリンクやフィードバックを組み込んだアルゴリズム開発に必要な生態学的情報は未だ不十分である。

6.7.2.1　森林減少の生態系スケールでの影響

GIS技術とグランド・トゥルース（衛星画像データを野外で確認する作業）によって森林減少を明らかにすることはできるが、生態系が崩壊してしまうまでの時間を予測することは難しい。ここでは、マングローブ生態系における炭素フラックスのマス・バランスモデルを、以下の目的のためにどう利用できるのかについて見ていく。

⑴ 持続的木材生産の評価手法の開発
⑵ 生産量をサポートする生態系の能力の推定
⑶ 持続不可能な伐採による生態系崩壊の回避を目的とした、森林管理者のためのタイム・フレームの開発

タイ南部Sawi湾と半島マレーシアMatangマングローブ林保護区のデータを使って説明したい。

この概念はシンプルで、生態系生態学にも適用されているように熱力学の法則に基づいている。純生態系生産量（NEP）がゼロの場合、その生態系は持続可能かどうかの境界線上にあると考えられる。つまり、生産・流入した有機物量と消費・流出した有機物量が等しい状態のことである。NEPがゼロ未満の場合は、その生態系は少なくとも長期的にはエネルギー論的に持続不可能である。時間の経過とともに有機物（およびエネルギー）が失われてしまうような生態系は、長期的には存続できないためである。その生態系は、最終的には消失し別のタイプの生態系に置き換わるだろう。

「持続可能性」という語は生態学の文献の中ではっきり定義されているが(Phillis and Andriantiatsaholiniana 2001)、ここでは最もシンプルに、「長期的な消失を避けるために、伐採量を制限することで開発や生産のレベルを維持すること」と定義したい。

タイ南部Chumphon県のSawi湾のマングローブ林において、炭素収支が計算された（表6.4）。この湾は、面積165 km^{2}で、浅く、タイ湾に面している。この流域とマングローブ生態系（主に*Rhizophora apiculata*）では、1970年代から貝類養殖、漁業、農業、他の産業活動、下水の増加が見られ、中でもエビ養殖池が特に増加した（Ratanasermpong et al. 2000）。養殖と農業の増加は、マングローブを大きく減少させた。現在、タイ王立森林局は植林プログラムを行っているが、マングローブやその周辺の森林は未だに農地や工場、商業施設、宅地開発によって減少が進んでいる。現在のマングローブ減少率は、1%/年である（Ratanasermpong et al. 2000）。マングローブ急減によって生態系生産が崩壊する可能性が指摘されており、政府の管理計画は、マングローブとその周辺の森林の開発の上限を設定するために、タイム・フレームを確認する必要があることを明記している。

Sawi湾の炭素マス・バランスを見ると（表6.4）、現在、炭素放出よりも多くの炭素が生態系に流入していることが分かる。炭素流入量は放出量を上回

り、NEPは112.6 mol C m²/年だった。この炭素の増分のほとんどは、湾を囲む多くのマングローブ林はおよそ15年生であることから（Alongi et al. 2000c）、植林木のバイオマスとして蓄積したと考えられる。マングローブは、湾内のエネルギー・物質フローの主要な源である。またこの物質収支は、マングローブと湾水中の微生物からの呼吸が最大の炭素流出源であることを示している。海洋の呼吸による炭素流出量は、湾周辺の養殖池から代謝活性の高い微生物群集が大量に流出するため、他の熱帯沿岸生態系よりもやや多い（Ayukai and Alongi 2000）。これはマングローブの減少や養殖排水の増加に、湾が鋭敏に応答していることを示唆している。

物質収支シミュレーションによると、マングローブの減少率を1%/年と仮定すると、Sawi湾のNEPは27年以内にプラスからマイナスに転じると予測された（図6.11）。これは、生態系が持続不可能になるまでの期間の最大の推

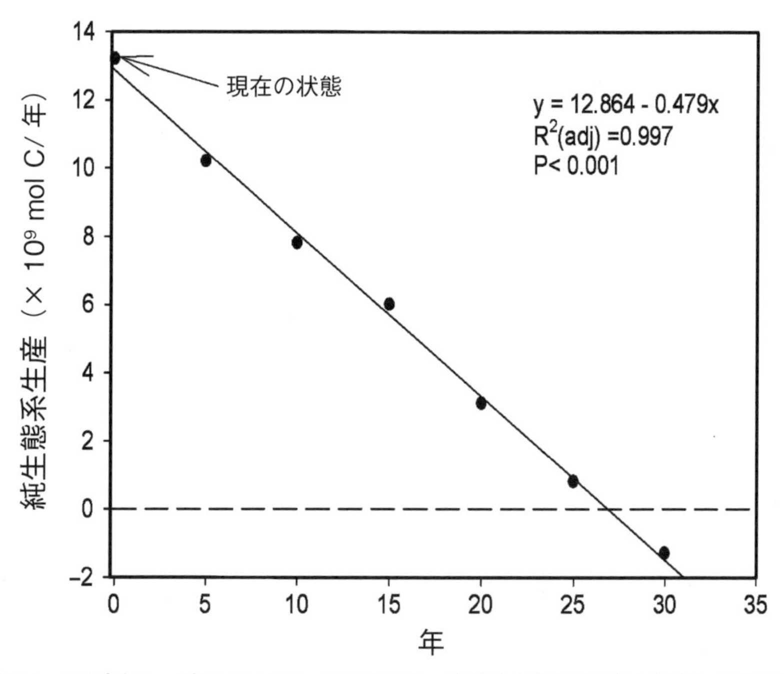

図6.11　タイ南部Sawi湾のマングローブにおける、森林減少率を1%/年と仮定した場合での純生態系生産（NEP）のシミュレーション結果。水平な点線は、NEP＝0、つまり持続可能性の閾値を示す（Alongi 2005bを更新）。モデル結果は、27年後に生態系は崩壊することを示した

定値である。この物質収支モデルでは、土壌侵食による炭素流入や、養殖池とその廃水の増加は特に考慮していない。モデルには、生態系内の複雑なリンクやフィードバック・ループも組み込まれていない。

モデル内での個々の炭素測定の変動係数を33%としているため、その時間境界は27±10年に制限されている。この制限にもかかわらず、この推定値は管理に大きく影響する。伐採後に再植林をしようがしまいが、早くて17年、遅くとも37年後には生態系は崩壊する。予防原則と正・負両方のフィードバック・ループが存在することを考えれば、マングローブ減少に対応する管理計画は、再植林速度を減少率と同等かそれを上回るようにすべきだろう。炭素（やエネルギー）が流入するより流出してしまう生態系は、生産と消費プロセス間の時空間的な差や不均一性のため、短期間しか存続することができない。そうした生態系は、定常状態を維持しつつ持続的に伐採し続けることはできない（Odum 1969; Schultze 1994）。

6.7.2.2　マングローブの伐採制限と生態系サポート

マングローブの持続的木材生産の模範例は、半島マレーシアPerak州のMatangマングローブ林保護区である。この保護区はマラッカ海峡に面し、48 kmに及ぶマングローブ林が帯状に広がる。総面積48,804 ha、うち32,746 haが生産林である。5つのエスチュアリから成り、主に*Rhizophora apiculata*が優占し、川岸沿いでは低木層に*Bruguiera parviflora*や*R. mucronata*がみられる（Watson 1928; Muda and Mustafa 2003）。約3,200 haの森林は、研究、観光、教育、鳥類保護区、種子供給林として保護されている。保護区内では魚や貝類の養殖、漁業が多少行われているが、非破壊的なものしか許可されていない。

Matang保護区は1902年に設定され、1908年には持続可能な伐採と保護のための最初の行動計画がまとめられた。生産林は、現在の行動計画では輪伐期30年で持続的な施業が行われており、2回の間伐を15-19年と20-24年目に、そして30年目に主伐を行う（Muda and Mustafa 2003）。間伐材は柱材として利用される。伐採可能な*R. apiculata*林の面積は、1-10、11-20、21-30年の3つの齢級に等配分されている。毎年1,048 haの森林が少量ずつ伐採され、平均収量は171 トン/ha/10年である（Muda and Mustafa 2003）。現在の木材生産量は17,920 トン/年である。林地残材は、自然に分解されるか潮汐によって流出する。伐採時には、河岸侵食を保護するため5-10 mの緩衝帯が設けられる。約半分の場所では自然に森が再生する。一方、最近は、更新不良や*Acrostichum*属のシダ類が密生するという問題から植林や前生稚樹更新が必要となってきている。

木炭生産は、Matang保護区の管理と地域経済の中心である。Perak州森林局は、マングローブ林を50-75に及ぶ木炭生産業者（それぞれ4-5基の炭火窯を所有）に委託している。木炭の採算ラインは、約400リンギット/トンである（1リンギットは30円前後）。ほとんどの生産物はPerakで消費され、一部はSelangor、Penang、Kedahの市場に送られる。2000年の純収益は745,300リンギットだった。純収益は変動するが、1 haあたりの年間木材生産量は1906年の最初の伐採からほぼ一定である。これは、20%の保護林と80%の生産林のバランスをうまく維持・管理してきたためである。

物質収支から（表6.4）、マングローブ林の生産と呼吸が、生態系内の炭素フローの大部分を占めることが分かる。マングローブの生産は、総炭素流入量の95%を占める。河川・海水の流入、植物プランクトン生産、養魚場への雑魚の侵入に伴う炭素流入は、ごくわずかである。総炭素流出量のうち、樹木呼吸が79%、生態系呼吸が86%を占める。間伐による材の収穫量や（総流出の1%）、保護区内での魚介類の収穫による炭素流出（5%）は比較的少ない。マングローブのバイオマス炭素の流出は、総炭素流入量の5%、NPPの24%相当で、樹木呼吸などに比べると少ない。全有機態炭素の流入量のうち、わずか2%がセジメントとして埋没する。

Matang保護区は、流出量よりも多くの炭素を生産しており、ほとんどの炭素は、新たに堆積したセジメント上に形成・拡大してきた森林に蓄積されてきた。Muda and Mustafa（2003）は様々な調査に基づき、1908年の保護区の設置以来（Watson 1928）、本保護区は1,500 haの森林分の炭素を獲得してきたと推定している。この炭素量は余剰炭素の5%に過ぎないが、泥炭やリターとして保護区内に貯留されていると考えられる。南米熱帯の陸域の自然林や人工林は、数世紀にわたって材や根系に炭素を貯蔵し続けることができることから（Chambers et al. 2000）、おそらくMatang保護区のマングローブも同じような長期にわたる炭素貯留能を有していると考えられる。

1,048 haの森で毎年17.1トン/ha/年の伐採がほぼ1世紀にわたって持続的に続けられてきた。そのため単位面積当たりの生産量は一定だと仮定し、物質収支式に基づく簡単なコンピュータ・シミュレーションを用いて、伐採面積の増加がNEPに及ぼす影響をモデル化した（図6.12）。複雑なフィードバック・ループが無いと仮定し、また現在の伐採量を50％増加させた上で伐採面積を増やしてゆくと、NEPは線形に減少する（図6.12）。モデルのy＝0を解くと、マングローブ林が6,261 ha/年のペースで伐採されると、NEPはゼロになり生態系は持続不可能になることが分かった。この伐採速度は、現在のそれの約6倍に当たる。しかし、個々のフラックス測定の変動係数は33％であるため、最大持続生産量の予測範囲は4,195–8,327 ha/年となる。伐採面積を現在の1,048 ha/年から、控えめに見積もって2,096 ha/年と倍増させることは、必要ならば可能であろう。こうした推計には、木材生産量そのものの変化や、養殖の増加などの他の変化の可能性が含まれていない。しかしこのモデルは、現在の木材生産速度は長期的に持続可能であり、必要ならばそれを増やすこともできることを明瞭に示している。

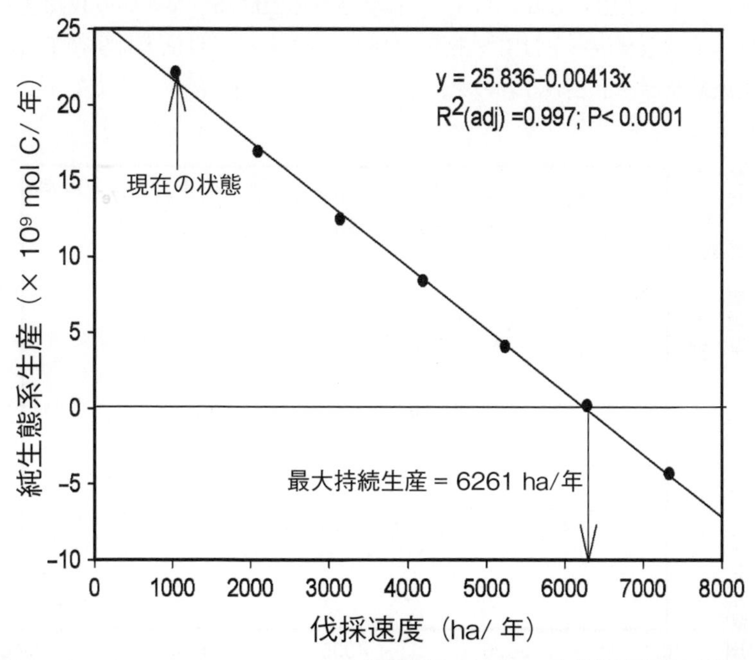

図6.12　マレーシアのMatangマングローブ林保護区における、森林伐採速度の増加による純生態系生産（NEP）のシミュレーション結果。横線は、NEP＝0、つまり持続可能性の閾値を示す。モデル結果は、木材伐採速度6,261 ha/年でNEPがゼロになることを示した（Alongi 2005bを更新）

持続的に木材を生産するには、伐採後の森林の成長や維持に必要な「生態系サポート」のレベルについて理解する必要がある。ここでは生態系サポートを、伐採されている土地を支えるために必要な生態系の総面積、と定義する。この概念は、すべての生物は隣接する環境から直接・間接的に様々な生物的・非生物的プロセスによって支えられている、という仮定に基づいている。これは、エコロジカル・フットプリントの概念を想起させる（Chambers et al. 2000）。ここでは、伐採が行われている土地が、8,653 haあるMatang保護区の沿岸生態系全体で支えられていると仮定する（Muda and Mustafa 2003）。現在の生態系サポート（伐採された森林面積1 haあたりの総生態系面積）は、46.6 haである（図6.13）。物質収支式の変化を単純なコンピュータ・シミュレーションで繰り返すと、伐採面積の増加とともにNEPは線形に減少する一方（図6.12）、生態系サポートのレベルは指数関数的に低下した（図6.13）。最大伐採速度（6,261 ha/年）の時NEPはゼロになるが、この時の生態系サポートは13.2である（図6.13）。推奨される2,096 ha/年という伐採速度の時は、生態系サポートは31である（図6.13）。さらに、単位木材生産量あたりの生態系サポートというものを、生態系全体の面積を総生産量で除すことで

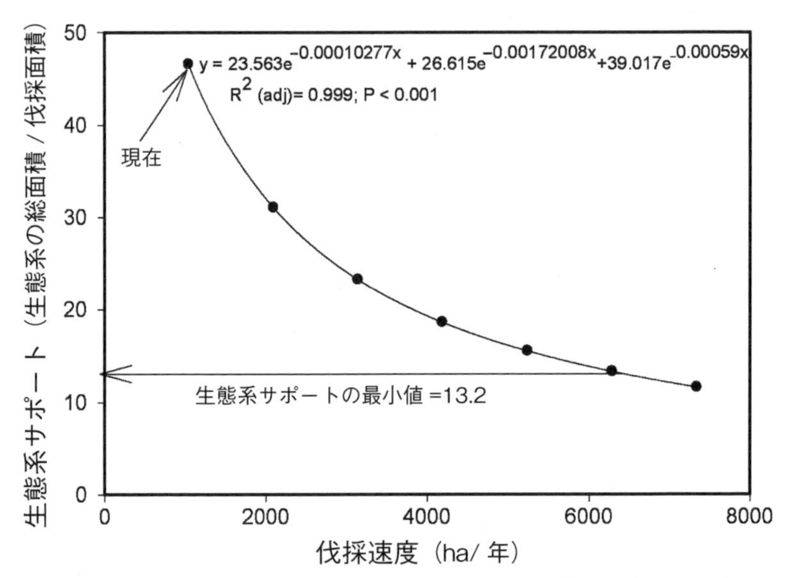

図6.13　マレーシアのMatangマングローブ林保護区における、木材伐採速度の増加に伴う生態系サポートの指数関数的な低下を予測したシミュレーション結果（Alongi 2005bを更新）

求めることができ、この係数の単位はha/トンとなる（図6.14）。最大伐採速度の時、1トンの木材生産をサポートするのに必要な生態系面積は0.46 haとなる（図6.14）。現在およびその倍の伐採速度の場合、伐採される木材1トンをサポートするのに必要な生態系面積は、それぞれ2.8および1.4 haとなる（図16.14）。陸域の森林を対象とした同じような計算では、1.0–5.7 ha/トンという値が得られており（Chambers et al. 2000）、マングローブ伐採による生態系動態が他の森林生態系のそれと似ていることが分かった。

前述のように、持続可能な水産養殖を支えるために必要なマングローブ生態系の面積を推定した研究例はほとんどない（Robertson and Phillips 1995; Larsson and Padilla 1999）。エビ池排水がマングローブに及ぼす影響を調べたRobertson and Phillips（1995）は、排水が森に直接流れ込む場合、1 haのエビ池から流れ出る窒素とリンを完全に同化するには2–22 haの森が必要であることを示した。半集約的な養殖池は、集約的なそれよりも少ない森林面積で事足りる（マングローブ：養殖池＝2–3:1）。集約的な養殖池では、NとPを完全に同化するためにはそれぞれ、7:1と22:1の面積が必要とされる。コロンビアの半集約的なエビ養殖池では、養殖池1 ha当たりマングローブ生態系

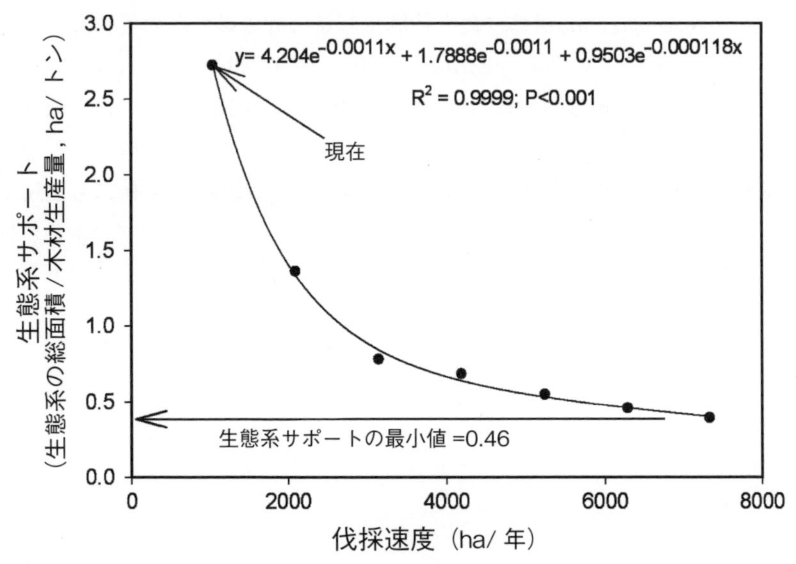

図6.14　マレーシアのMatangマングローブ林保護区における、木材伐採速度の増加に伴う生態系サポートの指数関数的な低下を予測したシミュレーション結果（Alongi 2005bを更新）

が35-190 haも必要なことが分かった（Larsson et al. 1994）。これは、エビ資源を支えるために必要な一次生産の80％以上が隣接する生態系に由来するためである。マングローブ生態系内での養殖は、最も資源集約的なシステムのひとつであり、持続不可能であると考えられる。

タイとマレーシアのマングローブ開発における物質収支の推定は、経験的データに基づく比較的単純なモデルによって、絶対的ではないものの資源の最大持続生産量を定量化することができることを示した。管理の現場では、持続的生産と生態系サポートの上限を見極めるための比較的単純で実践的なアプローチが求められる。管理計画を立てる際、物質収支モデルを他の情報から切り離して利用することはできない。例えば、物質収支の反復的な調整では、生態系構成要素間のリンクやフィードバックを考慮していない。伐採速度の変化は、残材など有機物の流出量に影響し、さらに微生物呼吸による炭素放出速度にも影響することはほぼ確実である。そうした相互作用を考慮するには、より複雑なモデルを用いてより洗練させなければならない。

タイ南部における最初の研究例は、物質収支計算の精密さがどうであれ、粗放的なマングローブ開発がどのような結果をもたらすのかを明確に示している。マレーシアの例は、マングローブでの持続的木材生産の成功例で、他の*Rhizophora apiculata*植林の最大持続生産量の評価のための貴重な教訓となった。マレーシアの*Rhizophora apiculata*の生態系サポートは、2.76 ha/トンであった。この値は陸域の人工林で推定されている1-5 ha/トンの範囲内にある（Chambers et al. 2000）。この類似性は、同じような林齢や成長速度の陸域樹木種の伐採・管理手法は、*Rhizophora apiculata*人工林にも適用できることを示している。ここに示してきたように、マングローブの多くの生態系機能は、隣接する水域よりは陸域の森林のそれと似ているようである。

第7章　結論

7.1　グローバルな視点から

7.1.1　物質収支とその意義

1990年代以降、マングローブの機能的重要性をグローバルな視点から位置づける多くの試みがなされてきた（Twilley et al. 1992; Saenger and Snedaker 1993; Gattuso et al. 1998; Jennerjahn and Ittekkot 2002; Borges 2005; Duarte et al. 2005; Dittmar et al. 2006; Alongi 2007; Bouillon et al. 2007a）。この本で計算してきた各炭素プロセスの平均フラックスに基づいて、現時点における、世界のマングローブ生態系における炭素フローの主要経路をまとめた（図7.1）。このモデルは、他の収支モデルのように絶対的なものではないし、何かを示唆するものであるにすぎない。ただ願わくば、グローバルな炭素循環に対して

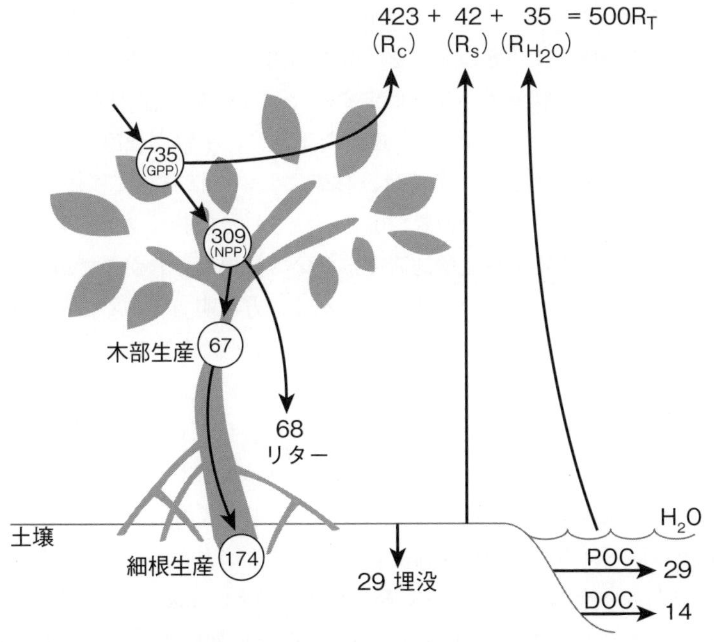

図7.1　世界のマングローブ生態系における主要な炭素フローのモデル。数字の単位はTg C/年。このモデルでは、世界のマングローブ生態系の面積を16万 haと仮定

どれが特に重要なフローで、将来どの分野の研究に注力すべきかを特定するのに資するものでありたい。二次生産や底生一次生産などのプロセスは、収支に含まれていない。

マングローブ生態系における最大の炭素フローは、樹木-大気間にあり、GPPの半分以上は樹木呼吸によって消費される。NPPはリター生産と木部生産から成り、それぞれNPPの約20%を占める（Bouillon et al.（2007a）の推定値と同じ)。一方、細根生産はNPPの約50%にも達する。ただし、この値はまだ定まっていない。先に指摘したように（2章5.2)、マングローブにおける細根生産の測定例は非常に少ない。地下部生産は主要な生態系プロセスであり、より多くの現場での測定が必要であることを強調したい。樹冠呼吸、土壌呼吸、海洋呼吸を合わせた生態系呼吸は500 Tg C/年で、これはGPPのほぼ70%に相当する。炭素の埋没速度は平均29 Tg C/年で、NPPの約10%に当たる。POCとDOCの流出は平均43 Tg C/年で、NPPの10-15%に当たる。

炭素の流入量から流出量を引いて導き出されたNEPは、160 Tg C/年であった。主要な流出入（特に樹木の成長）が全て含まれているとして、この値は何を意味しているのだろうか？Bouillon et al.（2007a）は、同じような計算をし、この値（112 Tg C/年）を「行方不明」のマングローブ生産とした。そして、森林が定常状態であると仮定すると、この値は沿岸域へのDIC流出である可能性を示唆した。6章3.2で述べたように、土壌有機態炭素の無機化によって生じる無機態炭素の多くは、林床において横方向に移動している。したがって、これは合理的な仮説である。こうした独特なフラックス成分は、潮間帯生態系での生物地球化学的研究において見過ごされがちである。私自身の研究の多くも、相当量の無機態炭素が「行方不明」であることを示している（例えばAlongi（2001))。実際の土壌炭素の無機化速度は、表層土壌からのCO_2放出の測定値のみよりも高くなると考えられる。こうした仮説は、以下の事実から支持される。(1) 土壌微生物活性は、1 m以深の土壌でもなお高い。(2) 潮汐サイクルによって、海岸線の形態によっては、下げ潮時に土壌間隙水が顕著に側方移動する。(3) 個々の炭素代謝測定の合計値は、土壌表面から得られる総炭素代謝速度よりもしばしば大きくなる。これは、特に潮差が大きい干潟環境においてみられる（例えばAlongi（2001))。ここではマングローブが急崖上に位置していて、多量の間隙水が流出入している（Woodroffe 2003)。

多くの生態系プロセスは、測定例が少なく、ばらつきも大きい。また、いくつかのプロセスが物質収支に含まれてさえいないことも、マングローブの生産性の一部が「不明」である理由のひとつである。そうしたプロセスとして、動物による生産と呼吸、ウイルス忌避、代謝維持や共生、炭素を利用する他のもっと繊細なメカニズム等が含まれる。他の水域生態系では、多くの生物は、余剰炭素を適応度の最大化のために利用していると考えられる。しかし余剰炭素を、有機または無機の形態で捨ててしまっているケースもある(Hessen and Anderson 2008)。マングローブ生態系も、そのケースの一つであろう。実際、巨大な細根生産の推定値(174 Tg C/年)が正しければ、こうした細根の速い代謝・回転速度は余剰炭素の推定値(160 Tg C/年)とほぼ等しくなる。

マングローブでは炭素が、側方の移流輸送によってリターや土壌間隙水の形態で失われてゆく。そのため陸域の森林とは異なり、マングローブが根系発達に多くを投資するのは進化的視点に立っても理にかなっている。地下部への高い炭素配分は、陸域の森林にはない炭素流亡を相殺することができる。熱帯雨林における栄養塩の再利用の主要経路は、薄い土壌腐植層における速い葉リター分解である。一方、マングローブ林におけるそれは、潮汐が強く排水される地下深部(土壌表層ほどではないが)における根と微生物間の緊密な循環である。さらに、マングローブ林にみられる大量の枯死根は、潮汐による炭素損失を減らすための再利用経路において非常に重要な投資であると考えられる。このように、非常に動的な環境において森林を維持することは、明らかにエネルギーコストがかかる。

7.1.2 海洋炭素循環におけるマングローブの寄与

図7.1の炭素収支が合理的であるとすると、マングローブ生態系は海洋炭素循環に対してグローバルレベルでどの程度寄与しているのだろうか?まず、炭素埋没速度へのマングローブの寄与を見てみよう(表7.1)。これは、Duarte et al.(2005)の表3を更新したものである。様々な植生やエスチュアリにおける炭素埋没速度の寄与率が、それらの面積比に比べて著しく高いことが分かる。マングローブ土壌の炭素埋没速度は、その面積比と対して24倍も大きい。これは塩性湿地(18倍)、藻場(11倍)、植生のないエスチュアリ(5倍)よりも大きい。世界の大陸棚には、その面積と比べて炭素はわずかしか貯留

されていない。多くの地域にみられるマングローブ泥炭は、マングローブが地下に大量の炭素を貯留する明瞭な証拠である。マングローブ樹木の地上部にも炭素が貯留されている。発達したマングローブ林であれば特に、地上部バイオマスに大量の炭素が蓄積されていると考えられる。

マングローブの代謝バランスを他のハビタットと比較してみよう。再度Duarte et al.（2005）の表3を更新したものを見ると（表7.2）、マングローブは世界の沿岸面積の約0.5%しか占めていないにも関わらず、GPP、NEP、Rはその5-6%をも占めており、グローバルな炭素循環に対し著しく高い寄与をしている（寄与度そのものは小さい（5-6%））。

他の熱帯雨林の炭素フローと比較するとどうだろうか。マングローブ林における同化炭素は、湿潤熱帯の常緑広葉樹林と比べて、細根生産により多く、葉生産には少なく、木部生産にはやや少なく配分される（表7.3）。マング

表7.1　マングローブとその他の沿岸生態系が全球レベルの炭素埋没速度に占める割合（Duarte et al. 2005を更新）

ハビタットタイプ	面積（10^{12} m^2）	埋没速度（g C/m^2/年）	炭素埋設の世界平均（Tg C/年）
マングローブ	0.16（0.5%）	181.3	29.0（12%）
塩性湿地	0.4（1.4%）	151	60.4（25%）
藻場	0.3（1%）	83	27.4（11%）
エスチュアリ	1.8（6.2%）	45	81.0（33%）
大陸棚	26.6（90.9%）	17	45.2（19%）
合　計			243

表7.2　マングローブとその他の沿岸生態系が全球レベルの炭素代謝に占める割合（Duarte et al. 2005を更新）

ハビタットタイプ	面積 10^{12}m^2	R		GPP		NEP	
		g C/m^2/年	Tg/年	g C/m^2/年	Tg/年	g C/m^2/年	Tg/年
マングローブ	0.16	3,125	500	4,594	735	1,012.50	163
塩性湿地	0.4	2,010	804	3,595	1,438	1,585	634
藻場	0.3	692	228	1,903	628	1,211	400
大型藻類	1.4	2,116	2,962	3,702	5,183	1,587	2,221
サンゴ礁	0.6	1,572	943	1,720	1,032	148	84
無植生の堆積地	23.9	83	1,992	68	1,624	−15	−370
世界の沿岸生態系の合計	26.76		7,429		10,640		3,132
マングローブの割合	0.6%		6.7%		6.9%		5.2%

表7.3　マングローブと陸域湿潤熱帯林における主要な炭素フラックス（g C/m²/年）の比較（陸域のデータはLitton et al. 2007, Luyssaert et al. 2007）。a：DIC流出はNEPと仮定

プロセス	略　称	マングローブ林	湿潤熱帯林
総一次生産	GPP（gross primary production）	4,596	3,551
純一次生産（GPPに占める割合）	NPP（net primary production）	1,930（42%）	852（24%）
葉生産（NPPに占める割合）	fNPP（foliage NPP）	425（22%）	316（37%）
木部生産（　〃　）	wNPP（wood NPP）	419（22%）	212（25%）
根生産（　〃　）	rNPP（root NPP）	1,086（56%）	324（38%）
純生態系生産	NEP（net ecosystem production）	1,018	403
生態系呼吸	Re（ecosystem respiration）	3,125	3,061
独立栄養呼吸	Ra（autotrophic respiration）	2,644	2,323
従属栄養呼吸	Rh（heterotrophic respiration）	481	877
生態系呼吸/総一次生産	Re/GPP（Re/GPP）	0.68	0.88
		0.90[a]	

ローブ林が潮汐にさらされ嫌気的土壌上に成立することを考えると、これは機能的かつ進化的に意味がある。ただ、なぜマングローブ林の方が陸域の森林よりも従属栄養呼吸が低いのかは難しい問題である（Perry et al. 2008）。しかし、NEPの残りの炭素（先述の「行方不明」の炭素）のほとんどが実際には土壌微生物呼吸であるなら、この問題そのものが成り立たない。もしそうなら、従属栄養呼吸とR/GPP比は森林タイプ間で変わらなくなる（そのNEPが「行方不明」のDICとすればマングローブで0.90、陸域の森林で0.88）。しかし、マングローブにおけるGPPに対するNPPの比は、依然として陸域の森林よりも大きい。それぞれの森林タイプ内でのデータのばらつきの大きさを考えると、マングローブと陸域熱帯林で炭素配分が似るのは当然であろう。

7.2　マングローブ林のエネルギー動態において最も重要な事実

私達がこれまで見てきたマングローブ林のエネルギー動態について、その最も重要な事実の数々をリストにしてみたいと思う。

・マングローブ林の地上部バイオマスは、平均247.4 トン/haで、陸域熱帯林の世界平均に等しい。

・ほとんどの栄養塩は土壌に、次いで枯死根に貯蔵されている。大きな枯死根プールは、栄養塩の地下部への貯留に寄与している。

・マングローブは保守的な水利用特性を示し、他のC_3植物よりも水利用効率

が高く、蒸散速度と気孔コンダクタンスは低い。水利用を小さくする（水を多く保持する）ことと光合成速度を高くする（気孔を開いてCO_2を獲得する）ことの間には、機能的なトレードオフがある。

・最大光合成速度は、しばしば25 μmol CO_2/m^2/秒を超えるが、おおむね5-20 μmol CO_2/m^2/秒で、比較的少ない光量で光飽和する。マングローブ樹種の光合成速度の中央値は、陸域の耐陰性の低い樹種のそれより若干高い（それぞれ、13および12 μmol CO_2/m^2/秒）。

・マングローブ葉の暗呼吸速度は0.2-2.0 μmol CO_2/m^2/秒、光合成/呼吸比率（P/R比）は3.4-12.2で陸域熱帯林の上限近くにあたる。

・マングローブのdbh（胸高直径）成長速度は、種や齢によらず0.1-1.8 cm/年である。

・マングローブの地上部純一次生産（ANPP：aboveground net primary production）は、平均で11.13 トン/ha/年である（炭素換算だと、材の炭素含量を48%と仮定すると44.52 mol C/m^2/年）。陸域の森林のANPPは、平均で11.93トン/ha/年である。したがって、マングローブのANPPは陸域熱帯林とほぼ同じである。

・マングローブは一般に、窒素、リン、あるいは窒素およびリンの制限を受けている。その規定要因として、潮間帯上の位置、種組成、陸水の流入、土壌肥沃度や土性、酸化還元状態、塩分が挙げられる。

・マングローブ葉の窒素再吸収効率は、他の森林のそれの上限付近である。一方、リン再吸収効率は、陸域の森林のそれの真ん中付近である。

・藻類生産は、発達した林分下では光制限によって低くなる。藻類生産は、樹冠が開けた富栄養環境下で特に高くなる。

・樹冠や地上根におけるマングローブ樹木と動物とのつながりは、樹木と花粉媒介動物との関係、樹木とアリ・チョウ・サル・鳥類との相互作用など非常に多様である。こうした相互作用が森林の生産性に及ぼす実際的な影響は、よく分かっていない。

・植食性昆虫は、樹冠バイオマスをわずかに減らすに過ぎないが（一般に10%未満）、林分全体を落葉させたという報告もある。

・マングローブ根の表在性生物群集は、潮汐水が藻類の光合成が可能なくらい透明である場合に特に多くなる。こうした多様で変化に富む表在性群集は、しばしば支柱根上で高いバイオマスを維持し、根の成長・生産を促進していると考えられる。しかし、生態系のエネルギー動態における重要性を示した研究はほとんどない。

・潮汐と波のエネルギーは、マングローブ・エスチュアリにおいて外部からの供給を起因とするエネルギー補償を構成する。潮差は世界的にみると場所により大きく異なるものの、ほとんどのマングローブ水路における潮汐循環は、強い下げ潮と弱い上げ潮という顕著な非対称性によって特徴付けられる。この非対称性は、潮汐流路の自己洗堀を引き起こす。このように、植生–流れ–堆積作用の間にはフィードバックがある。このフィードバック機構は、マングローブへの人為影響を考える上で重要である。

・マングローブ林内への水の側方トラッピングは、マングローブ水路における流れ方向の混合を制御する主要プロセスである。このトラップ現象は、エスチュアリを出入りする水の一部が主水路に戻ろうとする時に一時的に森林内に留まる現象である。マングローブ・エスチュアリでは、一次潮汐循環に重ねて二次循環のパターンが存在する。この現象は、頻繁に観察される散布体を含む浮遊マングローブ破片が密度収束面にトラップされる原因となっている。

・倒木、根、樹木、他の粗大有機物、動物の巣穴、アナジャコの塚は、林内における潮汐流に抵抗となる。流体抵抗には主に、(1) マングローブ林への冠水の抑制、(2) マングローブ林内における水のトラップの促進、という2つの働きがある。

・カニや他の底生生物は、林床に多数の巣穴や構造物を作り出す。マングローブ林1 km^2内にある巣穴に流れる水の総量は1,000–10,000 m^3で、マングローブ林を流れる水量の0.3–3%に相当する。そのため水がよく出入りする巣穴というのは、根圏から効率的に塩分を除去する機能がある。穴内への塩分の拡散は、土壌表層における拡散よりも速い。

・いくつかのマングローブ林は、地下水の影響を受けている。この地下水は、根から排出されたり微生物分解の副産物として出てきたりする塩分が除去される主要経路であるため、生物にとっては有利になり得る。カニの巣穴や割れ目は、地下水の移動を促進している可能性がある。

・地下水由来の栄養塩がマングローブ水路の栄養塩動態に及ぼす影響度は、季節的に変化する。地下水の浸透は、酸欠状態の緩和、淡水の流入と塩分の希釈をとおして、樹木成長が制限されている環境下ではマングローブや他の植物の成長を促進する。
・マングローブは、強い波の作用をしばしば受ける。特に、外洋に面した湾やエスチュアリの縁に成立している森ではそうである。マングローブ林は、波と幹・根との相互作用と底面摩擦によって、波エネルギーを減衰させる。マングローブには、海岸線を侵食から守る効果がある。
・潮流とそれに続く水流の減衰によって、微細なセジメントが堆積する。マングローブにおける懸濁態セジメントの輸送は、相互作用するいくつかのプロセスによって制御されている。
・土壌堆積速度は<1 mm–数 cm/年で、淡水流入量の多い河川上に成立したマングローブ林、あるいは人為影響の強い流域内に成立したマングローブ林で最も速い。逆に、乾燥熱帯の外洋に面した湾やエスチュアリの縁に成立しているマングローブ林で最も遅い。
・マングローブの発達と海岸線の発達は、互いに関連しあっている。堆積地が形成され安定化すると、散布体が定着する。やがて、これらのパイオニア種は若齢林へと成長する。林分の発達に伴って光と空間をめぐる競争が起こり、森林の種組成と構造が変化してゆく。この過程には、局所的な樹木の死亡が林冠ギャップを形成する、ギャップ・ダイナミクスが伴う。土壌侵食の後には、続いて堆積が起こることが多い。侵食によって再移動したセジメントは、潮汐と潮流によって新しい堆積地が形成・安定化できるような場所にまで運ばれ、再堆積することでマングローブと海岸線の発達サイクルは完了する。
・マングローブ水路の水は、自己洗堀と土壌微粒子の懸濁や移動によって大抵とても濁っている。pH、酸素、DOM（特にポリフェノール化合物）の濃度の間には、関連性がある事が知られている。ほとんどのDOCは、植食者を忌避するためにタンニンと他のフェノール化合物を高濃度に含んだマングローブ葉から溶出したものである。こうした化合物は、微生物や光酸化、また物理的に急速に分解し、こうしたプロセスはその後のDOMの利用可能性に影響を及ぼす。ポリフェノール化合物は、糖、タンパク質、脂質、酵素と反応・結合して、こうした低分子物質を生物にとって利用可能性の低いものにする。
・古細菌、細菌、原生生物、ウイルスは、マングローブの漂泳区食物網のエネルギー動態において中心的な役割を占めている。DOMとエネルギーフローの大部分は、こうした非常に多様で、成長速度が速く複雑な栄養形態から成る群集、すなわち微生物ループを形成する捕食性の小型原生生物、あるいは漂泳区食物網全体でいえば微生物ハブを通って、やがて高次消費者へと移っていく。こうした群集のエネルギー動態に関する研究は、森林内におけるそれよりも遅れている。

・細菌プランクトンの生産性は、比較的原生的なマングローブ林と富栄養な場所の水域でそれぞれ0.1-22.0および10-91 g C/L/時である。それは、塩性湿地の値よりも高い（4-5 g C/L/時）。細菌プランクトンの増殖速度と生産性は、植物プランクトンの生産性を反映している。これは、微生物ループにおける重要な関係のひとつである。植物プランクトン生産に対する細菌プランクトン生産の比（平均で106%）は、他のエスチュアリ生態系よりも高い。これは、他の生態系には無い有機物ソース（マングローブ・デトリタスなど）が、細菌の成長を支えるのに必要であることを示唆している。

・微小動物プランクトン群集がマングローブの細菌プランクトンを大量に摂食することが、摂食実験から分かっている。

・植物プランクトン群集の種多様性は、しばしば低いことがある。原生的なマングローブ・エスチュアリでは、植物プランクトンの生産性は20-500 mg C/m^2/日、クロロフィル*a*量は<1-3.5 μg chl *a*/Lである。マングローブ水中における植物プランクトンは、バイオマスは少ないものの、その生産性は塩性湿地や温帯エスチュアリの値の中央-上限付近に位置する。植物プランクトンの生産性は、光、温度、栄養塩、植食者、物理的影響によって規定されている。栄養塩については、窒素よりもリンの制限を受けることが知られている。

・マングローブ水域は独立栄養で、P_G/R（総一次生産と呼吸の比）は平均1.8、標泳区の呼吸は0.1-3.5 g C/m^2/日で平均846.9 mg C/m^2/日である。この平均速度は、温帯・亜熱帯エスチュアリの平均値1,368 mg C/m^2/日よりも小さい。クロロフィル*a*濃度と呼吸速度との間には、やや弱いものの有意な相関関係が見られた。これは、微小な従属栄養生物と植物プランクトンが互いに関係していること、そして植物プランクトンが水柱の呼吸に強く寄与していることを示唆している。

・マングローブにおける動物プランクトンの個体数やバイオマスの時空間変動は、他の沿岸域の動物プランクトン群集のそれよりも大きい。マングローブにおける動物プランクトン群集の変動を規定する最も重要な要因は、塩分と潮汐である。ほとんどの動物プランクトンに関する研究は、個体数やエネルギー動態よりも群集構造を調べてきた。マングローブにおける動物プランクトンの二次生産は、数種類についてのみ調べられている。カイアシ類の優占種における卵生産速度は、0.8-51.4卵/雌個体/日で、他の海洋環境における値の上限付近にあたる。卵生産速度は、湿潤熱帯より乾燥熱帯の方が低い。温度以外の要因も（食物の入手可能性など）卵生産速度を規定する。

・動物プランクトンの食物に関する研究は、若齢期のエビに重点が置かれてきた。植物プランクトンやマングローブ由来の有機物が摂食されていることが最近分かってきたが、マングローブ林からの距離が離れるほど安定同位体分析から得られるマングローブ特有なシグナルは急速に減少する。動物プランクトンの中には、クリークや水路における懸濁物質の中から植物プランクトンのみを選択的に摂食するものがいる。アミ類は主に植物プランクトン、繊毛虫、鞭毛虫を摂食し、デトリタスは摂食しない。季節性や他の外的要因（栄養負荷など）は、プランクトン群集内の栄養関係において重要な役割を果たす。室内飼育実験により、カラナス目とキクロプス目のカイアシ類は藻類を食べるが、藻類にイワガニ類の糞を混合すると同化率が高まったことから、プランクトンと底生生物との間には繋がりがあることが分かった。

・クルマエビ類は、マングローブ・エスチュアリで得られる商業的に重要な甲殻類のほとんどを占める。クルマエビ類幼生は、マングローブ林域において周辺のハビタットより高密度に分布する。クルマエビ幼生は、珪藻、糸状藻類、着生藻類、デトリタスや付着微生物、有孔虫や他の多くの生物種を摂食する。こうした捕食により、底生藻類や植物プランクトン、より割合は少ないがマングローブ樹木そのものから炭素と窒素を得ている。炭素と窒素の獲得量に対する藻類とマングローブ樹木の寄与度は、マングローブ・エスチュアリからの距離に依存する。

・エビの生産量は、東南アジアのほとんどのマングローブ・エスチュアリにおいて、世界全体の中の上限付近にある（13-756 kg/ha/年）。世界各地のマングローブ域におけるエビの水揚げ量は、1950年の10万トン未満から1980年の30万トン近くまで4倍に増えた。2006年には20万トンにまで減っているが、明らかに乱獲であろう。

・魚類の種数はひとつのエスチュアリで<10-200種で、生態系が大きくなるほど種数も増える。魚の密度とバイオマスの時空間変動は、温帯エスチュアリのそれよりも大きい。最近の研究により、かつては「デトリタス」、「判別不能」、「不定形」とされていた魚の餌資源が明らかになってきた。その研究では、魚の胃内の不定形物質の多くが海草デトリタスであった。動物プランクトン食と雑食の幼魚が好む餌は甲殻類で、魚食魚と草食魚が好む餌はそれぞれ魚類と藻類である。いくつかの魚種はベンケイガニ類を積極的に捕食しており、これはマングローブにおける食物網の長さが従来考えていたよりも短いことを示唆するものである。このような「相互接続されたハビタット・モザイク」に生育していることは、魚類・甲殻類のマングローブへの直接依存の度合いに制限をかけることになる。この弱いが重要な繋がりは、漁獲データや統計分析にはなかなか現れてこない。

・マングローブ・エスチュアリにおける魚類の生産性は、17-1,646 kg/ha/年、多くの場合およそ数百 kg/ha/年で、クルマエビの生産性よりもやや大きい程度である。

・林床は、死んだサンゴ、巨礫、砂や泥まで様々である。発達した森林では、相当量の泥炭と細かい繊維状の根系が土壌を作り上げている。一方、河岸や河川堤防上のマングローブ林土壌は砂質である。林齢は、土壌発達（特に枯死根の増加による有機物の蓄積）の重要な規定要因である。先駆的森林から成熟林にかけて、土壌有機物含量とC：N比は陸域の森林と同じように増加する。土壌有機物は、リター、根と枯死根、樹木やマングローブ泥炭、多様な異地性由来物質（海草、他の塩生植物、河川上流からの陸生土壌や植物、動物の排せつ物、微生物バイオマス、海洋POM）の混合物である。

・底生生物群集は樹木と密接に関係していて、林床面より上に、潮間帯に沿って複雑な成帯構造（zonation）を形成している。腹足類（巻貝など）や甲殻類は、林床面に生息する主要な無脊椎動物である。彼らの密度や分布のパターンは、冠水頻度、食物、競争や捕食に規定されている。これまで多くの研究が、マングローブの底生生物の生活史を調べてきたが、それらの二次生産を調べた例は少ない。

・林床の葉リターの大部分は、イワガニ類やスナガニ類によって摂食されたり地下に隠されたりする。これによって、潮汐で運び去られるリター量は減り、栄養塩の保持機構の一つとして機能する。カニ類の葉リター消費速度は一般にかなり速いが、常にそうというわけでもない。消費速度は、カニとマングローブの種類、リターの栄養価、冠水頻度によって異なる。カニ類と他の底生生物間との競争も、葉リターの消費速度に影響を及ぼす。リターの破砕、摂食、同化は、基質の分解促進において重要である。葉リターの消費と排泄物の産生は、土壌への微生物定着を促進したり、基質の比表面積を大幅に増加させたりする。これらは、マングローブ食物網内のエネルギー・物質フローにおいて正のフィードバック・ループとして作用する。

・多くの森林においてカニ類や他の底生デトリタス食者は、全リターフォール量の約50%を最初に消費してしまう。残りの半分は潮汐によって流されるが、林内に残ったリターは多様な微生物相によってさらに分解される。細分化されたもののカニ類によって消費されなかった部分のリターは土壌に戻り、最終的に微生物によって消費される。また、大型消費者によってすぐに消費されないリターも同様である。マングローブの葉リターの微生物分解を調べた多くの研究には、いくつかの共通点が見られる。(1) 分解速度は、場所や樹種によって変わる。(2) 落葉分解は、潮間帯の方が潮下帯（潮間帯の最低標高よりも下の場所）よりも速い。(3) 落葉分解は、葉に水分が含まれている時のほうがより速い。(4) タンニン濃度が低く窒素濃度が高い樹種の葉は、分解が速い。(5) 落葉の分解速度は、同じ樹種であれば熱帯でも亜熱帯でも同じであるが、葉が強く乾燥したり高塩分にさらされる乾燥熱帯域ではより遅い。マングローブ土壌に堆積した葉リターの分解速度定数は、一般に指数関数式に従い、その値は0.001-0.1/日であった。

・マングローブで優占する底生生物は、巣穴を掘るイワガニ類とスナガニ類である。彼らは「エコシステム・エンジニア」と呼ばれ、次のような重要な生態系機能を持つ。(1) 巣穴内外での活発な物質の汲み上げや土壌の再活性化による、物質（液体、気体、固体）の再分配、(2) 潜在的な食物資源の摂取と、それに伴う土壌の状態（酸化還元など）の改変、(3) 巣穴による拡散ガス輸送や液体の受動輸送などを通した、物質運搬の仲立ち、(4) 有毒な代謝産物（H_2Sなど）の除去や酸素の土壌深部への導入を介した物質の反応性の変化、などが挙げられる。

・脂肪酸分析や安定同位体分析によって、多くの表在性・埋在性動物の食物は、マングローブ由来ではなく底生藻類、バクテリア、有機物やプランクトンであることが分かってきた。徘徊性の土壌動物の多くは実は藻類を好んで食べる、という新たな発見もあった。マングローブ・デトリタスは、いくつかの生物にとってはもちろん重要な食物源だが、おそらく栄養塩の保持や再利用においてより重要な役割を果たしている。

・マングローブ樹木は最終的には枯死して倒れ、林床に横たわる。この枯死木には、微生物と、潮に乗ってやってきたか既に林内にいた他の生物が急速に定着する。フナクイムシ類は、枯死木分解の主役のひとりで、分解を助けるセルロース分解菌や窒素固定菌を共生させている。エネルギー動態における枯死木分解の重要性はよく分かっていないが、大きいだろう。

・根の生産性と分解性を調べた研究はほとんどない。ごく小数の研究から、地下部根系の分解速度は他の樹体構成要素よりも遅いことが分かった(0.06-0.34 %/日)。この分解速度の遅さは、多くのマングローブ林において泥炭が形成されることの理由の一つである。泥炭形成は、栄養塩保持のもうひとつのメカニズムである。

・マングローブの一次生産が高いのは、高度に進化した独特な生理メカニズムだけでなく、土壌微生物との効率的な相互関係のおかげでもある。古細菌、細菌、真菌、原生生物は、彼ら自身の代謝活性、栄養塩の変換や放出、土壌化学性の改変などを介して、マングローブ根圏の微環境を変化させる。樹木と微生物は制限元素を共有するため、微生物と樹木との関係は複雑である。マングローブ樹木の栄養塩利用効率は、他の熱帯樹種と同等かそれより高い。これは、栄養塩の微生物分解と樹木による吸収が速いことを意味している。マングローブ-微生物関係は、根圏においてよく観察されてきた。根圏内では、高度に特殊化した古細菌、細菌、原生生物、菌類の一群が共存している。

・林床における土壌呼吸は、林床における有機物分解の全体像を示す良い指標とは言い難い。実際には、下げ潮時の側方輸送による流亡や、地下深部における高い呼吸速度のために、ごく表層の有機物分解を表しているに過ぎないと考えられる。林床での酸素とCO_2フラックスはそれぞれ50.6 ± 2.2と60.1 ± 1.5 mmol/m^2日で、呼吸商は1.5未満である。

・好気呼吸と嫌気性の硫酸還元は、マングローブ土壌における主要な分解経路である。酸素は土壌表層の数mm深で激減してしまうので、嫌気的代謝が卓越する。硫酸還元速度の範囲は0.2–319.0、平均は36.2±6.1 mmol S/m^2/日である。マングローブ土壌の硫酸還元速度は、多くの塩性湿地よりも低いようである。約35年生以上の*Rhizophora apiculata*林では硫酸還元速度が減少していたことから、そうした発達した林分では他の代謝経路が卓越していると考えられる。鉄還元（20.6–63.4 mmol C/m^2/日）は重要だと考えられるが、様々な森林から詳細な測定値をもっと多く得る必要がある。

・メタン生成は、マングローブ土壌における微生物炭素分解のわずかな割合（1–10%）を占めるにすぎない。メタン生成量は一般に低く（0.1–5.1 mmol CH_4/m^2/日）、変動が大きく、検出されない森もある。汚染のひどいマングローブ土壌では約60 mmol CH_4/m^2/日、亜熱帯マングローブの夏季に最大30 mmol CH_4/m^2/日という値を観測したケースもある。メタン生成は、樹体内や樹体上でも起こるため、炭素フラックスにおけるその重要性は過小評価されている。

・マングローブ水路は、CH_4、CO_2、他の温室効果ガスの発生源である。マングローブ水路とその沿岸域における水–大気間でのCO_2フラックスに関する研究から、海洋における有機物の無機化とその後の大気へのCO_2放出が、重要な炭素放出経路であることが分かってきた。マングローブ水域におけるCO_2フラックスは平均43–73 mmol C/m^2/日で、これは熱帯・亜熱帯海域からの総CO_2放出量の7%、世界の沿岸域からの約24%に相当する。潮汐水は、大気中濃度と比較して、CH_4、CO_2、N_2Oが過飽和の状態にある。CH_4放出速度は、きれいな水の3.3–10.4 mmol CH_4/m^2/日から汚染されたマングローブの5,216 mmol CH_4/m^2/日まで様々である。N_2O放出速度は2.9–31.2 μmol/m^2/日である。これらの気体の放出速度はマングローブ林からよりもクリーク水からの方が大きいことから、マングローブはこれまで考えられていたよりもこれら気体の大きなソースかもしれない。

・インド–西太平洋地域の3つのマングローブ林における窒素収支の研究により、土壌中の有機態窒素の大部分がアンモニア化されることが分かった。藻類は窒素動態において重要で、これは土壌–水境界を通過するDINフラックスのほとんどが藻類マットを経由するためである。窒素は土壌にほとんど埋没していかない。NH_4^+の大部分は、樹木根から取り込まれていると考えられる。これは、水柱からの溶存態Nの取り込み量が、マングローブの純一次生産に要するN量の9-10%に過ぎないことから分かる。アンモニア化成速度は、窒素流入の速度と相関する。土壌窒素の無機化や埋没の効率は、窒素流入と相関しない。しかし、無機化効率の範囲は67-92%と狭かった。窒素埋没効率は4-31%の広い範囲を示すが、ほとんどの場合15%未満である。

・脱窒速度は0-11,000 μmol N/m^2/日で、その平均は1,532 μmol N/m^2/日である。測定値は測定手法に強く依存するため、これらの値は慎重に扱う必要がある。マングローブにおける脱窒は、窒素の流出経路としては、他の水域生態系よりもそれほど重要ではないようである。脱窒速度は、硝酸の利用可能性、温度、塩分、土壌有機物含量によって規定される。

・脱窒による窒素損失が、窒素固定で相殺されることはない。マングローブ土壌は、根圏における硫酸還元菌などの微生物の働きによって、窒素固定速度は低い。窒素固定速度は0-4,316 μmol N/m^2/日で、平均が616 μmol N/m^2/日である。この速度は脱窒よりも遅く、また塩性湿地や藻場よりも遅い。しかし窒素固定細菌は、支柱根、リター、新葉、樹皮、幹上でとても活発である。根圏にいる窒素固定細菌は現在、マングローブ林再生において樹木成長を促進するために使用されている。

・亜酸化窒素（N_2O）は、硝化と脱窒の中間生成物で、高い地球温暖化係数を持つガスである。マングローブ土壌からのN_2O放出速度は、検出不能、正味の吸収、最大330 μmol/m^2/日の放出まで様々である。

・マングローブ土壌におけるリンの変化はよくわかっていない。マングローブによる可溶性リンの吸収には、菌類-樹木根の間の共生関係が関係している。マングローブ根圏のアーバスキュラー菌根菌は、樹木根へ送られてくる酸素の恩恵を受けている。いくつかのマングローブ樹種の根にみられる小胞（栄養貯蔵器官）は、菌根菌共生が栄養吸収に寄与していることを示唆している。リン可溶化細菌は、根や真菌と結びついていて、リン酸を放出し、やがてリンは菌糸に吸収されたり根に直接吸収されたりする。

・マングローブから流出するデトリタス量には、森林の純一次生産、潮差、流域に対するマングローブの面積比率、水の側方へのトラップ、塩分極大域による水塊の隔離、マングローブの総面積、暴風雨の襲来頻度、降雨量、水交換量、カニや他のリター食者の活動度などが影響する。要因の数や性質は、地域それぞれで特有である。栄養塩を「流出」させているマングローブ林もあれば、そうでない森もある。マングローブからの流出には明確なパターンがあるが、この流出物が沖合の食物連鎖における栄養補償にどのような役割を果たしているのかはよく分かっていない。概要は分かってきてはいるが、マングローブが影響する範囲は海岸から数kmに過ぎない。

・6つのマングローブ生態系でのマス・バランス法による推定から、以下のことが分かった。(1) マングローブ生態系は独立栄養で、P/R比（光合成/呼吸速度の比率）は平均で1.6である。(2) GPP（総一次生産）とNEP（純生態系生産）は平均でそれぞれ383および139 mol C/m^2/年であった。(3) これらのマングローブ生態系は、純一次生産量（NPP）の2-25%に当たる有機態炭素を流出している。(4) 林冠呼吸は、GPPの58%を占める。このデータは葉呼吸のみであり幹・根呼吸を含まないため、この値はより高くなるだろう。(5) 土壌や水柱における呼吸は、林冠呼吸よりも少ない。(6) 地下に埋没されていく炭素量は、全インプット量の1-4%と比較的少ない。

・これら6つの生態系では、NEPと潮差の間に強い正の相関があったことから、NEPの規定要因として潮汐が重要であると考えられる。

・生態系全体の窒素収支が分かっているのは、オーストラリア北部のHinchinbrook島のマングローブだけである。その収支計測から、窒素が系内に入る主な経路は、(1) 窒素固定、(2) 潮汐交換、(3) 降雨であることが分かった。潮汐交換は、リター流出をとおして窒素を流出させる。より影響度は低いものの、脱窒、そして森林や河川堤防への堆積も窒素を流出させる。窒素はこれらの生態系内でかなり良く保持されているため、窒素収支は概ねバランスを保っていると考えられる。

・マングローブ生態系における鉄、カリウム、ナトリウム、マグネシウム、カルシウム、亜鉛、銅、マンガン、バナジウムなどの必須元素の動態に関する情報はほとんどない。中国のマングローブにおける研究では、リターフォールを介したいくつかの元素の回転時間は、マングローブ林の方が多くの陸域の森林よりも速いことが分かった。ある元素の回転時間は、林齢よりも一次生産速度とより強く相関する。

・マングローブのシミュレーションモデルとその感度分析から、以下のことが分かった。(1) デトリタス、栄養塩類、樹木バイオマスは、潮汐の影響をとても受けやすいことが分かった。中でもデトリタス・フローは、最も顕著に影響を受けていた。(2) 樹木バイオマスに最も強い影響を与えるのは陸源物質の流入で、二次的には太陽放射である。(3) 微生物炭素フローにおいて、マングローブの生産性の方が食物連鎖の動態よりも重要である。(4) 大部分のエネルギーフローが、低次の栄養段階で回っていることを示している。(5) プランクトンの一次生産が高い系では、食物連鎖を駆動しているのは植食性動物プランクトンである。植物プランクトンが固定した炭素の半分は、より高次の栄養段階にすぐに消費されるのではなく、デトリタス・プールへと流出する（その多くは魚類や他の大型消費者に直接消費される）。(6) ラグーン-マングローブ生態系は生産性が非常に高い一方で、マングローブ植物以外の独立栄養生物も栄養動態において大きな役割を果たしている。(7) より開放的な河川型エスチュアリでは、マングローブはエネルギーフローにおいて主要な役割を果たしている。

- マングローブの原生林と二次林のモデル研究によって、生食と腐食の経路は等しく重要であること、人為撹乱が藻類の一次生産、植食性動物プランクトン、メイオファウナの重要性を相対的に増加させること、などが分かった。原生林における底生生物群集は、よりデトリタス・ベース、つまりリターにより依存していた。単位時間・面積当たりのエネルギーフラックスは、原生林のほうが二次林よりもずっと高く、呼吸による損失割合も二次林の方が大きい。相対的に多くのエネルギーが健全な生態系から流出入しており、比較的多くのエネルギーがリサイクルされている。
- 生態経済学モデルの研究から、以下のことが分かった。(1) マングローブ面積のわずかな変化でさえ、漁獲量に大きな影響を及ぼす。(2) マングローブを開発しないことが、長期的には、様々な利用者間で相反するニーズに最善の結果をもたらす。(3) 多くの地域では、現在の木材生産や漁業のためのマングローブ開発は持続不可能である。
- 経験的データに基づく比較的単純なモデルによって、資源の最大持続生産量を定量化することができる。持続的に木材を生産するには、伐採後の森林の成長や維持に必要な「生態系サポート」のレベルについて理解する必要がある。マレーシアのMatang保護区における生態系サポート（伐採された森林面積1 haあたりの総生態系面積）は、46.6 haである。現在の伐採速度の場合、伐採される木材1トンをサポートするのに必要な生態系面積は2.8 haである。陸域の森林を対象とした同じような計算（1.0–5.7 ha/トン）

から、マングローブ伐採による生態系動態は他の森林生態系のそれと似ていることが分かった。
・マングローブ生態系におけるグローバルレベルの炭素動態モデルから、以下のことが分かった。(1) 最大の炭素フローは樹木-大気間にあり、GPPの半分以上は樹木呼吸によって消費される。(2) NPPの約40%はリターフォールと木部の生産に、残りの60%は根の生産に分配される。(3) 生態系呼吸は500 Tg C/年で、これはGPPのほぼ70%に相当する。(4) 炭素の埋没速度は平均29 Tg C/年で、NPPの約10%に当たる。(5) POCとDOCの流出は平均43 Tg C/年で、NPPの10-15%に当たる。(6) NEPは平均160 Tg C/年である。しかし、主要な流出入量の全てがすでに計上されていることを考えると、この過剰な炭素は、干潮時の土壌からの排水によるDICの流出を表している可能性がある。(7) 巨大な細根生産の推定 (174 Tg C/年) が正しければ、こうした細根の速い代謝・回転速度はこの余剰炭素の推定値とほぼ等しくなる。(8) マングローブは、沿岸海域の炭素埋没において特に重要である。マングローブにおける炭素埋没速度は、その面積比に対して24倍も大きく、この値は塩性湿地 (18倍)、藻場 (11倍)、植生のないエスチュアリ (5倍) よりも大きい。(9) マングローブは世界の沿岸面積の約0.5%しか占めていないにも関わらずGPP、NEP、Rはその5-6%をも占めており、グローバルな炭素循環に対し著しく高い寄与をしている (寄与度そのものは小さい (5-6%))。

7.3 エピローグ

マングローブ林は、沿岸の同じような場所に成立する塩性湿地よりもむしろ、湿潤熱帯の常緑広葉樹林と多くの点で似ているようにみえる。

熱帯潮間帯にみられるこの森は、本当にユニークな生態系である。本書の一貫したテーマは、マングローブの構造や機能はユニークであること、特に陸と海両方のバイオーム由来の属性を持つという突出した特徴をもつことを示すことであった。塩水で成長・繁殖できる唯一の木本植物であるこれらの樹木は、潮位差の大小にかかわらず、砂礫地から見渡す限りの広大な泥炭地まで、熱帯沿岸域の様々な環境に豊かな森を形成している。かつては樹高20-25 m以上に達する豊かなマングローブ林がたくさん見られたが、現在では海岸に孤立してしまっているのを見ることしかできず、悲しみに堪えない。

私がまだ若かった頃、パプアニューギニアのFly Riverデルタで*Bruguiera*と*Rhizophora*の広大な森を見て驚嘆したことを、今でもよく覚えている。その森には、あふれんばかりの生命力があった。その壮麗さと生物多様性は、他の多くの熱帯雨林と比肩する。この森の中に立つと、その巨大さ、美しさ、力強いオーラに、深い畏敬の念を抱く。現在この森の多くは、富裕国の各家庭で使われる外国産広葉樹材として伐採され、無くなってしまった。

しかし、すべてが失われたわけではない。生物多様性の一部は決して回復することはないが、単一樹種から成る森や最初は多様性が低かった森も、やがては植林に成功するだろう。最初にうまく育てられその後も開発を免れれば、こうした再生林もその失われてしまった多様性や壮麗さをやがて取り戻すかもしれない。マングローブ生態系が原生的か人為・自然撹乱を受けているかどうかに関わらず、本書で述べた機能的プロセスは、この重要な潮間帯生態系を特徴付けるものであり続けるだろう。

引用文献

Aber JD, Melillo JM (2001) Terrestrial ecosystems, 2nd edn. Harcourt, San Diego, CA

Aerts R, Chapin III FS (2000) The mineral nutrition of wild plants revisited: A re-evaluation of processes and patterns. Adv Ecol Res 30:1–67

Aksornkoae S, Panichsuko S, Saraya A, Pinichchat S, Mongkolmol C, Jintana V, Krachivong J, Kongsangchai J, Srisawatt W, Boromthanaratana S, Aguru V, Jintana N, Kooha B, Chungpivat V (1989) Inventory and monitoring on mangroves in Thailand. Final report to the ASEAN-Australia cooperative programme on marine science: Living resources in coastal areas with emphasis on mangrove and coral reef ecosystems, pp 1–112. Bangkok, Thailand

Albright LJ (1976) In situ degradation of mangrove tissues. NZ J Mar Freshw Res 10:385–389

Alfaro AC, Thomas F, Sergent L, Duxbury M (2006) Identification of trophic interactions within an estuarine food web (northern New Zealand) using fatty acid biomarkers and stable isotopes. Est Coast Shelf Sci 70:271–286

Allen DE, Dalal RC, Rennenberg H, Meyer RL, Reeves S, Schmidt S (2007) Spatial and temporal variation of nitrous oxide and methane flux between subtropical mangrove sediments and the atmosphere. Soil Biol Biochem 39:622–631

Allen JA, Ewel KC, Keeland BC, Tara T, Smith III TJ (2000) Downed wood in Micronesian mangrove forests. Wetlands 20:169–176

Allison MA, Kepple EB (2001) Modern sediment supply to the lower delta plain of the Ganges-Brahmaputra River in Bangladesh. Geo-Mar Lett 21:66–74

Allison MA, Nittrouer CA, Faria LEC (1995) Rates and mechanisms of shoreface progradation and retreat downdrift of the Amazon River mouth. Mar Geol 125:373–392

Alongi DM (1989) The role of soft-bottom benthic communities in tropical

mangrove and coral reef ecosystems. Rev Aquat Sci 1:243–280
Alongi DM (1994) Zonation and seasonality of benthic primary production and community respiration in tropical mangrove forests. Oecologia 98:320–327
Alongi DM (1996) The dynamics of benthic nutrient pools and fluxes in tropical mangrove forests. J Mar Res 54:123–148
Alongi DM (1998) Coastal ecosystem processes. CRC Press, Boca Raton, FL
Alongi DM (2001) The influence of mangrove biomass and production on biogeochemical processes in tropical macrotidal settings. In: Aller JY, Woodin SA, Aller RC (eds) Organism-sediment interactions, pp 223–241. University of South Carolina Press, Columbia
Alongi DM (2002) Present state and future of the world's mangrove forests. Environ Conserv 29:331–349
Alongi DM (2005a) Mangrove-microbe-soil relations. In: Kristensen E, Haese RR, Kostka JE (eds) Interactions between macro-and microorganisms in marine sediments, pp 85–103. American Geophysical Union, Washington, DC
Alongi DM (2005b) A simple mass balance framework for estimating limits to sustainable mangrove production: Some examples from managed forests in Southeast Asia. Int J Ecol Environ Sci 31:147–155
Alongi DM (2007) The contribution of mangrove ecosystems to global carbon cycling and greenhouse gas emissions. In: Tateda Y (ed) Greenhouse gas and carbon balances in mangrove coastal ecosystems, pp 1–10. Gendai Tosho, Kanagawa, Japan
Alongi DM (2008) Mangrove forests: Resilience, protection from tsunamis, and responses to global climate change. Est Coast Shelf Sci 76:1–13
Alongi DM, de Carvalho NA (2008) The effect of small-scale logging on stand characteristics and soil biogeochemistry in mangrove forests of Timor Leste. For Ecol Manag 255:1359–1366
Alongi DM, Dixon P (2000) Mangrove primary production and above-and below-ground biomass in Sawi Bay, southern Thailand. Phuket Biol Cent Spec Publ 22:31–38

Alongi DM, McKinnon AD (2005) The cycling and fate of terrestrially-derived sediments and nutrients in the coastal zone of the Great Barrier Reef shelf. Mar Pollut Bull 51:239–252

Alongi DM, Sasekumar A (1992) Benthic communities. In: Robertson AI, Alongi DM (eds) Tropical mangrove ecosystems, pp 137–171. American Geophysical Union, Washington, DC

Alongi DM, Boto KG, Robertson AI (1992) Nitrogen and phosphorus cycles. In: Robertson AI, Alongi DM (eds) Tropical mangrove ecosystems, pp 251–292. American Geophysical Union, Washington, DC

Alongi DM, Sasekumar A, Tirendi F, Dixon P (1998) The influence of stand age on benthic decomposition and recycling of organic matter in managed mangrove forests of Malaysia. J Exp Mar Biol Ecol 225:197–218

Alongi DM, Tirendi F, Dixon P, Trott LA, Brunskill GJ (1999) Mineralization of organic matter in intertidal sediments of a tropical semi-enclosed delta. Est Coast Shelf Sci 48:451–467

Alongi DM, Tirendi F, Clough BF (2000a) Below-ground decomposition of organic matter in forests of the mangroves *Rhizophora stylosa* and *Avicennia marina* along the arid coast of Western Australia. Aquat Bot 68:97–122

Alongi DM, Tirendi F, Trott LA, Xuan TT (2000b) Benthic decomposition rates and pathways in plantations of the mangrove *Rhizophora apiculata* in the Mekong delta, Vietnam. Mar Ecol Prog Ser 194:87–101

Alongi DM, Wattayakorn G, Ayukai T, Clough BF, Wolanski E, Brunskill GJ (2000c) An organic carbon budget for mangrove-fringed Sawi Bay, southern Thailand. Phuket Mar Biol Cent Spec Publ 22:79–85

Alongi DM, Wattayakorn G, Pfitzner J, Tirendi F, Zagorskis I, Brunskill GJ, Davidson A, Clough BF (2001) Organic carbon accumulation and metabolic pathways in sediments of mangrove forests in southern Thailand. Mar Geol 179:85–103

Alongi DM, Trott LA, Wattayakorn G, Clough BF (2002) Below-ground nitrogen cycling in relation to net canopy production in mangrove forests of southern Thailand. Mar Biol 140:855–864

Alongi DM, Clough BF, Dixon P, Tirendi F (2003a) Nutrient partitioning and storage in arid-zone forests of the mangroves *Rhizophora stylosa* and *Avicennia marina*. Trees 17:51–60

Alongi DM, Chong VC, Dixon P, Sasekumar A, Tirendi F (2003b) The influence of fish cage aquaculture on pelagic carbon flow and water chemistry in tidally dominated mangrove estuaries of peninsular Malaysia. Mar Environ Res 55:313–333

Alongi DM, Sasekumar A, Chong VC, Pfitzner J, Trott LA, Tirendi F, Dixon P, Brunskill GJ (2004a) Sediment accumulation and organic material flux in a managed mangrove ecosystem: Estimates of land-ocean-atmosphere exchange in peninsular Malaysia. Mar Geol 208:383–402

Alongi DM, Wattayakorn G, Boyle S, Tirendi F, Payn C, Dixon P (2004b) Influence of roots and climate on mineral and trace element storage and flux in tropical mangrove soils. Biogeochemistry 69:105–123

Alongi DM, Clough BF, Robertson AI (2005a) Nutrient-use efficiency in arid-zone forests of the mangroves *Rhizophora stylosa* and *Avicennia marina*. Aquat Bot 82:121–131

Alongi DM, Pfitzner J, Trott LA, Tirendi F, Dixon P, Klumpp DW (2005b) Rapid sediment accumulation and microbial mineralization in forests of the mangrove *Kandelia candel* in the Jiulongjiang estuary, China. Est Coast Shelf Sci 63:605–618

Alongi DM, Ramanathan AL, Kannan L, Tirendi F, Trott LA, Bala Krishna Prasad M (2005c) Influence of human-induced disturbance on benthic microbial metabolism in the Pichavaram mangroves, Vellar-Coleroon estuarine complex, India. Mar Biol 147:1033–1044

Alongi DM, Trott LA, Rachmansyah, Tirendi F, McKinnon AD, Undu MC (2008) Growth and development of mangrove forests overlying smothered coral reefs, Sulawesi and Sumatra, Indonesia. Mar Ecol Prog Ser 370:97–109

Amarasinghe MD, Balasubramaniam S (1992) Net primary productivity of two mangrove forest stands on the northwestern coast of Sri Lanka. Hydrobiologia 247:37–47

Andersen FØ, Kristensen E (1988) Oxygen microgradients in the rhizosphere of the mangrove Avicenna marina. Mar Ecol Prog Ser 44:201-204

Anderson C, Lee SY (1995) Defoliation of the mangrove *Avicennia marina* in Hong Kong: Causes and consequences. Biotropica 27:218–226

Andrade L, Gonzalez AM, Araujo FV, Parahos R (2003) Flow cytometry assessment of bacterioplankton in tropical marine environments. J Microbiol Meth 55:841–850

Andrews TJ, Muller GJ (1985) Photosynthetic gas exchange of the mangrove, *Rhizophora stylosa* Griff in its natural environment. Oecologia 65:449–455

Anthony EJ (2004) Sediment dynamics and morphological stability of estuarine mangrove swamps in Sherbro Bay, West Africa. Mar Geol 20:207–224

Ara K (2001) Daily egg production rate of the planktonic calanoid copepod *Acartia lilljeborgi* Giesbrecht in the Cananéia Lagoon estuarine system, São Paulo, Brazil. Hydrobiologia 445:205–215

Ara K (2002) Temporal variability and production of *Temora turbinate* (Copepoda: Calanoida) in the Cananéia Lagoon estuarine system, São Paulo, Brazil. Sci Mar 66:399–406

Ashton EC (2002) Mangrove sesarmid crab feeding experiments in Peninsular Malaysia. J Exp Mar Biol Ecol 273:97–119

Atmadja WS, Soerojo (1991) Structure and potential net primary production of mangrove forests at Grajagan and Ujung Kulon, Indonesia. In: Alcala AC (ed) Proceedings of the regional symposium on living resources in coastal areas, pp 441–451. ASEAN-Australia cooperative program in marine sciences, Manila and Townsville

Aubrey DG (1986) Hydrodynamic controls on sediment transport in well-mixed bays and estuaries. In: van de Kreeke J (ed) Physics of shallow estuaries and bays, pp 245–258. Springer, New York

Aucan J, Ridd PV (2000) Tidal asymmetry in creeks surrounded by saltflats and mangroves with small swamp slopes. Wetlands Ecol Manag

8:223–231

Ayukai T, Alongi DM (2000) Pelagic carbon fixation and heterotrophy in shallow coastal waters of Sawi Bay, southern Thailand. Phuket Mar Biol Cent Spec Publ 22:39–50

Ayukai T, Miller D (1998a) Phytoplankton biomass, production and grazing mortality in Exmouth Gulf, a shallow embayment on the arid, tropical coast of Western Australia. J Exp Mar Biol Ecol 225:239–251

Ayukai T, Miller D (1998b) Phytoplankton biomass and production in the Hinchinbrook Channel, northeastern Australia. In: Ayukai T (ed) CO_2 fixation and storage in coastal ecosystems, pp 51–85. Final phase 1 report to the Kansai Electric Power Co. Aust Inst Mar Sci, Townsville

Ayukai T, Miller D, Wolanski E, Spagnol S (1998) Fluxes of nutrients and dissolved and particulate organic carbon in two mangrove creeks in northeastern Australia. Mangr Salt Marsh 2:223–230

Ayukai T, Wolanski E, Wattayakorn G, Alongi DM (2000) Organic carbon and nutrient dynamics in mangrove creeks and adjacent coastal waters of Sawi Bay, southern Thailand. Phuket Mar Biol Cent Spec Publ 22:51–62

Bachok Z, Mfilinge PL, Tsuchiya M (2003) The diet of the mud clam *Geloina coaxans* (Mollusca: Bivalvia) as indicated by fatty acid markers in a subtropical mangrove forest of Okinawa, Japan. J Exp Mar Biol Ecol 292:187–197

Baldocchi DD, Amthor JS (2001) Canopy photosynthesis: History, measurements, and models. In: Roy J, Saugier B, Mooney HA (eds) Terrestrial global productivity, pp 9–31. Academic, New York

Ball MC (1988) Ecophysiology of mangroves. Trees 2:129–142

Ball MC (1996) Comparative ecophysiology of tropical lowland moist rainforest and mangrove forest. In: Mulkey SS, Chazdon RL, Smith AP (eds) Tropical forest plant physiology, pp 461–496. Chapman & Hall, New York

Ball MC, Passioura JB (1995) Carbon gain in relation to water use: Photosynthesis in mangroves. In: Schultze E-D, Caldwell MM (eds) Ecophysi-

ology of photosynthesis, pp 247–259. Springer, Berlin
Ball MC, Chow WS, Anderson JM (1987) Salinity-induced potassium deficiency causes loss of functional photosystem II in leaves of the grey mangrove, *Avicennia marina* through depletion of atrazine-binding polypeptide. Plant Physiol 14:351–361
Ball MC, Cowen JR, Farquhar GD (1988) Maintenance of leaf temperature and the optimization of carbon gain in relation to water loss in a tropical mangrove forest. Aust J Plant Physiol 15:263–276
Baltzer F, Allison M, Fromard F (2004) Material exchange between the continental shelf and mangrove-fringed coasts with special reference to the Amazon-Guianas coast. Mar Geol 208:115–126
Bano N, Nisa M-U, Khan N, Saleem M, Harrison PJ, Ahmed SI, Azam F (1997) Significance of bacteria in the flux of organic matter in the tidal creeks of the mangrove ecosystem of the Indus River delta, Pakistan. Mar Ecol Prog Ser 157:1–12
Barbier EB, Strand I (1998) Valuing mangrove-fishery linkages: A case study of Campeche, Mexico. Environ Res Econ 12:151–166
Barbier EB, Koch EW Silliman BR et al (2008) Coastal ecosystem-based management with nonlinear ecological functions and values. Science 319:321–323
Barnes BV, Zak DR, Denton SR, Spurr SH (1998) Forest ecology, 5th edn. Wiley, New York
Barnes J, Ramesh R, Puravja R, Nirmal Rajkumar A, Senthil Kumar B, Krithika K, Ravichandran K, Uher G, Upstill-Goddard RC (2006) Tidal dynamics and rainfall control of N_2O and CH_4 emissions from a pristine mangrove creek. Geophys Res Lett 33:L15405
Barnes J, Purvaja R, Ramesh R, Uher G, Upstill-Goddard RC (2007) Nitrous oxide fluxes in Indian mangroves: Tidal production mechanisms, fluxes and global significance. In: Tateda Y (ed) Greenhouse gas and carbon balances in mangrove coastal ecosystems, pp 139–151. Gendai Tosho, Kanagawa, Japan
Barrera-Alba JJ, Gianesella SMF, Moser GAO, Saldanha-Corréa (2008) Bac-

terial and phytoplankton dynamics in a sub-tropical estuary. Hydrobiologia 598:229–246

Barrett MA, Stiling P (2006) Effects of key deer herbivory on forest communities in the lower Florida Keys. Biol Conserv 129:100–108

Bashan Y, Holguin G (2002) Plant growth-promoting bacteria: A potential tool for arid mangrove reforestation. Trees 16:159–166

Bashan Y, Puente ME, Myrold DD, Tolero G (1998) In vitro transfer of fixed nitrogen from diazotrophic filamentous cyanobacteria to black mangrove seedlings. FEMS Microbiol Ecol 26:165–170

Bauza JF (2007) Emission of greenhouse gases from mangrove forest sediment in Puerto Rico. In: Tateda Y (ed) Greenhouse gas and carbon balances in mangrove coastal ecosystems, pp 165–177. Gendai Tosho, Kanagawa, Japan

Bauza JF, Morell JM, Corredor JE (2002) Biogeochemistry of nitrous oxide production in the red mangrove (*Rhizophora mangle*) forest sediment. Est Coast Shelf Sci 55:697–704

Berger U, Hildenbrandt H (2000) A new approach to spatially explicit modelling of forest dynamics: Spacing, aging, and neighbourhood competition of mangrove trees. Ecol Model 132:287–302

Berger U, Adams M, Grimm V, Hildenbrandt H (2006) Modelling secondary succession of neotropical mangroves: Causes and consequences of growth reduction in pioneer species. Persp Plant Ecol Evol Syst 7:243–252

Bertrand F (1999) Mangrove dynamics in the Rivieres du Sud area, West Africa: An ecogeographic approach. Hydrobiologia 413:115–126

Bingham BL, Young CM (1995) Stochastic events and dynamics of a mangrove root epifaunal community. Mar Ecol 16:145–163

Bird ECF (1971) Mangroves as land-builders. Vic Nat 88:189–197

Biswas H, Mukhopadhyay SK, De TK, Sen S, Jana TK (2004) Biogenic controls on the air-water carbon dioxide exchange in the Sundarbans mangrove environment, northeast coast of Bay of Bengal, India. Limnol Oceanogr 49:95–101

Biswas H, Chatterjee A, Mukhopadhya SK, De TK, Sen S, Jana TK (2005) Estimation of ammonia exchange at the land-ocean boundary condition of Sundarbans mangrove, northeast coast of Bay of Bengal, India. Atmos Environ 39:4489–4499

Björkman O, Demmig B, Andrews TJ (1988) Mangrove photosynthesis: Response to high-irradiance stress. Aust J Plant Physiol 15:43–61

Blaber SJM (2002) 'Fish in hot water': The challenges facing fish and fisheries research in tropical estuaries. J Fish Biol 61:1–20

Borges AV (2005) Do we have enough pieces of the jigsaw to integrate CO_2 fluxes in the coastal ocean? Estuaries 28:3–27

Borges AV, Djenidi S, Lacroix G, Théate J, Delille B, Frankignoulle M (2003) Atmospheric CO_2 flux from mangrove surrounding waters. Geophys Res Lett 30:1558

Borges AV, Delille B, Frankignoulle M (2005) Budgeting sinks and sources of CO_2 in the coastal ocean: Diversity of ecosystems counts. Geophys Res Lett 32: L14601

Borges LMS, Cragg SM, Bergot J, Williams JR, Shayler B, Sawyer GS (2008) Laboratory screening of tropical hardwoods for natural resistance to the marine borer *Limnoria quadripunctata*: The role of leachable and non-leachable factors. Holzforsch 62:99–111

Bosire JO, Dahdouh-Guebas F, Kairo JG, Kazungu J, Dehairs F, Koedam N (2005) Litter degradation and C:N dynamics in reforested mangrove plantations at Gazi Bay, Kenya. Biol Conserv 126:287–295

Boto KG (1991) Nutrients and mangroves. In: Connell DW, Hawker DW (eds) Pollution in tropical aquatic systems, pp 129–145. CRC Press, Boca Raton, FL

Boto KG, Bunt JS (1981) Dissolved oxygen and pH relationships in northern Australian mangrove waterways. Limnol Oceanogr 26:1176–1178

Boto KG, Wellington JT (1983) Phosphorus and nitrogen nutritional status of a northern Australian mangrove forest. Mar Ecol Prog Ser 11:63–69

Boto KG, Wellington JT (1988) Seasonal variations in concentrations and fluxes of dissolved organic and inorganic nutrients in a tropical, tidal-

ly-dominated, mangrove waterway. Mar Ecol Prog Ser 50:151–160
Boto KG, Saffigna P, Clough BF (1985) Role of nitrate in nitrogen nutrition of the mangrove *Avicennia marina*. Mar Ecol Prog Ser 21:259–265
Boto KG, Alongi DM, Nott ALJ (1989) Dissolved organic carbon-bacteria interactions at sediment-water interface in a tropical mangrove system. Mar Ecol Prog Ser 51:243–251
Bouillon S, Chandra Mohan P, Sreenivas N, Dehairs F (2000) Sources of suspended organic matter and selective feeding by zooplankton in an estuarine mangrove ecosystem as traced by stable isotopes. Mar Ecol Prog Ser 208:79–92
Bouillon S, Koedam N, Raman AV, Dehairs F (2002a) Primary producers sustaining macroinvertebrate communities in intertidal mangrove forests. Oecologia 130:441–448
Bouillon S, Raman AV, Dauby P, Dehairs F (2002b) Carbon and nitrogen stable isotope ratios of subtidal benthic invertebrates in an estuarine mangrove ecosystem (Andhra Pradesh, India). Est Coast Shelf Sci 54:901–913
Bouillon S, Frankignoulle M, Dehairs F, Velimirov B, Eiler A, Abril G, Etcheber H, Borges AV (2003) Inorganic and organic carbon biogeochemistry in the Gautami Godavari estuary (Andhra Pradesh, India) during pre-monsoon: The local impact of extensive mangrove forests. Global Biogeochem Cycle 19:1114
Bouillon S, Koedam N, Baeyens W, Satyanarayana B, Dehairs, F (2004) Selectivity of subtidalbenthic invertebrate communities for local microagal production in an estuarine mangrove ecosystem during the post-monsoon period. J Sea Res 51:133–144
Bouillon S, Borges AV, Castañeda-Moya E, Diele K, Dittmat T, Duke NC, Kristensen E, Lee SY,Marchard C, Middelburg JJ, Rivera-Monroy VH, Smith III TJ, Twilley RR (2007a) Mangrove production and carbon sinks: A revision of global budget estimates. Global Biogeochem Cycle 22:GB2013
Bouillon S, Dehairs F, Schiettecatte LS, Borges AV (2007b) Biogeochemistry

of the Tana estuary and delta (northern Kenya). Limnol Oceanogr 52:46–59

Bouillon S, Middelburg JJ, Dehairs F, Borges AV, Abril G, Flindt MR, Ulomi S, Kristensen E (2007c) Importance of intertidal sediment processes and porewater exchange on the water column biogeochemistry in a pristine mangrove creek (Ras Dege, Tanzania). Biogeosci 4:311–322

Bouillon S, Connolly RM, Lee SY (2008) Organic matter exchange in mangrove ecosystems: Recent insights from stable isotope studies. J Sea Res 59:44–58

Brinkman RM, Massel SR, Ridd PV, Furukawa K (1997) Surface wave attenuation in mangrove forests. In: Pacific coasts and ports '97: Proceedings of the 13th Australasian coastal and ocean engineering conference and the 6th Australasian port and harbour conference, 7–11 September, pp 941–946. Centre for Advanced Engineering, University of Canterbury, Christchurch, New Zealand

Brown AG, Namibar EKS, Cosslter C (1997) Plantations for the tropics–their role, extent, and nature. In: Namibar EKS, Brown AG (eds) Management of soil, nutrients and water in tropical plantation forests, pp 1–24. ACIAR Monograph No. 43. ACIAR, Canberra

Bruenig EF (1990) Tropical forest resources. In: Furtado J, Morgan WB, Pfafflin JR, Ruddle K (eds) Tropical resources: ecology and development, pp 67–96. Harwood Academic, Chur, Switzerland

Brunskill GJ, Zagorskis I, Pfitzner J, Ellison J (2004) Sediment and trace element depositional history from the Ajkwa River estuarine mangroves of Irian Jaya (West Papua), Indonesia. Cont Shelf Res 24:2535–2551

Bryce S, Larcombe P, Ridd PV (1998) The relative importance of landward-directed tidal sediment transport versus freshwater flood events in the Normanby River estuary, Cape York Peninsula, Australia. Mar Geol 149:55–78

Bryce S, Larcombe P, Ridd PV (2003) Hydrodynamic and geomorphological controls on suspended sediment transport in mangrove creek systems, a case study: Cocoa Creek, Townsville, Australia. Est Coast Shelf Sci

56:415–431

Bunt JS (1996) Mangrove zonation: An examination of data from 17 riverine estuaries in tropical Australia. Ann Bot 78:333–341

Bunt JS, Boto KG, Boto G (1979) A survey method of estimating potential levels of mangrove forest primary production. Mar Biol 52:123–128

Burchett MD, Field CD, Pulkownik A (1984) Salinity, growth and root respiration in the grey mangrove, *Avicennia marina*. Physiol Plant 60:113–118

Burford MA, Alongi DM, McKinnon AD, Trott LA (2008) Primary production and nutrients in a tropical macrotidal estuary, Darwin Harbour, Australia. Est Coast Shelf Sci 79:440–448

Burkholder PR, Almodóvar LR (1973) Studies on mangrove algal communities in Puerto Rico. Fla Sci 36:50–66

Burton AJ, Pregistzer KS, Ruess RW, Henrick RL, Allen MF (2002) Root respiration in North American forests: Effects of nitrogen concentration and temperature across biomes. Oecologia 131:559–568

Buskey EJ, Peterson JO, Ambler JW (1996) The swarming behavior of the copepod *Dioithona oculata:* In situ and laboratory studies. Limnol Oceanogr 44:513–521

Buskey EJ, Deyoe H, Jochem FJ, Villareal TA (2003) Effects of mesozooplankton removal and ammonium addition on planktonic trophic structure during a bloom of the Texas 'brown tide': A mesocosm study. J Plankton Res 25:215–228

Buskey EJ, Hyatt CJ, Speekmann CL (2004) Trophic interactions within the planktonic food web in mangrove channels of Twin Cays, Belize, Central America. Atoll Res Bull 529:1–22

Caffrey JM (2003) Production, respiration and net ecosystem production in U.S. estuaries. Environ Monit Assess 81:207–219

Cahoon DR, Lynch JC (1997) Vertical accretion and shallow subsidence in a mangrove forest of southwestern Florida, U.S.A. Mangr Salt Marsh 1:173–186

Cahoon DR, Hensel P, Rybczyz J, McKee KL, Proffitt CE, Perez BC (2003)

Mass tree mortality leads to mangrove peat collapse at Bay Islands, Honduras after Hurricane Mitch. J Ecol 91:1093–1105

Calbet A (2001) Mesozooplankton grazing effect on primary production: A global comparative analysis in marine ecosystems. Limnol Oceangr 46:1824–1830

Calbet A, Landry MR (2004) Phytoplankton growth, microzooplankton grazing, and carbon cycling in marine systems. Limnol Oceangr 49:51–57

Canfield DE, Kristensen E, Thamdrup B (2005) Aquatic geomicrobiology. Elsevier, Amsterdam

Cannicci S, Burrows D, Fratini S, Smith III TJ, Offenberg J, Dahdouh-Guebas F (2008) Faunal impact on vegetation structure and ecosystem function in mangrove forests: A review. Aquat Bot 89:186–200

Chai PPK (1982) Ecological studies of mangrove forests in Sarawak. PhD dissertation. University of Malaya, Kuala Lumpur

Chambers N, Simmons C, Wackernagel M (2000) Sharing nature's interest: ecological footprints as an indicator of sustainability. Earthscan, London

Chambers RM, Pederson KA (2006) Variation in soil phosphorus, sulfur, and iron pools among south Florida wetlands. Hydrobiologia 569:63–70

Cheeseman JM (1994) Depressions of photosynthesis in mangrove canopies. In: Baker NR, Bowyer JR (eds) Photoinhibition of photosynthesis: from molecular mechanisms to the field, pp 377–389. BIOS Scientific Publishers, Oxford

Cheeseman JM, Lovelock CE (2004) Photosynthetic characteristics of dwarf and fringe *Rhizophora mangle* L in a Belizean mangrove. Plant Cell Environ 7:769–780

Cheeseman JM, Herendeen LB, Cheeseman AT, Clough BF (1997) Photosynthesis and photoprotection in mangroves under field conditions. Plant Cell Environ 20:579–588

Cheng W, Fu S, Susfalk RB, Mitchell RJ (2005) Measuring tree root respiration using ^{13}C natural abundance: Rooting medium matters. New Phytol 167:297–307

Chong VC, Low CB, Ichikawa T (2001) Contribution of mangrove detritus to juvenile prawn nutrition: A duel stable isotope study in a Malaysian mangrove forest. Mar Biol 138:77–86

Christensen B (1978) Biomass and primary production of *Rhizophora apiculata* Bl. in a mangrove in southern Thailand. Aquat Bot 4:43–52

Cifuentes LA, Coffin RB, Solorzano L, Cardenas W, Espinoza J, Twilley RR (1996) Isotopic and elemental variations of carbon and nitrogen in a mangrove estuary. Est Coast Shelf Sci 43:781–800

Clark DA, Brown S, Kicklighter DW, Chambers JQ, Thomlinson JR, Ni J, Holland EA (2001) Net primary production in tropical forests: An evaluation and synthesis of existing field data. Ecol Appl 11:371–384

Clarke PJ, Kerrigan RA (2002) The effects of seed predators on the recruitment of mangroves. J Ecol 90:728–736

Clayton DA (1993) Mudskippers. Oceanogr Mar Biol Annu Rev 31:507–577

Clough BF (1992) Primary productivity and growth of mangrove forests. In: Robertson AI, Alongi DM (eds) Tropical mangrove ecosystems, pp 225–249. American Geophysical Union, Washington, DC

Clough BF (1997) Mangrove ecosystems. In: English S, Wilkinson CR, Baker V (eds) Survey manual for tropical marine resources, 2nd edn. pp 119–196. Aust Inst Mar Sci, Townsville

Clough BF (1998) Mangrove forest productivity and biomass accumulation in Hinchinbrook Channel, Australia. Mangr Salt Marsh 2:191–198

Clough BF, Sim RG (1989) Changes in gas exchange characteristics and water-use efficiency of mangroves in response to salinity and vapour pressure deficit. Oecologia 79:38–44

Clough BF, Boto KG, Attiwill PM (1983) Mangroves and sewage: A re-evaluation. In: Teas HJ (ed) Biology and ecology of mangroves, tasks for vegetation science, vol 8, pp 151–161

Clough BF, Dixon P, Dalhaus O (1997a) Allometric relationships for estimating biomass in multistemmed trees. Aust J Bot 45:1023–1031

Clough BF, Ong JE, Gong WK (1997b) Estimating leaf area index and photosynthetic production in canopies of the mangrove *Rhizophora apicu-*

lata. Mar Ecol Prog Ser 159:285–292

Clough BF, Tan DT, Buu DC, Phuong DX, Thao VN (1999) Mangrove forest growth, yield and silvicultural options, appendix XIV. Mixed shrimp farming-mangrove forestry models in the Mekong Delta, Termination report, part B, technical appendices, ACIAR-MOFI project report FIS/94/12, pp 235–251. ACIAR, Canberra

Clough BF, Tan DT, Phuong DX, Buu DC (2000) Canopy leaf area index and litter fall in stands of the mangrove *Rhizophora apiculata* of different age in the Mekong Delta, Vietnam. Aquat Bot 66:311–320

Cocheret de la Morinière E, Nagelkerken I, van der Meij H, van der Velde G (2004) What attracts juvenile coral reef fish to mangroves: Habitat complexity or shade? Mar Biol 144:139–145

Cole JJ (1999) Aquatic microbiology for ecosystem scientists: New and recycled paradigms in ecological microbiology. Ecosystems 2:215–225

Cooksey KE, Cooksey B (1978) Growth-inhibiting substances in sediment extracts from a subtropical wetland: investigation using a diatom assay. J Phycol 14:347–354

Corredor JE, Morell JM, Bauza J (1999) Atmospheric nitrous oxide fluxes from mangrove sediments. Mar Pollut Bull 38:473–478

Costanza RR, d'Arge R, deGroot R, Farber S, Grasso M, Hannon B (1998) The value of the world's ecosystem services and natural capital. Ecol Econ 25:3–15

Coulter SC, Duarte CM, Tuan MS, Tri NH, Ha HT, Giang LH, Hong PN (2001) Retrospective estimates of net leaf production in *Kandelia candel* mangrove forests. Mar Ecol Prog Ser 221:117–124

Cox EF, Allen JA (1999) Stand structure and productivity of the introduced *Rhizophora mangle* in Hawaii. Estuaries 22:276–284

Cragg SM (1993) Wood break-down in mangrove ecosystems: A review. Papua New Guinea J Agric For Fish 36:30–39

Cruz-Escalona VH, Arreguín-Sánchez F, Zetina-Rejón M (2007) Analysis of the ecosystem structure of Laguna Alvarado, western Gulf of Mexico, by means of a mass balance model. Est Coast Shelf Sci 72:155–167

Curran M (1985) Gas movements in the roots of *Avicennia marina.* (Forsk) Vierh. Aust J Plant Physiol 12:97–108

Dakin WS (1938) The habits and life-history of a penaeid prawn (*Penaeus plebejus*). Proc Zool Soc Lond A 108:163–183

Das AB, Parida A, Basak UC, Das P (2002) Studies on pigments, proteins and photosynthetic rates in some mangroves and mangrove associates from Bhitarkanika, Orissa. Mar Biol 141:415–422

Davis III SE, Childers DL, Day JW, Rudnick DT, Sklar FH (2001) Wetland-water column exchanges of carbon, nitrogen, and phosphorus in a southern Everglades dwarf mangrove. Estuaries 24:610–622

Dawes CJ (1996) Macroalgal diversity, standing stock and productivity in a northern mangal on the west coast of Florida. Nova Hedwigia 112:525–535

Dawes CJ, Siar K, Marlett D (1999) Mangrove structure, litter and macroalgal productivity in a northern-most forest of Florida. Mangr Salt Marsh 3:259–267

Day Jr JW, Coronada-Molina C, Vera-Herrera FR, Twilley RR, Rivera-Monroy VH, Alvearez-Guillen H, Day R, Conner W (1996) A 7 year record of above-ground net primary production in a southeastern Mexican mangrove forest. Aquat Bot 55:39–60

de Graaf GJ, Xuan TT (1998) Extensive shrimp farming, mangrove clearance and marine fisheries in the southern provinces of Vietnam. Mang Salt Marsh 2:159–166

Devoe NN, Cole TG (1998) Growth and yield in mangrove forests of the Federated States of Micronesia. For Ecol Manag 103:33–48

Dham VV, Heredia AM, Wafur S, Wafar M (2002) Seasonal variations in uptake and in situ regeneration of nitrogen in mangrove waters. Limnol Oceanogr 47:241–254

Dham VV, Wafar M, Heredia AM (2005) Nitrogen uptake by size-fractionated phytoplankton in mangrove waters. Aquat Microb Ecol 41:281–291

Dittel AI, Epifano CE, Cifuentes LA, Kirchman DL (1997) Carbon and nitrogen sources for shrimp postlarvae fed natural diets from a tropical

mangrove system. Est Coast Shelf Sci 45:629–637
Dittmar T, Lara RJ (2001a) Molecular evidence for lignin degradation in sulfate-reducing mangrove sediments (Amazônia, Brazil). Geochim Cosmochim Acta 65:1417–1428
Dittmar T, Lara RJ (2001b) Do mangroves rather than rivers provide nutrients to coastal environments south of the Amazon River? Evidence from long-term flux measurements. Mar Ecol Prog Ser 213:67–77
Dittmar T, Lara RJ (2001c) Driving forces behind nutrient and organic matter dynamics in a mangrove tidal creek in North Brazil. Est Coast Shelf Sci 52:249–259
Dittmar T, Lara RJ, Kattner G (2001) River or mangrove? Tracing major organic matter sources in tropical Brazilian coastal waters. Mar Chem 73:253–271
Dittmar T, Hertkorn N, Kattner G, Lara RJ (2006) Mangroves, a major source of dissolved organic carbon to the oceans. Global Biogeochem Cycle 20: doi:10.1029/2005GB002570
Doley D, Yates DJ, Unwin GL (1987) Photosynthesis in an Australian rainforest tree, *Argyrodendron peralatum*, during the rapid development and relief of water deficits in dry season. Oecologia 74:441–449
Drechsel P, Zech W (1991) Foliar nutrient levels of broad-leaved tropical trees: A tabular review. Plant Soil 131:29–46
Drechsel P, Zech W (1993) Mineral nutrition of tropical trees. In: Pancel L (ed) Tropical forestry handbook, vol 1, pp 515–567. Springer, Berlin
Drexler JZ, DeCarlo EW (2002) Source water partitioning as a means of characterizing hydrologic function in mangroves. Wetlands Ecol Manag 10:103–113
Dromgoole FI (1988) Carbon dioxide fixation in aerial roots of the New Zealand mangrove *Avicennia marina* var. *resinifera*. NZ J Mar Freshw Res 22:617–619
Duarte CM, Thampanya U, Terrados J, Geertz-Hansen O, Fortes MD (1999) The determination of the age and growth of SE Asian mangrove seedlings from internodal counts. Mangr Salt Marsh 3:251–257

Duarte CM, Middelburg JJ, Caraco N (2005) Major role of marine vegetation on the oceanic carbon cycle. Biogeosci 2:1–8

Ducklow HW, Shiah F-K (1993) Bacterial production in estuaries. In: Ford TE (ed) Aquatic microbiology, an ecological approach, pp 261–287. Blackwell Scientific, Boston, MA

Duggan S, McKinnon AD, Carleton JH (2008) Zooplankton in an Australian tropical estuary. Est Coasts 31:455–467

Duke NC (2002) Sustained high levels of foliar herbivory of the mangrove *Rhizophora stylosa* by a moth larva *Doratifera stenosa* (Limacodidae) in northeastern Australia. Wetlands Ecol Manage 10:403–419

Duke NC, Ball MC, Ellison JC (1998) Factors influencing the biodiversity and distributional gradients in mangroves. Global Ecol Biogeogr Lett 7:27–47

Dykyjova D, Ulehlova B (1998) Mineral economy and cycling of minerals in wetlands. In: Westlake DF, Kvet J, Szczepanski A (eds) The production ecology of wetlands, pp 319–366. Cambridge University Press, Cambridge

Eamus D, Myers B, Duff G, Williams D (1999) Seasonal changes in photosynthesis of eight savanna tree species. Tree Physiol 19:665–671

Eisma D (1998) Intertidal deposits: river mouths, tidal flats, and coastal lagoons. CRC Press, Boca Raton, FL

Ellison AM, Farnsworth EJ (1992) The ecology of Belizean mangrove-root fouling communities: Patterns of epibiont distribution and abundance, and effects on root growth. Hydrobiologia 247:87–98

Ellison AM, Farnsworth EJ (2001) Mangrove communities. In: Bertness MD, Gaines SD, Hay ME (eds) Marine community ecology, pp 423–442. Sinauer, Sunderland, MA

Ellison AM, Farnsworth EJ, Twilley RR (1996) Facultative mutualism between red mangroves and root-fouling sponges. Ecology 77:22431–2444

Ellison JC (1993) Mangrove retreat with rising sea-level, Bermuda. Est Coast Shelf Sci 37:75–87

Ellison JC (2005) Holocene palynology and sea-level change in two estuaries

in Southern Irian Jaya. Paleogeogr Paleoclimatol Paleoecol 220:291–309
Emmerson WD, McGwynne LE (1992) Feeding and assimilation of mangrove leaves by the crab *Sesarma meinerti* de Man in relation to leaf-litter production in Mgazana, a warm-temperate southern African mangrove swamp. J Exp Mar Biol Ecol 157:41–53
Engel S, Pawlik JR (2005) Interactions among Florida sponges. II. Mangrove habitats. Mar Ecol Prog Ser 303:145–152
Epstein E (1999). Silicon. Annu Rev Plant Physiol Plant Mol Biol 50:641–664
Erickson AA, Saltis M, Bell SS, Dawes CJ (2003) Herbivore feeding preferences as measured by leaf damage and stomatal ingestion: A mangrove crab example. J Exp Mar Biol Ecol 289: 123–138
Fabre A, Fromard F, Trichon V (1999) Fractionation of phosphate in sediments of four representative mangrove stages. Hydrobiologia 392:13–19
Falkowski PG, Fenchel T, Delong EF (2008) The microbial engines that drive Earth's biogeochemical cycles. Science 320:1034–1039
FAO (2003) Status and trends in mangrove area extent worldwide. Forest resources assessment working paper 63. Forest Resources Division, Rome. http://www.fao.org/docrep/007/j1533e/J1533E00.htm
Faraco LFD, da Cunha Lana P (2004) Leaf-consumption levels in subtropical mangroves of Paranaguá Bay (SE Brazil). Wetlands Ecol Manag 12:115–122
Farnsworth EJ (2004) Hormones and shifting ecology throughout plant development. Ecology 85:5–15
Farnsworth EJ, Ellison AM (1991) Patterns of herbivory in Belizean mangrove swamps. Biotropica 23:555–567
Farquhar GD, von Caemmerer S, Berry JA (1980) A biochemical model of photosynthetic CO_2 assimilation in C_3 plants. Planta 149:78–90
Fassbender HW (1998) Long-term studies of soil fertility in cacao-shade trees-agroforestry systems: Results of 15 years of organic matter and nutrient research in Costa Rica. In: Schulte A, Ruhiyat (eds) Soils of tropical forest ecosystems: characteristics, ecology and management, pp 150–158. Springer, Berlin

Faunce CH, Serafy JE (2006) Mangroves as fish habitat: 50 years of field studies. Mar Ecol Prog Ser 318:1–18

Faunce CH, Serafy JE (2008) Growth and secondary production of an eventual reef fish during mangrove residency. Est Coast Shelf Sci 79:93–110

Feller IC (1995) Effects of nutrient enrichment on growth and herbivory of dwarf red mangrove (*Rhizophora mangle* L). Ecol Monogr 65:477–505

Feller IC (2002) The role of herbivory by wood-boring insects in mangrove ecosystems in Belize. Oikos 97:167–176

Feller IC, Mathis WN (1997) Primary herbivory by wood-boring insects along an architectural gradient of *Rhizophora mangle* L. Biotropica 29:440–451

Feller IC, Whigham DF, O'Neill JP, McKee KL (1999) Effects of nutrient enrichment on within-stand cycling in a mangrove forest. Ecology 80:2193–2205

Feller IC, Whigham DF, McKee KM, O'Neill JP (2002) Nitrogen vs phosphorus limitation across an ecotonal gradient in a mangrove forest. Biogeochemistry 62:145–175

Feller IC, Whigham DF, McKee KL, Lovelock CE (2003) Nitrogen limitation of growth and nutrient dynamics in a mangrove forest, Indian River Lagoon, Florida. Oecologia 134:405–414

Feller IC, Lovelock CE, McKee KL (2007) Nutrient addition differentially affects ecological processes of *Avicennia germinans* in nitrogen versus phosphorus limited mangrove ecosystems. Ecosystems 10:347–359

Fenchel T (2008) The microbial loop - 25 years later. J Exp Mar Biol Ecol 366:99–103.

Ferreira TO, Otero XL, Vidal-Torrado P, Macias F (2007a) Effects of bioturbation by root and crab activity on iron and sulfur biogeochemistry in mangrove substrate. Geoderma 142:36–46

Ferreira TO, Vidal-Torrado P, Otero XL, Macias F (2007b) Are mangrove forest substrates sediments or soils? A case study in southeastern Brazil. Catena 70:79–91

Finn JT (1976) Measures of ecosystem structure and function derived from analysis of flows. J Theor Biol 56:363–380

Fittkau EJ, Klinge H (1973) On biomass and trophic structure of the central Amazonian rain forest ecosystem. Biotropica 5:2–14

Fleck J, Fitt WK (1999) Degrading mangrove leaves of *Rhizophora mangle* Linne provide a natural cue for settlement and metamorphosis of the upside down jellyfish *Cassiopea xamachana* Bigelow. J Exp Mar Biol Ecol 234:83–94

Folster H, Khanna PK (1997) Dynamics of nutrient supply in plantation soils. In: Sadanandan Nambiar EK, Brown AG (eds) Management of soil, nutrients, and water in tropical plantations. ACIAR Monograph 43, pp 339–378. ACIAR, Canberra

Fratini S, Cannicci S, Vannini M (2000) Competition and interaction between *Neosarmatium smithi* (Crustacea: Grapsidae) and *Terebralia palustris* (Mollusca: Gastropoda) in a Kenyan mangrove. Mar Biol 137:309–316

Friedrichs CT, Lynch DR, Aubrey DG (1992) Velocity asymmetries in frictionally-dominated tidal embayments: Longitudinal and lateral variability. In: Prandle D (ed) Dynamics and exchanges in estuaries and the coastal zone, pp 277–312. American Geophysical Union, Washington, DC

Fromard F, Puig H, Mougin E, Marty G, Betoulle JL, Cadamuro L (1998) Structure, above-ground biomass and dynamics of mangrove ecosystems: New data from French Guiana. Oecologia 115:39–53

Fromard F, Vega C, Priosy C (2004) Half a century of dynamic coastal change affecting mangrove shorelines of French Guiana. A case study based on remote sensing data and field surveys. Mar Geol 208:265–280

Fujimori T (2001) Ecological and silvicultural strategies for sustainable forest management. Elsevier Science, Amsterdam

Furukawa K, Wolanski E (1996) Sedimentation in mangrove forests. Mangr Salt Marsh 1:3–10

Furukawa K, Wolanski E, Mueller H (1997) Currents and sediment trans-

port in mangrove forests. Est Coast Shelf Sci 44:301–310
Ganguly D, Dey M, Mandal SK, De TK, Jana TK (2008) Energy dynamics and its implication to biosphere-atmosphere exchange of CO_2, H_2O and CH_4 in a tropical mangrove forest canopy. Atmos Environ 42:4172–4184
Gattuso J-P, Frankignoulle M, Wollast R (1998) Carbon and carbonate metabolism in coastal aquatic ecosystems. Annu Rev Ecol Syst 29:405–434
Gedney RN, Kapetsky JM, Kuhnhold WW (1982) Training on assessment of coastal aquaculture potential, Malaysia. SCS/GEN/82/35 South China Sea fisheries development and coordination program, Manila
Ghosh S, Jana TK, Singh BN, Choudhury A (1987) Comparative study of carbon dioxide system in virgin and reclaimed mangrove waters of Sundarbans. Mahasagar 20:155–161
Giani L, Bashan Y, Holguin G, Strangmann A (1996) Characteristics and methanogenesis of the Balandra lagoon soils, Baja California Sur, Mexico. Geoderma 72:149–160
Gleason SM, Ewel KC (2002) Organic matter dynamics on the forest floor of a Micronesian mangrove forest: An investigation of species composition shifts. Biotropica 34:190–198
Gleason SM, Ewel KC, Hue N (2003) Soil redox conditions and plant-soil relationships in a Micronesian mangrove forest. Est Coast Shelf Sci 56:1065–1074
Gocke K, Hernández C, Giesenhagen H, Hoppe H-G (2004) Seasonal variations of bacterial abundance and biomass and their relation to phytoplankton in the hypertrophic tropical lagoon Ciénaga Grande de Santa Marta, Colombia. J Plankton Res 26:1429–1439
Godhantaraman N (2002) Seasonal variations in species composition, abundance, biomass and estimated production rates of tintinnids at tropical estuarine and mangrove waters, Parangipettai, southeast coast of India. J Mar Syst 36:161–171
Golley FB, Odum HT, Wilson RF (1962) The structure and metabolism of a Puerto Rican red mangrove forest in May. Ecology 43:9–19

Golley FB, McGinnis K, Clements RG, Child GI, Duever MJ (1975) Mineral cycling in a tropical moist forest ecosystem. University of Georgia Press, Athens

Gomes HR, Pant A, Goes JI, Parulekar AH (1991) Heterotrophic utilization of extracellular products of phytoplankton in a tropical estuary. J Plankton Res 13:487–498

Gong WK, Ong JE (1990) Plant biomass and nutrient flux in a managed mangrove forest in Malaysia. Est Coast Shelf Sci 31:516–530

Gong WK, Ong JE, Wong CH, Dhanarajan G (1984) Productivity of mangrove trees and its significance in a managed mangrove ecosystem in Malaysia. In: Soepadmo E, Rao AN, Macintosh DJ (eds) Proceedings of the UNESCO Asian symposium on mangrove environment: research and management, pp 216–225. University of Malaya, Kuala Lumpur, Malaysia

Gong WK, Ong JE, Wong CH (1991) The light attenuation method for the measurement of potential productivity in mangrove ecosystems In: Alcala A (ed) Proceedings of the ASEAN-Australia regional symposium on living resources in coastal areas, pp 399–406. Manila, Philippines

Gong WK, Ong JE, Clough BF (1992) Photosynthesis in different aged stands of a Malaysian mangrove ecosystem. In: Chou LM, Wilkinson CR (eds) Third ASEAN science and technology week conference proceedings, vol 6, marine science: living coastal resources, 21–23 September, pp 345–351. National University of Singapore and National Science Technology BD, Singapore

Grace J, Malhi Y, Higuchi N, Meir P (2001) Productivty of tropical forests. In: Roy J, Saugier B, Mooney HA (eds) Terrestrial global productivity, pp 401–426. Academic, New York

Grasso M (1998) Ecological-economic model for optimal mangrove trade-off between forestry and fishery production: Comparing a dynamic optimization and a simulation model. Ecol Model 112:131–150

Grubb PJ (1995) Mineral nutrition and soil fertility in tropical rain forests.

In: Lugo AE, Lowe C (eds) Tropical forests: management and ecology, pp 308–328. Springer, Berlin

Grubb PJ, Edwards PJ (1982) Studies of mineral cycling in a montane rain forest in New Guinea. III. The distribution of mineral elements in the above-ground material. J Ecol 70:623–648

Guest MA, Connolly RM (2004) Fine-scale movement and assimilation of carbon in saltmarsh and mangrove habitat by resident animals. Aquat Ecol 38:599–609

Guest MA, Connolly RM, Loneragan NR (2004) Carbon movement and assimilation by invertebrates in estuarine habitat at a scale of metres. Mar Ecol Prog Ser 278:27–34

Guest MA, Connolly RM, Lee SY, Loneragan NR, Brietfuss MJ (2006) Carbon movement and assimilation by invertebrates in estuarine habitats: Organic matter transfer not crab movement. Oecologia 148:88–96

Halide H, Brinkman R, Ridd PV (2004) Designing bamboo wave attenuators for mangrove plantations. Indian J Mar Sci 33:220–225

Halle F, Oldeman RAA, Tomlinson PB (1978) Tropical trees and forests -An architectural analysis. Springer, Berlin

Hambrey J (1996) Comparative economics of land use options in mangroves. Aquac Asia 1:10–14

Hamzah L, Hara K, Imamura F (1999) Experimental and numerical study on the effect of mangrove to reduce tsunami. Tohoku J Nat Dis Sci 35:127–132

Harada K, Imamura F (2005) Effects of coastal forest on tsunami hazard mitigation—a preliminary investigation. Adv Nat Tech Haz Res 23:279–292

Harrison PJ, Khan N, Saleem M, Bano N, Nisa M, Ahmed SI, Rizvi N, Azam F (1997) Nutrient and phytoplankton dynamics in two mangrove tidal creeks of the Indus River delta, Pakistan. Mar Ecol Prog Ser 157:13–19

Hauff RD, Ewel KC, Jack J (2006) Tracking human disturbance in mangroves: Estimating harvest rates on a Micronesian island. Wetlands

Ecol Manag 14:95–105
Heald EJ (1969) The production of organic detritus in a South Florida estuary. Ph.D. dissertation. University of Miami, FL
Healey MJ, Moll RA, Diallo CO (1988) Abundance and distribution of bacterioplankton in the Gambia River, West Africa. Microb Ecol 16:291–310
Hemminga MA (1995) Interlinkages between eastern African coastal ecosystems. Second semiannual report on the EC Std-3 Project. Netherlands Institute of Ecology, Yerseke
Hemminga MA, Slim FJ, Kazungu J, Gannsen GM, Nieuwenhuize J, Kruyt NM (1994) Carbon outwelling from a mangrove forest with adjacent seagrass beds and cora lreefs (Gazi Bay, Kenya). Mar Ecol Prog Ser 106:291–301
Hernes PJ, Benner R, Cowie GL, Goñi MA, Bergamaschi BA, Hedges JI (2001) Tannin diagenesis in mangrove leaves from a tropical estuary: A novel molecular approach. Geochim Cosmochim Acta 65:3109–3122
Heron SF, Ridd PV (2001) The use of computational fluid dynamics in predicting the tidal flushing of animal burrows. Est Coast Shelf Sci 52:411–421
Heron SF, Ridd PV (2003) The effect of water density variations on the tidal flushing of animal burrows. Est Coast Shelf Sci 58:137–145
Heron SF, Ridd PV (2008) The tidal flushing of multiple-loop animal burrows. Est Coast Shelf Sci 78:135–144
Hesse PR (1962) Phosphorus fixation in mangrove swamp muds. Nature 193:295–296
Hesse PR (1963) Phosphorus relationships in a mangrove swamp mud with particular reference to aluminium toxicity. Plant Soil 19:205–218
Hessen DO, Anderson TR (2008) Excess carbon in aquatic organisms and ecosystems: Physiological, ecological, and evolutionary implications. Limnol Oceanogr 53:1685–1696
Hicks DB, Burns LA (1975) Mangrove metabolic response to alterations of natural freshwater drainage to southwestern Florida estuaries. In: Walsh GE, Snedaker SC, Teas HJ (eds) Proceedings of the international

symposium on biology and management of mangroves, vol 1, pp 238–255. Institute of Food and Agricultural Science, University of Florida, Gainesville, FL

Hiraishi T, Harada K (2003). Greenbelt tsunami prevention in South Pacific region. Rep Port Airport Res Inst 42:1–23

Hiremath AJ, Ewel JJ, Cole TG (2002) Nutrient-use efficiency in three fast-growing tropical trees. For Sci 48:662–672

Holguin G, Bashan Y (1996) Nitrogen-fixation by *Azospirillum brasilense* is promoted when co-cultured with a mangrove rhizosphere bacterium (*Staphylococcus* sp.). Soil Biol Biochem 28:1651–1660

Holguin G, Vazquez P, Bashan Y (2001) The role of sediment microorganisms in the productivity, conservation, and rehabilitation of mangrove ecosystems: An overview. Biol Fertil Soils 33:265–278

Holmboe N, Kristensen E, Andersen FØ (2001) Anoxic decomposition in sediments from a tropical mangrove forest and the temperate Wadden Sea: Implications of N and P addition experiments. Est Coast Shelf Sci 53:125–140

Holmer M, Kristensen E, Banta G, Hansen K, Jensen MH, Bussarawit N (1994) Biogeochemical cycling of sulfur and iron in sediments of the south-east Asian mangrove, Phuket Island, Thailand. Biogeochemistry 25:1–17

Holmer M, Andersen FØ, Holmboe N, Kristensen E, Thongtham N (1999) Transformation in the Bangrong mangrove forest-seagrass bed system, Thailand: Seasonal and spatial variations in benthic metabolism and sulfur biogeochemistry. Aq Micro Ecol 20:203–212

Holmer M, Andersen FØ, Kristensen E, Thongtham N (2001) Transformation and exchange processes in the Bangrong mangrove forest-seagrass bed system, Thailand: Seasonal variations in benthic primary production and nutrient dynamics. Wetlands Ecol Manage 9:141–158

Hopkinson Jr CS, Smith EM (2005) Estuarine respiration: An overview of benthic, pelagic, and whole system respiration. In: del Giorgio P, Williams, PJ le B (eds) Respiration in aquatic ecosystems, pp 122–146. Oxford University Press, Oxford

Hossain M, Othman S, Bujang JS, Kusnan M (2008) Net primary productivity of *Bruguiera parviflora* (Wight & Arn.) dominated mangrove forest at Kuala Selangor, Malaysia. For Ecol Manag 255:179–182

Howarth RR, Marino R, Lane J, Cole JJ (1988) Nitrogen fixation in freshwater, estuarine, and marine ecosystems. 1. Rates and importance. Limnol Oceanogr 33:669–687

Hsieh H-L, Chen C-P, Chen Y-G, Yang H-H (2002) Diversity of benthic organic matter flows through polychaetes and crabs in a mangrove estuary: $\delta^{13}C$ and $\delta^{34}S$ signals. Mar Ecol Prog Ser 227:145–155

Huitric M, Folke C, Kautsky N (2002) Development and government policies of the shrimp farming industry in Thailand in relation to mangrove ecosystems. Environ Res Econ 40:441–455

Hwang YH, Chen SC (2001) Effects of ammonium, phosphate, and salinity on growth, gas exchange characteristics, and ionic contents of seedlings of the mangrove *Kandelia candel* (L) Druce. Bot Bull Acad Sinica 42:131–139

Iizumi H (1986) Soil nutrient dynamics. In: Cragg S, Polunin N (eds) Workshop on mangrove ecosystem dynamics. UNDP/UNESCO regional project (RAS/79/002), pp 171–180. UNESCO, New Delhi

Imamura M, Tateda Y, Ishii T (2007) Emission of nitrous oxide from coastal water and sediments of mangrove forest ecosystems. In: Tateda Y (ed) Greenhouse gas and carbon balances in mangrove coastal ecosystems, pp 179–188. Gendai Tosho, Kanagawa, Japan

Ishida A, Toma T, Marjenah (1999a) Leaf gas exchange and chlorophyll fluorescence in relation to leaf angle, azimuth, and canopy position in the tropical pioneer tree, *Macaranga conifera*. Tree Physiol 19:117–124

Ishida A, Toma T, Marjenah (1999b) Limitation of leaf carbon gain by stomatal and photochemical processes in the top canopy of *Macaranga conifera*, a tropical pioneer tree. Tree Physiol 19:467–473

Ishimatsu A, Hishida Y, Takita T, Kanda T, Oikawa S, Takeda T, Huat KK (1998) Mudskippers store air in their burrows. Nature 391:237–238

Islam MdS, Haque M (2004) The mangrove-based coastal and nearshore fisheries of Bangladesh: Ecology, exploitation and management. Rev Fish Biol Fish 14:153–180

Janssen R, Padilla JE (1999) Preservation or conversion? Valuation and evaluation of a mangrove forest in the Philippines. Environ Res Econ 14:297–331

Jayasekera R (1991) Chemical composition of the mangrove, *Rhizophora mangle* L. J Plant Physiol 138:119–121

Jennerjahn TC, Ittekkot V (1997) Organic matter in sediments in the mangrove areas and adjacent continental margins of Brazil: I. Amino acids and hexosamines. Oceanol Acta 20:359–369

Jennerjahn TC, Ittekkot V (2002) Relevance of mangroves for the production and deposition of organic matter along tropical continental margins. Naturwissenschaften 89:23–30

Jiménez JA, Lugo AE, Cintron G (1985) Tree mortality in mangrove forests. Biotropica 17:177–185

Jordan CF (1985) Nutrient cycling in tropical forest ecosystems. Wiley, Chicester Joshi GV, Sontakke S, Bhosale I, Waghmode AP (1984) Photosynthesis and photorespiration in mangroves. In: Teas HJ (ed) Physiology and management of mangroves, pp 210–238

Joye SB, Lee RY (2004) Benthic microbial mats: Important sources of fixed nitrogen and carbon to the Twin Cays, Belize ecosystem. Atoll Res Bull 53:1–24

Jyothibabu R, Madhu NV, Jayalakshmi KV, Balachandran KK, Shiyas CA, Martin GD, Nair KKC (2006) Impact of freshwater influx on microzooplankton mediated food web in a tropical estuary (Cochin backwaters -India). Est Coast Shelf Sci 69:505–518

Kathiresan K (2000) A review of studies on Pichavarum mangroves, southeast India. Hydrobiologia 430:185–205

Kathiresan K, Bingham BL (2001) Biology of mangroves and mangrove ecosystems. Adv Mar Biol 40:81–251

Kathiresan K, Rajendran N (2002) Fishery resources and economic gain in three mangrove areas on the south-east coast of India. Fish Manage Ecol 9:277–283

Kay JJ, Graham LA, Ulanowicz RE (1989) A detailed guide to network analysis. In: Wulff F, Fields JG, Mann KH (eds) Network analysis in marine ecology: methods and applications, pp 15–61. Springer, Berlin

Kenzo T, Ichie T, Yoneda R, Kitahashi Y, Watanabe Y, Ninomiya I, Koike T (2004) Interspecific variation of photosynthesis and leaf characteristics in canopy trees of five species of Dipterocarpaceae in a tropical rain forest. Tree Physiol 24:1187–1192

Kibirige I, Perissinotto R, Nozais C (2002) Alternative food sources of zooplankton in a temporarilyopen estuary: Evidence from $\delta^{13}C$ and $\delta^{15}N$. J Plankton Res 24:1089–1095

Kieckbusch DK, Koch MS, Serafy JE, Anderson WT (2004) Trophic linkages among primary producers and consumers in fringing mangroves of subtropical lagoons. Bull Mar Sci 74:271–285

Kimmerer WJ, McKinnon AD (1987) Zooplankton in a marine bay. II. Vertical migration to maintain horizontal distributions. Mar Ecol Prog Ser 41:53–60

Kimmins JP (2004) Forest ecology, 3rd edn. Prentice-Hall, Upper Saddle River, NJ.

Kirita H, Hozumi K (1973) Estimation of the total chlorophyll amount and its seasonal change in a warm-temperate evergreen oak forest at Minamata, Japan. Jpn J Ecol 23:195–200

Kitheka JU (1996) Water circulation and coastal trapping of brackish water in a tropical mangrove-dominated bay in Kenya. Limnol Oceanogr 41:169–176

Kitheka JU (1998) Groundwater outflow and its linkage to coastal circulation in a mangrove-fringed creek in Kenya. Est Coast Shelf Sci 47:63–75

Kitheka JU, Ohowa BO, Mwashote BM, Shimbira WS, Mwaluma JM, Kazungu JM (1996) Water circulation dynamics, water column nutrients and plankton productivity in a well-flushed tropical bay in Kenya. J

Sea Res 35:257–268
Kitheka JU, Mwashote BM, Ohowa BO, Kamau J (1999) Water circulation, groundwater outflow and nutrient dynamics in Mida Creek, Kenya. Mangr Salt Marsh 3:135–146
Kitheka JU, Ongwenyi GS, Mavuti KM (2003) Fluxes and exchange of suspended sediment in tidal inlets draining a degraded mangrove forest in Kenya. Est Coast Shelf Sci 56:655–667
Kitaya Y, Yabuki K, Kiyota M, Tani A, Hirano T, Aiga I (2002) Gas exchange and oxygen concentration in pneumatophores and prop roots of four mangrove species. Trees 16:155–158
Koch BP, Harder J, Lara RJ, Kattner G (2005) The effect of selective microbial degradation on the composition of mangrove derived pentacyclic triterpenols in surface sediments. Org Geochem 36:273–285
Koch MS, Snedaker SC (1997) Factors influencing *Rhizophora mangle* L seedling development in Everglades carbonate soils. Aquat Bot 59:87–98
Koch MS, Benz RE, Rudnick DT (2001) Solid-phase phosphorus pools in highly organic carbonate sediments of Northeastern Florida Bay. Est Coast Shelf Sci 52:279–291
Koch V, Wolff M (2002) Energy budget and ecological role of mangrove epibenthos in the Caeté estuary, North Brazil. Mar Ecol Prog Ser 228:119–130
Komiyama A, Ogino K, Sabhasri S (1987) Root biomass of mangrove forests in southern Thailand. 1. Estimation by the trench method and the zonal structure of root biomass. J Trop Ecol 3:97–108
Komiyama A, Ong JE, Poungparn S (2008) Allometry, biomass, and productivity of mangrove forests: A review. Aquat Bot 89:128–137
Koné YJ-M, Borges AV (2008) Dissolved inorganic carbon dynamics in the waters surrounding forested mangroves of the Ca Mau Province (Vietnam). Est Coast Shelf Sci 77:409–421
Königer M, Harris GC, Virgo A, Winter K (1995) Xanthophyll-cycle pigments and photosynthetic capacity in tropical forest species: A com-

parative field study on canopy, gap and understory plants. Oecologia 104:270–290

Kothamasi D, Kothamasi S, Bhattacharayya A, Chander Kuhad R, Babu CR (2006) Arbuscular mycorrhizae and phosphate-solubilizing bacteria of the rhizosphere of the mangrove ecosystem of Great Nicobar Island, India. Biol Fertil Soils 42:358–361

Krause GH, Virgo A, Winter K (1995) Photoinhibition of photosynthesis in plants growing in natural tropical forest gaps. A chlorophyll fluorescence study. Planta 197:583–591

Krause TEC, Dahlgren RA, Zasoki RJ (2003) Tannins in nutrient dynamics of forest ecosystems: A review. Plant Soil 256:41–66

Krauss KW, Doyle TW, Twilley RR, Smith III TJ, Whelen KRT, Sullivan JK (2005) Woody debris in the mangrove forests of South Florida. Biotropica 37:9–15

Krauss KW, Doyle TW, Twilley RR, Rivera-Monroy VH, Sullivan JK (2006) Evaluating the relative contributions of hydroperiod and soil fertility on growth of south Florida mangroves. Hydrobiologia 569:311–324

Krauss KW, Keeland B, Allen J, Ewel K, Johnson D (2007a) Effects of season, rainfall, and hydrogeomorphic setting on mangrove tree growth in Micronesia. Biotropica 39:161–170

Krauss KW, Young PJ, Chambers JL, Doyle TW, Twilley RR (2007b) Sap flow characteristics of neotropical mangroves in flooded and drained soils. Tree Physiol 27:775–783

Krauss KW, Lovelock CE, McKee KL, López-Hoffman L, Ewe SHL, Sousa WP (2008) Environmental drivers in mangrove establishment and early development: A review. Aquat Bot 89:105–127

Kreuzwieser J, Buchholz J, Rennenberg H (2003) Emission of methane and nitrous oxide by Australian mangrove ecosystems. Plant Biol 5:423–431

Kristensen E (2007) Carbon balance in mangrove sediments: The driving processes and their controls. In: Tateda Y (ed) Greenhouse gas and carbon balances in mangrove coastal ecosystems, pp 61–78. Gendai

Tosho, Kanagawa, Japan
Kristensen E (2008) Mangrove crabs as ecosystem engineers; with emphasis on sediment processes. J Sea Res 59:30–43
Kristensen E, Alongi DM (2006) Control by fiddler crabs (*Uca vocans*) and plant roots (*Avicennia marina*) on carbon, iron, and sulfur biogeochemistry in mangrove sediment. Limnol Oceanogr 51:1557–1571
Kristensen E, Pilgaard R (2001) The role of fecal pellet deposition by leaf-eating sesarmid crabs on litter decomposition in a mangrove sediment (Phuket, Thailand). In: Aller JY, Woodin SA, Aller RC (eds) Organism-sediment relations, pp 369–384. University of South Carolina Press, Columbia
Kristensen E, Suraswadi P (2002) Carbon, nitrogen and phosphorus dynamics in creek water of a southeast Asian mangrove forest. Hydrobiologia 474:197–211
Kristensen E, Andersen FØ, Kofoed LH (1988) Preliminary assessment of benthic community metabolism in a south-east Asian mangrove swamp. Mar Ecol Prog Ser 48:137–145
Kristensen E, Devol AH, Ahmed SI, Saleem M (1992) Preliminary study of benthic metabolism and sulfate reduction in a mangrove swamp of the Indus Delta, Pakistan. Mar Ecol Prog Ser 90:287–297
Kristensen E, King GM, Holmer M, Banta GT, Jensen MH, Hansen K, Bussarawit (1994) Sulfate reduction, acetate turnover and carbon metabolism in sediments of the Ao Nam Bor mangrove, Phuket, Thailand. Mar Ecol Prog Ser 199:245–255
Kristensen E, Holmer M, Banta GT, Jensen MH, Hansen K (1995) Carbon, nitrogen and sulfur cycling in sediments of the Ao Nam Bor mangrove forest, Phuket, Thailand: A review. Phuket Mar Biol Cent Res Bull 60:37–64
Kristensen E, Jensen MH, Banta GT, Hansen K, Holmer M, King GM (1998) Transformation and transport of inorganic nitrogen in sediments of a southeast Asian mangrove forest. Aquat Micro Ecol 15:165–175
Kristensen E, Andersen FØ, Holmboe N, Holmer M, Thongtham N (2000)

Carbon and nitrogen mineralization in sediments of the Bangrong mangrove area, Phuket, Thailand. Aquat Micro Ecol 22:199–213

Kristensen E, Bouillon S, Dittmar T, Marchand C (2008) Organic carbon dynamics in mangrove ecosystems: A review. Aquat Bot 89:201–219

Kruitwagen G, Nagelkerkan I, Lugendo BR, Pratap HB, Wendelaar Bonga SE (2007) Influence of morphology and amphibious life-style on the feeding ecology of the mudskipper *Periophthalmus argentilineatus*. J Fish Biol 71:39–52

Krumme U, Liang T-H (2004) Tidal-induced changes in a copepod-dominated zooplankton community in a macrotidal mangrove channel in northern Brazil. Zool Stud 43:404–414

Kurosawa K, Suzuki Y, Tateda Y, Sugito S (2003) A model of the cycling and export of nitrogen in Fukido mangrove in Ishigaki Island. J Chem Eng Jpn 36:411–416

Kutner MB (1975) Seasonal variation and phytoplankton distribution in Cananeia region. In: Walsh GE, Snedaker SC, Teas HJ (eds) Proceedings international symposium on the biology and management of mangroves, vol 1, pp 153–169. University of Florida, Gainsville, FL

Lacerda LD (1992) Carbon burial in mangrove sediments, a potential source of carbon to the sea during events of sea-level change. In: Lacerda LD, Turcq B, Knoppers B, Kjerfve B (eds) Paleoclimatic changes and the carbon cycle, pp 107–114. Soc Bras Geoquim, Rio de Janeiro, Brazil

Lacerda LD, Ittekkot V, Patchineelam SR (1995) Biogeochemistry of mangrove soil organic matter: A comparison between *Rhizophora* and *Avicennia* soils in South-eastern Brazil. Est Coast Shelf Sci 40:713–720

Lacerda LD, Conde JE, Kjerfve B, Alvarez-León R, Alarcón C, Polanía J (2002) American mangroves. In: Lacerda LD (ed) Mangrove ecosystems: function and management, pp 1–62. Springer, Berlin

Lai DY, Lam KC (2008) Phosphorus retention and release by sediments in the eutrophic Mai Po Marshes, Hong Kong. Mar Pollut Bull 57:349–356

Lampitt RS, Gamble JC (1982) Diet and respiration of the small planktonic marine copepod *Oithona nana*. Mar Biol 62:185–190

Landry M (2001) Microbial loops. In: Steele JH, Thorpe S, Turekian K (eds) Encyclopedia of ocean sciences, pp 1763–1770. Academic, London

Larcombe P, Ridd PV (1996) Dry season hydrodynamics and sediment transport in mangrove creeks. In: Pattariatchi C (ed) Mixing processes in estuaries and coastal seas, pp 388–404. American Geophysical Union, Washington, DC

Larsson J, Folke C, Kautsky N (1994) Ecological limitations and appropriation of ecosystem support by shrimp farming in Colombia. Environ Manag 18:663–676

Larsson R, Padilla JE (1999) Preservation or conversion? Valuation and evaluation of a mangrove forest in the Philippines. Environ Res Econ 14: 297–331

Latief H, Hadi S (2007) The role of forests and trees in protecting coastal areas against tsunamis. In: Braatz S, Fortuna S, Broadhead J, Leslie R (eds) Coastal protection in the aftermath of the Indian Ocean tsunami: what role for forests and trees?, pp 5–35. Proceedings of the Regional Technical Workshop, Khao Lak, Thailand

Leakey ADB, Press MC, Scholes JD (2003) High-temperature inhibition of photosynthesis is greater under sunflecks than uniform irradiance in a tropical rain forest tree seedling. Plant Cell Environ 26:1681–1690

Lee C-W, Bong C-W (2006) Carbon flux through bacteria in a eutrophic tropical environment: Port Klang waters. In: Wolanski E (ed) The environment of Asia Pacific harbours, pp 329–345. Springer, Dordrecht

Lee C-W, Bong C-W (2007) Bacterial respiration, growth efficiency and protist grazing rates in mangrove waters in Cape Rachado, Malaysia. Asian J Water Environ Pollut 4:11–16

Lee RY, Joye SB (2006) Seasonal patterns of nitrogen fixation and denitrification in oceanic mangrove habitats. Mar Ecol Prog Ser 307:127–141

Lee SY (1989) The importance of sesarminae crabs *Chiromanthes* spp and inundation frequency on mangrove (*Kandelia candel* (L) Druce) leaf litter turnover in a Hong Kong tidal shrimp pond. J Exp Mar Biol Ecol 131:23–43

Lee SY (1990) Primary productivity and particulate organic matter flow in an estuarine mangrove wetland in Hong Kong. Mar Biol 106:453–463

Lee SY (1995) Mangrove outwelling: A review. Hydrobiologia 295:203–212

Lee SY (1997) Potential trophic importance of the faecal material of the mangrove sesarmine crab *Sesarma messa*. Mar Ecol Prog Ser 159:275–284

Lee SY (1998) Ecological role of grapsid crabs in mangrove ecosystems: A review. Mar Freshw Res 49:335–343

Lee SY (2004) Relationship between mangrove abundance and tropical prawn production: A reevaluation. Mar Biol 145:943–949

Lee SY (2008) Mangrove macrobenthos: Assemblages, services, and linkages. J Sea Res 59:16–29

Lee YS, Kaur B, Broom MJ (1984) The effect of palm oil effluent on the nutrient status and planktonic primary production of a Malaysian mangrove inlet. In: Soepadmo E, Rao AN, Macintosh DJ (eds) Proceedings of the UNESCO Asian symposium on mangrove environment: research and management, pp 575–591. University of Malaya, Kuala Lumpur, Malaysia

Legendre L, Rivkin RB (2008) Planktonic food webs: Microbial hub approach. Mar Ecol Prog Ser 365:289–309

Leh CMU, Sasekumar A (1984) Feeding ecology of prawns in shallow waters adjoining mangrove shores. In: Soepadmo E, Rao AN, Macintosh DJ (eds) Proceedings of the Asian symposium on mangrove environment: research and management, pp 331–353. Ardyas, University of Malaya and UNESCO

Leh CMU, Sasekumar A (1985) The food of sesarmine crabs in Malaysian mangrove forests. Malay Nat J 39:135–145

Lekphet S, Nitisoravut S, Adsvakulchai S (2005) Estimating methane emissions from mangrove area in Ranong Province, Thailand. Songklanakarin J Sci Technol 27:153–163

Li MS (1997) Nutrient dynamics of a Futian mangrove forest in Shenzhen, south China. Est Coast Shelf Sci 45:463–472

Lin G, Sternberg L daS (1992) Comparative study of water uptake and photosynthetic gas exchange between scrub and fringe red mangroves, *Rhizophora mangle* L. Oecologia 90:399–403

Lin H-J, Shao K-T, Kuo S-R, Hsieh H-L, Wong S-L, Chen I-M, Lo W-T, Hung J-J (1999) A trophic model of a sandy barrier lagoon at Chiku in southwestern Taiwan. Est Coast Shelf Sci 48:575–588

Lin P (1999) Mangrove ecosystems in China. Science Press, Beijing

Lindquist ES, Carroll CR (2004) Differential seed and seedling predation by crabs: Impacts on tropical coastal forest composition. Oecologia 141:661–671

Litton CM, Raich JW, Ryan MG (2007) Carbon allocation in forest ecosystems. Global Change Biol 13:1–21

Loneragan NR, Ahmad Adnan N, Connolly RM, Manson FJ (2005) Prawn landings and their relationship with the extent of mangroves and shallow waters in western peninsular Malaysia. Est Coast Shelf Sci 63:187–200

Lopez OR, Kursar TA (1999) Flood tolerance of four tropical tree species. Tree Physiol 19:925–932

López-Hoffman L, Anten NPR, Martinez-Ramos M, Ackerly DD (2007) Salinity and light interactively affect neotropical mangrove seedlings at the leaf and whole plant levels. Oecologia 150:545–556

Lovelock CE (2008) Soil respiration and belowground carbon allocation in mangrove forests. Ecosystems 11:342–354

Lovelock CE, Ball MC (2002) Influence of salinity on photosynthesis of halophytes. In: Läuchli A, Lüttge U (eds) Salinity: environment-plants-molecules, pp 315–339. Kluwer, Utrecht

Lovelock CE, Feller IC (2003) Photosynthetic performance and resource utilization of two mangrove species coexisting in hypersaline scrub forest. Oecologia 134:455–462

Lovelock CE, Virgo A, Popp M, Winter K (1999) Effects of elevated CO_2 concentrations on photosynthesis, growth and reproduction of branches of the tropical canopy tree species, *Luehea seemannii* Tr. & Planch.

Plant Cell Environ 22:49–59

Lovelock CE, Ball MC, Feller IC, Engelbrecht BMJ, Ewe ML (2006a) Variation in hydraulic conductivity of mangroves: Influence of species, salinity, and nitrogen and phosphorus availability. Physiol Plantarum 127:457–464

Lovelock CE, Feller IC, Ball MC, Engelbrecht BMJ, Ewe ML (2006b) Differences in plant function in phosphorus- and nitrogen-limited mangrove ecosystems. New Phytol 172:514–522

Lovelock CE, Ruess RW, Feller IC (2006c) Fine root respiration in the mangrove *Rhizophora mangle* over variation in forest structure and nutrient availability. Tree Physiol 26:1601–1606

Lovelock CE, Feller IC, Ball MC, Ellis J, Sorrell B (2007) Testing the growth rate vs geochemical hypothesis for latitudinal variation in plant nutrients. Ecol Lett 10:1154–1163

Lu C, Wong Y, Tam NFY, Lovelock CE, Feller IC, McKee KL, Engelbrecht BMJ, Ball MC (2004) The effect of nutrient enrichment on growth, photosynthesis and hydraulic conductance of dwarf mangroves in Panama. Funct Ecol 18:25–33

Lu Y, Cui S, Lin P (1998) Preliminary studies on methane fluxes in Hainan mangrove communities. Chin J Oceanol Limnol 16:57–64

Lugendo BR, Nagelkerken I, van der Velde G, Mgaya YD (2006) The importance of mangroves, mud and sand flats, and seagrass beds as feeding areas for juvenile fishes in Chwaka Bay, Zanzibar: Gut content and stable isotope analyses. J Fish Biol 69:1639–1661

Lugo AE, Evink G, Brinson MM, Broce A, Snedaker SC (1975) Diurnal rates of photosynthesis, respiration, and transpiration in mangrove forests of South Florida. In: Golley FB, Medina E (eds) Tropical ecological systems: trends in terrestrial and aquatic research, pp 335–350. Springer, Berlin

Lugo AE, Sell M, Snedaker SC (1976) Mangrove ecosystem analysis. In: Patten BC (ed) Systems analysis and simulation in ecology, vol IV, pp 113–145. Academic, New York

Lugo AE, Brown S, Brinson MM (1988) Forested wetlands in freshwater and salt-water environments. Limnol Oceanogr 33:894–909

Lüttge U (1997) Physiological ecology of tropical plants. Springer, Berlin

Luyssaert S, Inglima I, Jung M et al. (2007) CO_2 balance of boreal, temperate, and tropical forests derived from a global database. Global Change Biol 13:2509–2537

Lyimo TJ, Pol A, Op den Camp HJM (2002) Methane emission, sulphide concentration and redox potential profiles in Mtoni mangrove sediment, Tanzania. West Ind Ocean J Mar Sci 1:71–80

Lynch JC, Meriwether JR, McKee BA, Vera-Herrera F, Twilley RR (1989) Recent accretion in mangrove ecosystems based on ^{137}Cs and ^{210}Pb. Estuaries 12:284–299

Machado W, Gueiros BB, Lisboa-Filho SD, Lacerda LD (2005) Trace metals in mangrove seedlings: Role of iron plaque formation. Wetlands Ecol Manag 13:199–206

Machiwa JF (2000) $\delta^{13}C$ signatures of flora, macrofauna and sediment of a mangrove forest partly affected by sewage wastes. Tanz J Sci 26:16–28

Machiwa JF, Hallberg RO (2002) An empirical model of the fate of organic material in a mangrove forest partly affected by anthropogenic activity. Ecol Model 147:69–83

Macintosh DJ (1977) Quantitative sampling and production estimates of fiddler crabs in a Malaysian mangrove. Mar Res Indones 18:59–73

Macintosh DJ (1984) Ecology and productivity of Malaysian mangrove crab populations (Decapoda:Brachyura). In: Soepadmo E, Rao AN, Macintosh DJ (eds) Proc Asian symp on mangrove environment: research and management, pp 315–341. Ardyas, University of Malaya and UNESCO

Maie N, Pisani O, Jaffé R (2008) Mangrove tannins in aquatic ecosystems: Their fate and possible influence on dissolved organic carbon and nitrogen cycling. Limnol Oceanogr 53:160–171

Manickchand-Heileman S, Arreguín-Sánchez F, Lara-Domínguez A, Soto LA (1998) Energy flow and network analysis of Terminos Lagoon, SW

Gulf of Mexico. J Fish Biol 53 (Suppl A):179–197

Manson FJ, Loneragan NR, Skilleter GA, Phinn SR (2005a) An evaluation of the evidence for linkages between mangroves and fisheries: A synthesis of the literature and identification of research directions. Oceanogr Mar Biol Annu Rev 43:483–513

Manson FJ, Loneragan NR, Harch BD, Skilleter GA, Williams L (2005b) A broad-scale analysis of links between coastal fisheries production and mangrove extent: A case-study for northeastern Australia. Fish Res 74:69–85

Manzoli S, Jackson RB, Trofymow JA, Porporato A (2008) The global stoichiometry of litter nitrogen mineralization. Science 321:684–686

Marchand C, Lallier-Vergès E, Baltzer F (2003) The composition of sedimentary organic matter in relation to the dynamic features of a mangrove-fringed coast in French Guiana. Est Coast Shelf Sci 56:119–130

Marchand C, Disnar JR, Lallier-Vergès E, Lottier N (2005) Early diagenesis of carbohydrates and lignin in mangrove sediments subject to variable redox conditions (French Guiana). Geochim Cosmochim Acta 69:131–142

Marenco RA, Gonçalves J F deC, Vieira G (2001) Leaf gas exchange and carbohydrates in tropical trees differing in successional status in two light environments in central Amazonia. Tree Physiol 21:1311–1318

Maria GL, Sridhar KR (2004) Fungal colonization of immersed wood in mangroves of the southwest coast of India. Can J Bot 82:1409–1418

Marten GG, Polovina JJ (1982) A comparative study of fish yields from various tropical ecosystems. In: Pauly D, Murphy GI (eds) Theory and management of tropical fisheries, pp 255–285. ICLARM, Manila

Martin CE, Loeschen VS (1993) Photosynthesis in the mangrove species *Rhizophora mangle* L: No evidence for CAM cycling. Photosynthetica 28:391–400

Martosubroto P, Naamin N (1977) Relationship between tidal forests (mangroves) and commercial shrimp production in Indonesia. Mar Res Indonesia 18:81–86 Massel SR, Furukawa K, Brinkman RM (1999) Surface wave propagation in mangrove forests. Fluid Dyn Res 24:219–249

Matsui N (1998) Estimated stocks of organic carbon in mangrove roots and sediments in Hinchinbrook Channel, Australia. Mangr Salt Marsh 2:199–204

Mazda Y, Ikeda Y (2006) Behavior of the groundwater in a riverine-type mangrove forest. Wetlands Ecol Manage 14:477–488

Mazda Y, Yokochi H, Sato Y (1990) Groundwater flow in the Bashita-Minato mangrove area, and its influence on water and bottom water properties. Est Coast Shelf Sci 31:621–638

Mazda Y, Kanazawa N, Wolanski E (1995) Tidal asymmetry in mangrove creeks. Hydrobiologia 295:51–58

Mazda Y, Magi M, Kogo M, Hong PH (1997a) Mangroves as a coastal protection from waves in the Tong King delta, Vietnam. Mangr Salt Marsh 1:127–135

Mazda Y, Wolanski E, King B, Sase A, Ohtsuka D, Magi M (1997b) Drag force due to vegetation in mangrove swamps. Mangr Salt Marsh 1:193–199

Mazda Y, Kanazawa N, Kurokawa T (1999) Dependence of dispersion on vegetation density in a tidal creek-mangrove swamp system. Mangr Salt Marsh 3:59–66

Mazda Y, Kobashi D, Okada S (2005) Tidal-scale hydrodynamics within mangrove swamps. Wetlands Ecol Manag 13:647–655

Mazda Y, Magi M, Ikeda Y, Kurokawa T, Asano T (2006) Wave reduction in a mangrove forest dominated by *Sonneratia* sp.. Wetlands Ecol Manag 14:365–378

Mazda Y, Wolanski E, Ridd PV (2007) The role of physical processes in mangrove environments: Manual for the preservation and utilization of mangrove ecosystems. TERRAPUB, Tokyo

McGuiness KA (1997) Seed predation in a tropical mangrove forest: A test of the dominance predation model in northern Australia. J Trop Ecol 13:293–302

McKee KL (1993) Soil physicochemical patterns and mangrove species distribution-reciprocal effects? J Ecol 81:477–487

McKee KL (1996) Growth and physiological responses of neotropical mangrove seedlings to root zone hypoxia. Tree Physiol 16:883–889

McKee KL (2001) Root proliferation in decaying roots and old root channels: A nutrient conservation mechanism in oligotrophic mangrove forests? J Ecol 89:876–887

McKee KL, Faulkner PL (2000) Restoration of biogeochemical function in mangrove forests. Restoration Ecol 8:247–259

McKee KL, Mendelssohn IA (1987) Root metabolism in the black mangrove (*Avicennia germinans* (L) L): Response to hypoxia. Environ Exp Bot 27:147–156

McKee KL, Mendelssohn IA, Hester MW (1988) Reexamination of pore water sulfide concentrations and redox potentials near the aerial roots of *Rhizophora mangle* and *Avicennia germinans*. Am J Bot 75:1352–1359

McKee KL, Feller IC, Popp M, Wanek W (2002) Mangrove isotopic ($\delta^{15}N$ and $\delta^{13}C$) fractionation across a nitrogen vs phosphorus limitation gradient. Ecology 83:1065–1075

McKee KL, Cahoon DR, Feller IC (2007) Caribbean mangroves adjust to rising sea level through biotic controls on change in soil elevation. Global Ecol Biogeogr 16:545–556

McKillup SC, McKillup RV (1997) An outbreak of the moth *Achaea serva* (Fabr.) on the mangrove *Excoecaria agallocha* (L). Pan-Pacific Entomol 73:184–185

McKinnon AD, Ayukai T (1996) Copepod egg production and food resources in Exmouth Gulf, Western Australia. Mar Freshw Res 47:595–603

McKinnon AD, Klumpp DW (1998) Mangrove zooplankton of North Queensland, Australia. II. Copepod egg production and diet. Hydrobiologia 362:145–160

McKinnon AD, Trott LA, Alongi DM, Davidson A (2002a) Water column production and nutrient characteristics in mangrove creeks receiving shrimp farm effluent. Aquac Res 33:55–73

McKinnon AD, Trott LA, Cappo M, Miller DK, Duggan S, Speare P, Davidson A (2002b) The trophic fate of shrimp farm effluent in mangrove

creeks of North Queensland, Australia. Est Coast Shelf Sci 55:655–671
McKinnon AD, Smit N, Townsend S, Duggan S (2006) Darwin Harbour: Water quality and ecosystem structure in a tropical harbour in the early stages of development. In: Wolanski E (ed) The environment of Asia Pacific harbours, pp 433–459. Springer, Dordrecht
Medina E, Cuevas E (1989) Patterns of nutrient accumulation and release in Amazonian forests of the upper Rio Negro basin. In: Proctor J (ed) Mineral nutrients in tropical forest and savanna ecosystems, pp 217–240. Blackwell Science, Oxford
Mehlig U (2001). Aspects of tree primary production in an equatorial mangrove forest in Brazil. ZMT Contribution No 14. Cent Trop Mar Ecol, Bremen
Meyer RL, Risgaard-Petersen N, Allen DE (2005) Correlation between anammox activity and microscale distribution of nitrite in a subtropical mangrove sediment. Appl Environ Microbiol 71:6142–6149
Meyer RL, Allen DE, Schmidt S (2008) Nitrification and denitrification as sources of sediment nitrous oxide production: A microsensor approach. Mar Chem 110:68–76
Meziane T, Tsuchiya M (2000) Fatty acids as tracers of organic matter in the sediment and food web of a mangrove/intertidal flat ecosystem, Okinawa, Japan. Mar Ecol Prog Ser 200:49–57
Meziane T, Sanabe MC, Tsuchiya M (2002) Role of fiddler crabs of a subtropical intertidal flat on the fate of sedimentary fatty acids. J Exp Mar Biol Ecol 270:191–201
Mfilinge PL, Meziane T, Bachok Z, Tsuchiya M (2003) Fatty acids in decomposing mangrove leaves: Microbial activity, decay and nutritional quality. Mar Ecol Prog Ser 265:97–105
Mfilinge PL, Meziane T, Bachok Z, Tsuchiya M (2005) Litter dynamics and particulate organic matter outwelling from a subtropical mangrove in Okinawa Island, South Japan. Est Coast Shelf Sci 63:301–313
Middelburg JJ, Nieuwenhuize J, Slim FJ, Ohowa B (1996) Sediment biogeochemistry in an East African mangrove forest (Gazi Bay, Kenya). Bio-

geochemistry 34:133–155
Middelburg JJ, Duarte CM, Gattuso J-P (2005) Respiration in coastal benthic communities. In: del Giorgio PA, leB Williams, PJ (eds) Respiration in aquatic ecosystems, pp 206–224. Oxford University Press, Oxford
Middleton BA, McKee KL (2001) Degradation of mangrove tissues and implications for peat formation in Belizean island forests. J Ecol 89:818–828
Miller PC (1972) Bioclimate, leaf temperature, and primary production in red mangrove canopies in south Florida. Ecology 53:22–45
Miller PC (1975) Simulation of water relations and net photosynthesis in mangroves of southern Florida.In: Snedaker SC, Teas HJ (eds) Proceedings of the international symposium on biology and management of mangroves, vol 2, pp 615–631. University of Florida, Gainesville, FL
Millero FJ, Hiscock WT, Huang F, Roche M, Zhang JZ (2001) Seasonal variation of the carbonate system in Florida Bay. Bull Mar Sci 68:101–123
Moberg F, Rönnback P (2003) Ecosystem services of the tropical seascape: Interactions, substitutions and restoration. Ocean Coast Manag 46:27–46
Mohammed SM, Johnstone RW (1995) Spatial and temporal variations in water column nutrient concentrations in a tidally dominated mangrove creek: Chwaka Bay, Zanzibar. Ambio 24:482–486
Mokhtari M, Savari A, Rezai H, Kochanian P, Bitaab A (2008) Population ecology of the fiddler crab, *Uca lactea annulipes* (Decapoda: Ocypodidae) in Sirik mangrove estuary, Iran. Est Coast Shelf Sci 76:273–281
Monji N (2007) Characteristics of CO_2 flux over a mangrove forest. In: Tateda Y (ed) Greenhouse gas and carbon balances in mangrove coastal ecosystems, pp 197–208. Gendai Tosho, Kanagawa, Japan
Monji N, Hamotani K, Hirano T, Tabuki K, Jintana V (1996) Characteristics of CO_2 flux over a mangrove forest of southern Thailand in rainy season. J Agric Meteorol 52:149–154
Monji, N, Hamotani K, Tosa R, Fukagawa T, Yabuki K, Hirano T, Jintana V, Piriyayota S, Nishimiya A, Iwasaki M (2002a) CO_2 and water vapour

flux evaluations by modified methods over a mangrove forest. J Agric Meteorol 58:63–68
Monji N, Hamotani K, Hamada Y, Agata Y, Hirano T, Yabuki K, Jintana V, Piriyayota S, Nishimiya A, Iwasaki M (2002b) Exchange of CO_2 and heat between mangrove forest and the atmosphere in wet and dry seasons in southern Thailand. J Agric Meteorol 58:71–77
Morell JM, Corredor JE (1993) Sediment nitrogen trapping in a mangrove lagoon. Est Coast Shelf Sci 37:203–212
Muda DA, Mustafa NMSN (2003) A working plan for the Matang mangrove forest reserve, Perak. State Forestry Dept Perak, Ipoh, Malaysia
Mukhopadhyay SK, Biswas H, De TK, Jana TK (2006) Fluxes of nutrients from the tropical River Hooghly at the land-ocean boundary of Sundarbans, NE coast of Bay of Bengal, India. J Mar Syst 62:9–21
Muñoz-Hincapié M, Morell JM, Corredor JE (2002) Increase of nitrous oxide flux to the atmosphere upon nitrogen addition to red mangrove sediments. Mar Pollut Bull 44:992–996
Mumby PJ, Edwards AJ, Arlas-González J, Lindeman KC, Blackwell PG, Galt A, Gorczynska MI, Harborne AR, Pescod CL, Renken H, Wabnitz CCC, Llewellyn G (2004) Mangroves enhance the biomass of coral reef fish communities in the Caribbean. Nature 427:533–536
Murach D, Ruhiyat D, Iskandar E, Schulte A (1998) Fine root inventories in dipterocarp forests and plantations in East Kalimantan, Indonesia. In: Schulte A, Ruhiyat D (eds) Soils of tropical forest ecosystems, pp 186–191. Springer, Berlin
Muzuka ANN, Shunula JP (2006) Stable isotope compositions of organic carbon and nitrogen of two mangrove stands along the Tanzanian coastal zone. Est Coast Shelf Sci 66:447–458
Mwashote BM, Jumba IO (2002) Quantitative aspects of inorganic nutrient fluxes in the Gazi Bay (Kenya): Implications for coastal ecosystems. Mar Pollut Bull 44:1194–1205
Naamin N (1990) The ecological and economic roles of Segara Anakan, Indonesia, as a nursery ground of shrimp. In: Chou LM, Khoo T-E et al.

(eds) Towards an integrated management of tropical coastal resources, pp 119–130. ICLARM, Manila

Nagelkerken I, Blaber SJM, Bouillon S, Green P, Haywood M, Kirton LG, Meynecke J-O, Pawlik J, Penrose HM, Sasekumar A, Somerfield PJ (2008) The habitat function of mangroves for terrestrial and marine fauna. Aquat Bot 89:155–185

Naidoo G (1987) Effects of salinity and nitrogen on growth and water relations in the mangrove, *Avicennia marina* (Forsk) Vierh. New Phytol 107:317–325

Naidoo G (1990) Effects of nitrate, ammonium and salinity on growth of the mangrove *Bruguiera gymnorrhiza* (L) Lam. Aquat Bot 38:209–219

Naidoo G, Rogalla H, von Willert DJ (1998) Field measurements of gas exchange in *Avicennia marina* and *Bruguiera gymnorrhiza*. Mangr Salt Marsh 2:99–107

Naidoo G, Tuffers AV, von Willert DJ (2002) Changes in gas exchange and chlorophyll fluorescence characteristics of two mangroves and a mangrove associate in response to salinity in the natural environment. Trees 16:140–146

Naidoo G, Steinke TD, Mann FD, Bhatt A, Gairola S (2008) Epiphytic organisms on the pneumatophores of the mangrove *Avicennia marina*: Occurrence and possible function. Afr J Plant Sci 2:12–15

Nambiar EKS, Brown AG (eds) (1997) Management of soil, nutrients and water in tropical plantation forests. ACIAR Monograph No 43, ACIAR, Canberra

Nayar S (2006) Spatio-temporal fluxes in particulate carbon in a tropical coastal lagoon. Environ Monit Assess 112:53–68

Naylor E (2006) Orientation and navigation in coastal and estuarine zooplankton. Mar Freshw Behav Physiol 39:13–24

Nedwell DB, Blackburn TH, Wiebe WJ (1994) Dynamic nature of the turnover of organic carbon, nitrogen and sulphur in the sediments of a Jamaican mangrove forest. Mar Ecol Prog Ser 110:223–231

Newell RIE, Marshall N, Sasekumar A, Chong VC (1995) Relative importance of benthic microalgae, phytoplankton, and mangroves as sources of nutrition for penaeid prawns and other coastal invertebrates from Malaysia. Mar Biol 123:595–606

Newell SY (1996) Established and potential impacts of eukaryotic mycelial decomposers in marine/terrestrial ecotones. J Exp Mar Biol Ecol 200:187–206

Nichol CJ, Rascher U, Matsubara S, Osmond B (2006) Assessing photosynthetic efficiency in an experimental mangrove canopy using remote sensing and chlorophyll fluorescence. Trees 20:9–15

Nickerson DJ (1999) Trade-offs of mangrove area development in the Philippines. Ecol Econ 28:279–298

Nielsen MG, Christian K, Henriksen PG, Birkmose D (2006) Respiration by mangrove ants Camponotus anderseni during nest submersion associated with tidal inundation in northern Australia. Physiol Entomol 31:120–126

Nielsen T, Andersen FØ (2003) Phosphorus dynamics during decomposition of mangrove (*Rhizophora apiculata*) leaves in sediments. J Exp Mar Biol Ecol 293:73–88

Nixon SW (1988) Physical energy inputs and the comparative ecology of lake and marine ecosystems. Limnol Oceanogr 33:1005–1025

Nordhaus I, Wolff M, Diele K (2006) Litter processing and population food intake of the mangrove crab *Ucides cordatus* in a high intertidal forest in northern Brazil. Est Coast Shelf Sci 67:239–250

Nunes, RA, Simpson JH (1985) Axial convergence in a well-mixed estuary. Est Coast Shelf Sci 20:637–649

Nwoboshi LC (1984) Growth and nutrient requirements in a teak plantation age series in Nigeria. II. Nutrient accumulation and minimum annual requirements. For Sci 30:223–239

Nygren P (1995) Leaf CO_2 exchange of *Erythrina poeppigiana* (Leguminosae: Phaseolae) in humid tropical field conditions. Tree Physiol 15:71–83

Nyland RD (2001) Silviculture: concepts and applications. McGraw-Hill, New York

Odum EP (1968) A research challenge: Evaluating the productivity of coastal and estuarine water. In: Proceedings of the second sea grant congress, pp 63–64. University of Rhode Island, Graduate School of Oceanography, Kingston

Odum EP (1969) A strategy for ecosystem development. Science 164:262–269

Odum EP (2000) Tidal marshes as outwelling/pulsing systems. In: Weinstein MP, Kreeger DA (eds) Concepts and controversies in tidal marsh ecology, pp 3–7. Kluwer, Dordrecht

Odum EP, Barrett GW (2005) Fundamentals of ecology, 5th edn. Brooks/Cole, Belmont, CA

Odum HT (1973) Energy, ecology, economics. Ambio 2:220–227

Odum HT (1983) Systems ecology. Wiley-Interscience, New York

Odum WE, Heald EJ (1972) Trophic analyses of an estuarine mangrove community. Bull Mar Sci 22:671–737

Odum WE, Heald EJ (1975) The detritus-based food web of an estuarine mangrove community. In: Cronin LE (ed) Estuarine research, pp 265–286. Academic, New York

Odum WE, Fisher JS, Pickrel JC (1979) Factors controlling the flux of particulate organic carbon from estuarine wetlands. In: Livingston RJ (ed) Ecological processes in coastal and marine systems, pp 69–79. Plenum Press, New York

Odum WE, Mclvor CC, Smith III TJ (1982) The ecology of mangroves of South Florida: a community profile. US Fish and Wildlife Service, Office of Biological Services, Washington DC, FWS/OBS-81/24

Odum WE, Odum EP, Odum HT (1995) Nature's pulsing paradigm. Estuaries 18:547–555

Offenberg J, Macintosh DJ, Nielsen MG (2006) Indirect ant protection against crab herbivory: Damage-induced susceptibility to crab grazing may lead to its reduction on ant-colonized trees. Funct Ecol 20:52–57

Olafsson E, Buchmayer S, Skov MW (2002) The East African decapod crab *Neosarmatium meinerti* (de Man) sweeps mangrove floors clean of leaf litter. Ambio 31:569–573

Ong JE, Gong WK, Wong CH, Dhanarajan G (1984) Contributions of aquatic productivity in a managed mangrove ecosystem in Malaysia. In: Soepadmo E, Rao AN, Macintosh DJ (eds) Proceedings of the Asian symposium on mangrove environment: research and management, pp 209–215. Ardyas, University of Malaya and UNESCO

Ong JE, Gong WK, Wong CH (1985) Seven years of productivity studies in a Malaysian managed mangrove forest: Then what? In: Bardsley KN, Davie JDS, Woodruffe CD (eds) Coasts and tidal wetlands of the Australian monsoon region, pp 213–223. Australian National University Press, Darwin

Ong JE, Gong WK, Clough BF (1995) Structure and productivity of a 20-year-old stand of *Rhizophora apiculata* Bl mangrove forest. J Biogeogr 22:417–424

Ortiz M, Wolff M (2004) Qualitative modelling for the Caeté estuary (North Brazil): A preliminary approach to an integrated eco-social analysis. Est Coast Shelf Sci 61:243–250

Ovalle ARC, Rezende CE, Lacerda LD, Silva CAR (1990) Factors affecting the hydrochemistry of a mangrove tidal creek, Sepetiba Bay, Brazil. Est Coast Shelf Sci 31:639–650

Ovalle ARC, Rezende CE, Carvalho CEV, Jennerjahn TC, Ittekkot V (1999) Biogeochemical characteristics of coastal waters adjacent to small river-mangrove systems, Brazil. Geo-Ma Lett 19:179–185

Ozaki K, Takashima S, Suko O (2000) Ant predation suppresses populations of the scale insect *Aulacaspis marina* in natural mangrove forests. Biotropica 32:764–768

Pandey JS, Khanna P (1998) Sensitivity analysis of a mangrove ecosystem model. J Environ Syst 26:57–72

Parida AK, Das AB, Mittra B (2004) Effects of salt on growth, ion accumulation, photosynthesis and leaf anatomy of the mangrove, *Bruguiera parviflora*. Trees 18:167–174

Parkinson RW, DeLaune RD, White JR (1994) Holocene sea-level rise and the fate of mangrove forests within the wider Caribbean region. J Coast Res 10:1077–1086

Passioura JB, Ball MC, Knight JH (1992) Mangroves may salinize the soil and in so doing limit their transpiration rate. Funct Ecol 6:476–481

Patanaponpaiboon P, Poungparn S (2000) Photosynthesis of mangroves at Ao Sawi-Thung Kha, Chumphon, Thailand. Phuket Mar Biol Cent Spec Publ 22:27–30

Pauly D, Ingles J (1986) The relationship between shrimp yields and intertidal (mangrove) areas: A reassessment. In: IOC/ FAO workshop on recruitment in tropical coastal demersal communities, pp 227–284. IOC, UNESCO, Paris

Paw JN, Chua T-E (1991) An assessment of the ecological and economic impact of mangrove conversion in Southeast Asia. In: Chou LM (ed) Towards an integrated management of tropical coastal resources, pp 201–212. ICLARM, Manila

Peña EJ, Zingmark R, Nietch C (1999) Comparative photosynthesis of two species of intertidal epiphytic macroalgae on mangrove roots during submersion and emersion. J Phycol 35:1206–1214

Pérez-España H, Galván-Magaña F, Abitia-Cárdenas LA (1998) Growth, consumption, and productivity of the California killifish in Ojo de Liebre Lagoon, Mexico. J Fish Biol 52:1068–1077

Perry DA, Oren R, Hart SC (2008) Forest ecosystems, 2nd edn. Johns Hopkins University Press, Baltimore, MD

Phillis YA, Andriantiatsaholiniana LA (2001) Sustainability: An ill-defined concept and its assessment using fuzzy logic. Ecol Econ 29:235–252

Piou C, Berger U, Hildenbrandt H, Feller IC (2008) Testing the intermediate disturbance hypothesis in species-poor systems: A simulation experiment for mangrove forests. J Veget Sci 19:417–424

Poovachiranon S, Tantichodok P (1991) The role of sesarmid crabs in the mineralization of leaf litter of *Rhizophora apiculata* in a mangrove, southern Thailand. Phuket Mar Biol Cent Res Bull 56:63–74

Popp M (1995) Salt resistance in herbaceous halophytes and mangroves.

Prog Bot 56:416–429

Popp M, Polania J, Weiper M (1993) Physiological adaptations to different salinity levels in mangroves. In: Leith H, Al Masoom AA (eds) Towards the rational use of high salinity tolerant plants, vol 1, pp 217–224. Kluwer, Utrecht

Poret N, Twilley RR, Rivera-Monroy VH, Coronado-Molina C (2007) Belowground decomposition of mangrove roots in Florida Coastal Everglades. Est Coasts 30:491–496

Potts M (1979) Nitrogen-fixation (acetylene reduction) associated with communities of heterocystous and non-heterocystous blue-green algae in the mangrove forests of Sinai. Oecologia 39:359–374

Potts M, Whitton BA (1980) Vegetation of the intertidal zone of the lagoon of Aldabra, with particular reference to the photosynthetic prokaryotic communities. Proc R Soc Lond B 208:13–33

Pradeep Ram AS, Nair S, Chandramohan D (2003) Seasonal shift in net ecosystem production in a tropical estuary. Limnol Oceanogr 48:1601–1607

Procheş Ş, Marshall DJ (2002) Epiphytic algal cover and sediment deposition as determinants of arthropod distribution and abundance on mangrove pneumatophores. J Mar Biol Ass UK 82:937–942

Procheş Ş, Marshall DJ, Ugrasen K, Ramcharan A (2001) Mangrove pneumatophore arthropod assemblages and temporal patterns. J Mar Biol Ass UK 81:545–552

Proctor J (1987) Nutrient cycling in primary and old secondary rain forests. Appl Geogr 7:135–152

Proctor J (ed) (1989) Mineral nutrients in tropical forest and savanna ecosystems. Blackwell Science, Oxford

Proffitt CE, Devlin DJ (2005) Grazing by the intertidal gastropod *Melampus coffeus* greatly increases mangrove leaf litter degradation rates. Mar Ecol Prog Ser 296:209–218

Proisy C, Mougin E, Fromard F, Karam MA (2000) Interpretation of polarimetric signatures of mangrove forest. Remote Sens Environ 71:56–66

Proisy C, Mougin E, Fromard F, Karam MA, Trichon V (2002) On the influence of canopy structure on the polarimetric radar response from mangrove forest. Int J Remote Sens 23:4197–4210

Purvaja R, Ramesh R (2000) Natural and anthropogenic effects on phytoplankton primary productivity in mangroves. Chem Ecol 17:41–58

Purvaja R, Ramesh R (2001) Natural and anthropogenic methane emission from coastal wetlands of south India. Environ Manag 27:547–557

Purvaja R, Ramesh R, Frenzel P (2004) Plant-mediated methane emission from an Indian mangrove. Global Change Biol 10:1825–1834

Putland JN, Iverson RL (2007) Microzooplankton: Major herbivores in an estuarine plankton food web. Mar Ecol Prog Ser 345:63–73

Putz FE, Chan HT (1986) Tree growth, dynamics, and productivity in a mature mangrove forest in Malaysia. For Ecol Manag 17:211–230

Quartel S, Kroon A, Augustinus PGEF, Van Santen PV, Tri NH (2007) Wave attenuation in coastal mangroves in the Red River Delta, Vietnam. J Asian Earth Sci 29:576–584

Raison LK, Brown AG, Flinn D (2001) Criteria and indicators for sustainable forest management. Oxford University Press, Oxford

Ralison OH, Borges AV, Dehairs F, Middelburg JJ, Bouillon S (2008) Carbon biogeochemistry of the Betsiboka estuary (north-western Madagascar). Org Geochem 39:137–149

Ramesh R, Purvaja R, Neetha V, Divia J, Barnes J, Upstill-Goddard RC (2007) CO_2 and CH_4 emissions from Indian mangroves and its surrounding waters. In: Tateda Y (ed) Greenhouse gas and carbon balances in mangrove coastal ecosystems, pp 153–164. Gendai Tosho, Kanagawa, Japan

Ratanasermpong S, Disbunchhong D, Charuppat T, Ongsomwang S (2000) Assessment of mangrove ecosystem change using remote sensing and GIS technology in Ao Sawi-Thung Kha, Chumphon, Thailand. Phuket Mar Biol Cent Spec Publ 22:3–14

Ravikumar S, Kathiresan K, Thadedus Maria Ignatiammal S, Babu MS, Shanthy S (2004) Nitrogen-fixing azotobacters from mangrove habitat

and their utility as marine biofertilizers. J Exp Mar Biol Ecol 312:5–17
Ray S (2008) Comparative study of virgin and reclaimed islands of Sunderban mangrove ecosystem through network analysis. Ecol Model 215:207–216
Ray S, Ulanowicz RE, Majee NC, Roy AB (2000) Network analysis of a benthic food web model of a partly reclaimed island in the Sundarbans mangrove ecosystem, India. J Biol Syst 8:263–278
Reich PB, Walters MB, Ellsworth DS (1997) From tropics to tundra: Global convergence in plant functioning. Proc Nat Acad Sci USA 94:13730–13734
Reich PB, Walters MB, Tjoelker MG, Vanderklein D, Buschena C (1998) Photosynthesis and respiration rates depend on leaf and root morphology in nine boreal tree species differing in relative growth rate. Funct Biol 12:395–405
Ricard M (1984) Primary production in mangrove lagoon waters. In: Por FD, Dor I (eds) Hydrobiology of the mangal, pp 163–178
Richey JE, Melack JM, Aufdenkampe AK, Ballester VM, Hess LL (2002) Outgassing from Amazonian rivers and wetlands as a large tropical source of atmospheric CO_2. Nature 416:617–620
Ridd PV (1996) Flow through animal burrows in mangrove creeks. Est Coast Shelf Sci 43:617–625
Ridd PV, Sam R (1996) Profiling groundwater salt concentrations in mangrove swamps and tropical salt flats. Est Coast Shelf Sci 43:627–635
Ridd PV, Stieglitz T (2002) Dry season salinity changes in arid estuaries fringed by mangroves and saltflats. Est Coast Shelf Sci 54:1039–1049
Ridd PV, Wolanski E, Mazda Y (1990) Longitudinal diffusion in mangrove-fringed tidal creeks. Est Coast Shelf Sci 31:541–554
Ridd PV, Stieglitz T, Larcombe P (1998) Density-driven secondary circulation in a tropical mangrove estuary. Est Coast Shelf Sci 47:621–632
Rivera-Monroy VH, Twilley RR (1996) The relative role of denitrification and immobilization in the fate of inorganic nitrogen in mangrove sediments (Terminos Lagoon, Mexico). Limnol Oceangr 41:284–296

Rivera-Monroy VH, Day JW, Twilley RR, Vera-Herrera F, Coronado-Molina C (1995a) Flux of nitrogen and sediment in a fringe mangrove forest in Terminos Lagoon, Mexico. Est Coast Shelf Sci 40:139–160

Rivera-Monroy VH, Twilley RR, Boustany RG, Day JW, Vera-Herrera F, del Carmen Ramirez M (1995b) Direct denitrification in mangrove sediments in Terminos Lagoon, Mexico. Mar Ecol Prog Ser 126:97–109

Rivera-Monroy VH, Madden CJ, Day JW, Twilley RR, Vera-Herrera F, Alvarez-Guillén (1998) Seasonal coupling of a tropical mangrove forest and an estuarine water column: Enhancement of aquatic primary productivity. Hydrobiologia 379:41–53

Robertson AI (1986) Leaf-burying crabs: Their influence on energy flow and export from mixed mangrove forests (*Rhizophora* spp.) in northeastern Australia. J Exp Mar Biol Ecol 102:237–248

Robertson AI, Alongi DM (1995) Role of riverine mangrove forests in organic carbon export to the coastal tropical ocean: A preliminary mass balance for the Fly delta (Papua New Guinea). Geo-Mar Lett 15:134–139

Robertson AI, Blaber SJM (1992) Plankton, epibenthos and fish communities. In: Robertson AI, Alongi DM (eds) Tropical mangrove ecosystems, pp 173–224. American Geophysical Union, Washington, DC

Robertson AI, Daniel PA (1989a) The influence of crabs on litter processing in high intertidal mangrove forests in tropical Australia. Oecologia 78:191–198

Robertson AI, Daniel PA (1989b) Decomposition and the annual flux of detritus from fallen timber in tropical mangrove forests. Limnol Oceanogr 34:640–646

Robertson AI, Dixon P (1993) Separating live and dead roots using colloidal silica: An example from mangrove forests. Plant Soil 157:151–154

Robertson AI, Duke NC (1987) Insect herbivory on mangrove leaves in North Queensland. Aust J Ecol 12:1–7

Robertson AI, Phillips MJ (1995) Mangroves as filters of shrimp pond effluent: predictions and biogeochemical research needs. Hydrobiologia 295:311–321

Robertson AI, Daniel PA, Dixon P (1991) Mangrove forest structure and productivity in the Fly River estuary, Papua New Guinea. Mar Biol 111:147–155

Robertson AI, Alongi DM, Boto KG (1992a) Food chains and carbon fluxes. In: Robertson AI, Alongi DM (eds) Tropical mangrove ecosystems, pp 293–326. American Geophysical Union, Washington, DC

Robertson AI, Daniel PA, Dixon P, Alongi DM (1992b) Pelagic biological processes along a salinity gradient in the Fly delta and adjacent river plume (Papua New Guinea). Cont Shelf Res 13:205–224

Rogerson A, Gwaltney G (2000) High numbers of naked amoebae in the planktonic waters of a mangrove stand in southern Florida, USA. J Euk Microbiol 47:235–241

Rogerson A, Anderson OR, Vogel C (2003) Are planktonic naked amoebae predominantly floc associated or free in the water column? J Plankton Res 25:1359–1365

Rojas A, Holguin G, Glick BR, Bashan Y (2001) Synergism between *Phyllobacterium* sp. (N_2-fixer) and *Bacillus licheniformis* (P-solubilizer), both from a semi-arid mangrove rhizosphere. FEMS Microbiol Ecol 35:181–191

Romero LM, Smith III TJ, Fourqurean JW (2005) Changes in mass and nutrient content of wood during decomposition in a south Florida mangrove forest. J Ecol 93:618–631

Rönnbäck P (1999) The ecological basis for economic value of seafood production supported by mangrove ecosystems. Ecol Econ 29:235–252

Rönnbäck P, Macia, A, Almqvist, Schultz, L, Troell M (2002) Do penaeid shrimps have a preference for mangrove habitats? Distribution pattern analysis on Inhaca Island, Mozambique. Est Coast Shelf Sci 55:427–436

Ross MS, Ruiz PL, Telesnicki GJ, Meeder JF (2001) Estimating aboveground biomass and production in mangrove communities of Biscayne National Park, Florida (U.S.A.). Wetlands Ecol Manag 9:27–37

Roth I (1992) Leaf structure: coastal vegetation and mangroves of Venezue-

la: Encyclopedia of plant anatomy, vol 14, Part 2. Gebruder Borntraeger, Berlin
Rowe JS (1994) A new paradigm for forestry. For Chronicle 70:565–568
Roy J, Salager J (1992) Midday depression of net CO_2 exchange of leaves of an emergent tree in French Guiana. J Trop Ecol 8:499–504
Ruitenbeek HJ (1994) Modelling economy-ecology linkages in mangroves: Economic evidence for promoting conservation in Bintuni Bay, Indonesia. Ecol Econ 10:223–247
Saad S, Husain ML, Yaacob R, Asano T (1999) Sediment accretion and variability of sedimentological characteristics of a tropical estuarine mangrove: Kemaman, Terengganu, Malaysia. Mangr Salt Marsh 3:51–58
Saberi BO (1992) The growth and biomass production of *Rhizophora mucronata* in response to the varying concentrations of nitrogen and phosphorus in water culture. Trop Ecol 33:164–171
Saenger P (1982) Morphological, anatomical and reproductive adaptations of Australian mangroves. In: Clough BF (ed) Mangrove ecosystems in Australia, pp 153–191. Australian National University Press, Canberra
Saenger P (2002) Mangrove ecology, silviculture and conservation. Kluwer, Dordrecht
Saenger P, Snedaker SC (1993) Pantropical trends in mangrove above-ground biomass and annual litterfall. Oecologia 96:293–299
Saintilan N (2004) Relationships between estuarine geomorphology, wetland extent and fish landings in New South Wales estuaries. Est Coast Shel Sci 61:591–601
Saintilan N, Griffiths K, Jaafar W, Tibbey M (2000) A possible experimental artifact associated with leaf-tethering in crab herbivory experiments. Wetlands Aust 18:55–59
Sam R, Ridd PV (1998) Spatial variations of groundwater salinity in a mangrove-salt flat system, Cocoa Creek, Australia. Mangr Salt Marsh 2:121–132
Sánchez BG (2005) Belowground productivity of mangrove forests in southwest Florida. PhD dissertation, Louisiana State University, Baton

Rouge, LA
Sasekumar A, Chong VC (1987) Mangroves and prawns: Further perspectives. In: Sasekumar A, Phang SM, Chong VC (eds), Proceedings of the 10th Annual Seminar Malaysian Society of Marine Science, pp 10–22. University of Malaya, Kuala Lumpur
Sasekumar A, Chong VC (eds) (2005) Ecology of Klang Strait. University of Malaya Press, Kuala Lumpur
Saur E, Imbert D, Etienne J, Mian D (1999) Insect herbivory on mangrove leaves in Guadeloupe: Effects on biomass and mineral content. Hydrobiologia 413:89–93
Scholander PF, Van Dam L, Scholander SI (1955) Gas exchange in the roots of mangroves. Am J Bot 42:92–98
Schories D, Barletta-Bergan A, Barletta M, Krumme U, Mehlig U, Rademaker V (2003) The keystone role of leaf-removing crabs in mangrove forests of North Brazil. Wetlands Ecol Manage 11:243–255
Schrijvers J, Vincx M (1997) Cage experiments in an East African mangrove forest: A synthesis. J Sea Res 38:123–133
Schultze E-D (1994) Flux control in biological systems: from enzymes to populations and ecosystems. Academic, San Diego, CA
Scully NM, Maie N, Dailey SK, Boyer JN, Jones RD, Jaffé R (2004) Early diagenesis of plant-derived dissolved organic matter along a wetland, mangrove, estuary ecotone. Limnol Oceanogr 49:1667–1978
Scurlock JMO, Olson RJ (2002) Terrestrial net primary productivity -a brief history and a new worldwide database. Environ Rev 10:91–109
Seitzinger SP (1988) Denitrification in freshwater and coastal marine ecosystems: Ecological and geochemical significance. Limnol Oceanogr 33:702–724
Sengupta A, Chaudhuri S (1991) Ecology of heterotrophic dinitrogen fixation in the rhizosphere of mangrove plant community at the Ganges river estuary in India. Oecologia 87:560–564
Sevrin-Reyssac J (1980) Chlorophyll a et production primaire dans les eaux de le baie du Levrier et le Parc National du Banc d'Arguin (Sept-Nov

1974). Bull Cent Nat Rech Oceanogr Pech Nouadhibon (R.I. Mauritainie) 9:56–65

Seymour JR, Seuront L, Mitchell JG (2007) Microscale gradients of planktonic microbial communities above the sediment surface in a mangrove estuary. Est Coast Shelf Sci 73:651–666

Sheaves M (2005) Nature and consequences of biological connectivity in mangrove systems. Mar Ecol Prog Ser 302:293–305

Sheaves M, Molony B (2000) Short-circuit in the mangrove food chain. Mar Ecol Prog Ser 199:97–109

Sherman RE, Fahey TJ, Howarth RW (1998) Soil-plant interactions in a neotropical mangrove forest: Iron, phosphorus and sulfur dynamics. Oecologia 115:553–563

Sherman RE, Fahey TJ, Martinez P (2003) Spatial patterns of biomass and aboveground net primary productivity in a mangrove ecosystem in the Dominican Republic. Ecosystems 6:384–398

Shaiful AAA (1987) Nitrate reduction in mangrove swamps. Malaysian Appl Biol 16:361–367

Shaiful AAA, Abdul Manan DM, Ramli MR, Veerasamy R (1986) Ammonification and nitrification in wet mangrove soils. Malaysian J Sci 8:47–56

Silva CAR, Lacerda LD, Rezende CE (1990) Metals reservoir in a red mangrove forest. Biotropica 22:339–345

Silva CAR, Oliveira SR, Rêgo RDP, Mozeto AA (2007) Dynamics of phosphorus and nitrogen through litter fall and decomposition in a tropical mangrove forest. Mar Environ Res 64: 524–534

Singh HR, Chong VC, Sasekumar A, Lim KH (1994) Value of mangroves as nursery and feeding grounds. In: Wilkinson CR, Surapol S, Chou LM (eds) Proceedings of the third ASEAN-Australia symposium on living marine resources, vol 1, pp 105–122. Chulalongkorn University, Bangkok, Thailand

Skov MW, Hartnoll RG (2002) Paradoxical selective feeding on a low-nutrient diet: Why do mangrove crabs eat leaves? Oecologia 131:1–7

Slim FJ, Hemminga MA, Ochieng C, Jannink NT, Cocheret de la Morinière, van der Velde G (1997) Leaf litter removal by the snail *Terebralia palustris* (Linnaeus) and sesarmid crabs in an East African forest (Gazi Bay, Kenya). J Exp Mar Biol Ecol 215:35–48

Smil V (2008) Energy in nature and society. MIT Press, Cambridge, MA

Smith JAC, Popp M, Lüttge U, Cram WJ, Diaz M, Griffiths H, Lee HSL, Medina E, Schäfer C, Stimmel K-H, Thonke B (1989) Ecophysiology of xerophytic and halophytic vegetation of a coastal alluvial plain in northern Venezuela. VI. Water relations and gas exchange of mangroves. New Phytol 111:293–307

Smith III TJ (1987a) Seed predation in relation to tree dominance and distribution in mangrove forests. Ecology 68:266–273

Smith III TJ (1987b) Effects of light and intertidal position on seedling survival and growth in tropical, tidal forests. J Exp Mar Biol Ecol 110:133–146

Smith III TJ (1992) Forest structure. In: Robertson AI, Alongi DM (eds) Tropical mangrove ecosystems, pp 101–136. American Geophysical Union, Washington, DC

Smith III TJ, Chan H-T, McIvor CC, Robblee MB (1989) Comparisons of seed predation in tropical, tidal forests on three continents. Ecology 70:146–151

Smith III TJ, Boto KG, Frusher SD, Giddens RL (1991) Keystone species and mangrove forest dynamics: The influence of burrowing by crabs on soil nutrient status and forest productivity. Est Coast Shelf Sci 33:419–432

Smoak JM, Patchineelam SR (1999) Sediment mixing and accumulation in a mangrove ecosystem: Evidence from ^{210}Pb, ^{234}Th and 7Be. Mangr Salt Marsh 3:17–27

Snedaker SC (1995) Mangroves and climate change in the Florida and Caribbean region: Scenarios and hypotheses. Hydrobiologia 295:43–49

Snedaker SC, Araújo RJ (1998) Stomatal conductance and gas exchange in four species of Caribbean mangroves exposed to ambient and increased CO_2. Mar Freshw Res 49:325–327

Sobrado MA (2000) Relation of water transport to leaf gas exchange properties in three mangrove species. Trees 14:258–262

Sotomayor D, Corredor JE, Morell JM (1994) Methane flux from mangrove sediments along the southwestern coast of Puerto Rico. Estuaries 17:140–147

Sousa WP, Mitchell BJ (1999) The effect of seed predators on plant distributions: Is there a general pattern in mangroves? Oikos 86:55–66

Spackman W, Scholl DW, Taft WH (1964) Environments of coal formation in Southern Florida. Geological Society of America, Washington, DC

Spackman W, Dolsen CP, Riegel W (1966) Phytogenic organic sediments and sedimentary environments in the Everglades-Mangrove (part I). Paleogeogr Bd 117:135–152

Spain AV, Holt JA (1980) The elemental status of the foliage and branchwood of seven mangrove species from northern Queensland. Division of Soils, Divisional Report No. 49. CSIRO, Canberra

Spalding M, Blasco F, Field C (eds) (1997) World mangrove atlas. Int Soc Mangrove Ecosystems, Okinawa

Spratt Jr HG, Hodson RE (1994) The effect of changing water chemistry on rates of manganese oxidation in surface sediments of a temperate saltmarsh and a tropical mangrove estuary. Est Coast Shelf Sci 38:119–135

Stanley SO, Boto KG, Alongi DM, Gillan FT (1987) Composition and bacterial utilization of free amino acids in tropical mangrove sediments. Mar Chem 22:13–30

Staples DJ, Vance DJ, Heales DS (1985) Habitat requirements of juvenile penaeid prawns and their relationship to offshore fisheries. In: Second Aust Natl Prawn Seminar, pp 47–54. CSIRO, Kooralbyn, Queensland

Steinke TD, Ward CJ, Rajh A (1995) Forest structure and biomass of mangroves in the Mgeni estuary, South Africa. Hydrobiologia 295:159–166

Stieglitz T, Ridd PV (2001) Trapping of mangrove propagules due to density-driven secondary circulation in the Normanby River estuary, NE Australia. Mar Ecol Progr Ser 211:131–142

Stieglitz T, Ridd PV, Hollins S (2000a) A small sensor for detecting animal burrows and monitoring burrow water conductivity. Wetlands Ecol Manag 8:1–7

Stieglitz T, Ridd PV, Muller P (2000b) Passive irrigation and functional morphology of crustacean burrows in a tropical mangrove swamp. Hydrobiologia 421:69–76

Strangmann A, Bashan Y, Giani L (2008) Methane in pristine and impaired mangrove soils and its possible effect on establishment of mangrove seedlings. Biol Fertil Soils 44:511–519

Strom SL (2008) Microbial ecology of ocean biogeochemistry: A community perspective. Science 320:1043–1045

Struve J, Falconer RA, Wu Y (2003) Influence of model mangrove trees on the hydrodynamics in a flume. Est Coast Shelf Sci 58:163–171

Sukardjo S (1995) Structure, litterfall and net primary production in the mangrove forests in East Kalimantan. In: Box EO, Fujiwara T (eds) Vegetation science in forestry, pp 585–611. Kluwer, Dordrecht

Sukardjo S, Yamada I (1992) Biomass and productivity of a *Rhizophora mucronata* Lamarck plantation in Tritih, Central Java, Indonesia. For Ecol Manag 49:195–209

Susilo A, Ridd PV (2005) The bulk hydraulic conductivity of mangrove soil perforated with animal burrows. Wetlands Ecol Manag 13:123–133

Susilo A, Ridd PV, Thomas S (2005) Comparison between tidally driven groundwater flow and flushing of animal burrows in tropical mangrove swamps. Wetlands Ecol Manag 13: 377–388

Suwa R, Khan MNI, Hagihara A (2006) Canopy photosynthesis, canopy respiration and surplus production in a subtropical mangrove *Kandelia candel* forest, Okinawa Island, Japan. Mar Ecol Prog Ser 320:131–139

Swanborough PW, Doley D, Keenan RJ, Yates DJ (1998) Photosynthetic characteristics of *Flindersia brayeyana* and *Castanospermum australe* from tropical lowland and upland sites. Tree Physiol 18:341–347

Tam NFY, Wong YS (1996) Retention of wastewater-borne nitrogen and phosphorus in mangrove soils. Environ Technol 17:851–859

Tanaka K, Choo P-S (2000) Influence of nutrient outwelling from the mangrove swamp on the distribution of phytoplankton in the Matang mangrove estuary, Malaysia. J Oceanogr 56:69–78

Tanaka N, Sasaki Y, Mowjood MIM, Jinadasa KBSN, Homchuen S (2007) Coastal vegetation structures and their function in tsunami protection: Experience of the recent Indian Ocean tsunami. Landscape Ecol Eng 3:33–45

Thelaus J, Haecky P, Forsman M, Andersson A (2008) Predation pressure on bacteria increases along aquatic productivity gradients. Aquat Micro Ecol 52:45–55

Theuri MM, Kinyamario JI, Speybroeck DV (1999) Photosynthesis and related physiological processes in two mangrove species, *Rhizophora mucronata* and *Ceriops tagal* at Gazi Bay, Kenya. Afr J Ecol 37:180–193

Thibodeau FR, Nickerson NH (1986) Differential oxidation of mangrove substrate by *Avicennia germinans* and *Rhizophora mangle*. Am J Bot 73:513–516

Thomas CR, Christian RR (2001) Comparison of nitrogen cycling in salt marsh zones related to sea-level rise. Mar Ecol Prog Ser 221:1–16

Thomas G, Fernandez TV (1997) Incidence of heavy metals in the mangrove flora and sediments in Kerala, India. Hydrobiologia 352:77–87

Thongtham N, Kristensen E (2003) Physical and chemical characteristics of mangrove crab (*Neoepisesarma versicolor*) burrows in the Bangrong mangrove forest, Phuket, Thailand; with emphasis on behavioral response to changing environmental conditions. Vie Milieu 53:141–151

Thongtham N, Kristensen E (2005) Carbon and nitrogen balance of leaf-eating sesarmid crabs (*Neoepisesarma versicolor*) offered different food sources. Est Coast Shelf Sci 65:213–222

Tomlinson PB (1986) The botany of mangroves. Cambridge University Press, Cambridge Torréton J-P, Guiral D, Arfi R (1989) Bacterioplankton biomass and production during destratification in a monomictic eutrophic bay of a tropical lagoon. Mar Ecol Prog Ser 57:53–67

Tremblay LB, Benner R (2006) Microbial contributions to N-immobilization and organic matter preservation in decaying plant detritus. Geochim

Cosmochim Acta 70:133–146
Tremblay LB, Dittmar T, Marshall AG, Cooper WJ, Cooper WT (2007) Molecular characterization of dissolved organic matter in a North Brazilian mangrove porewater and mangrove-fringed estuaries by ultrahigh resolution Fourier Transform-Ion Cyclotron Resonance mass spectrometry and excitation/emission spectroscopy. Mar Chem 105:15–29
Tuffers AV, Naidoo G, von Will Cambridge DJ (1999) The contribution of leaf angle to photoprotection in the mangroves *Avicennia marina* (Forssk) Vierh and *Bruguiera gymnorrhiza* (L) Lam under field conditions in South Africa. Flora 194:267–275
Turner IM (2001) The ecology of trees in the tropical rain forest. Cambridge University Press, Cambridge
Turner JT (2004) The importance of small planktonic copepods and their roles in pelagic food webs. Zool Stud 432:255–266
Turner RE (1977) Intertidal vegetation and commercial yields of penaeid shrimp. Trans Am Fish Soc 106:441–456
Twilley RR (1985a) An analysis of mangrove forests along the Gambia River Estuary: Implications for the management of estuarine resources. Great Lakes Mar Wat Cent Int Prog Report No 6, pp 1–75. University of Michigan, Michigan
Twilley RR (1985b) The exchange of organic carbon in basin mangrove forests in a southwest Florida estuary. Est Coast Shelf Sci 20:543–557
Twilley RR (1988) Coupling of mangroves to the productivity of estuarine and coastal waters. In: Jansson B-O (ed) Coastal-offshore ecosystem interactions, pp 155–180. Springer, Berlin
Twilley RR, Chen RH, Hargis T (1992) Carbon sinks in mangroves and their implications to carbon budget of tropical coastal ecosystems. Water Air Soil Pollut 64:265–288
Twilley RR, Gottfried RR, Rivera-Monroy VH, Zhang W, Armijos MM, Bodero A (1998) An approach and preliminary model of integrating ecological and economic constraints of environmental quality in the Guayas River estuary, Ecuador. Environ Sci Policy 1:271–288

Ulanowicz RE, Kay KK (1991) A computer package for the analysis of ecosystem flow networks. Environ Software 6:131–142

Upstill-Goddard RC, Barnes J, Ramesh R (2007) Are mangroves a source or sink for greenhouse gases? In: Tateda Y (ed) Greenhouse gas and carbon balances in mangrove coastal ecosystems, pp 127–138. Gendai Tosho, Kanagawa, Japan

Valentine-Rose L, Layman CA, Arrington DA, Rypel AL (2007) Habitat fragmentation decreases fish secondary production in Bahamian tidal creeks. Bull Mar Sci 80:863–877

Valiela I, Teal JM (1979) The nitrogen budget of a salt marsh ecosystem. Nature 280:652–656

Van der Valk AG, Attiwill PM (1984) Decomposition of leaf and root litter of *Avicennia marina* at Westernport Bay, Victoria, Australia. Aquat Bot 18:205–221

Vazquez P, Holguin G, Puente ME, Lopez-Cortes A, Basham Y (2000) Phosphate-solubilizing microorganisms associated with the rhizosphere of mangroves in a semiarid coastal lagoon. Biol Fertil Soils 30:460–468

Vega-Cendejas ME, Arreguin-Sánchez F (2001) Energy fluxes in a mangrove ecosystem from a coastal lagoon in Yucatan Peninsula, Mexico. Ecol Model 137:119–133

Verma A, Subramanian V, Ramesh R (1999) Day-time variation in methane emission from two tropical urban wetlands in Chennai, Tamil Nadu, India. Curr Sci 76:1020–1022

Verheyden A, Kairo JG, Beeckman H, Koedam N (2004) Growth rings, growth ring formation and age determination in the mangrove *Rhizophora mucronata*. Ann Bot 94:59–66

Verheyden A, Ridder FD, Schmitz N, Beeckman H, Koedam N (2005) High-resolution time series of vessel density in Kenyan mangrove trees reveal link with climate. New Phytol 167:425–435

Vitousek PM, Sanford Jr RL (1986) Nutrient cycling in moist tropical forests. Annu Rev Ecol Syst 17:137–167

Vo-Luong P, Massel S (2008) Energy dissipation in non-uniform mangrove

forests of arbitrary depth. J Mar Syst 74:603–622
Wafar S, Untawale AG, Wafar M (1997) Litter fall and energy flux in a mangrove ecosystem. Est Coast Shelf Sci 44:111–124
Walsh JP, Nittrouer CA (2004) Mangrove-bank sedimentation in a mesotidal environment with large sediment supply, Gulf of Papua. Mar Geol 208:225–248
Wallace AR (1878) Tropical nature and other essays. Macmillan, London
Warburton K (1979) Growth and production of some important species of fish in a Mexican coastal lagoon system. J Fish Biol 14:449–464
Wardle DA, Walker LR, Bardgett RD (2004) Ecosystem properties and forest decline in contrasting long-term chronosequences. Science 305:509–513
Watson JG (1928) Mangrove forests of the Malay Peninsula. Malayan Forest Records No. 6. Federated Malay States, Kuala Lumpur
Wattayakorn G, Wolanski E, Kjerfve B (1990) Mixing, trapping and outwelling in the Klong Ngao mangrove swamp, Thailand. Est Coast Shelf Sci 31:667–688
Wattayakorn G, Prapong P, Noichareon D (2001) Biogeochemical budgets and processes in Bandon Bay, Suratthami, Thailand. J Sea Res 46:133–142
Werry J, Lee SY (2005) Grapsid crabs mediate link between mangrove litter production and estuarine planktonic food chains. Mar Ecol Prog Ser 293:165–176
Whitney DM, Chalmers AG, Haines EB, Hanson RB, Pomeroy LR, Sherr B (1981) The cycles of nitrogen and phosphorus. In: Pomeroy LR, Wiegert RG (eds) The ecology of a salt marsh, pp 163–181. Springer, New York
Wolanski E (1986) An evaporation-driven salinity maximum zone in Australian tropical estuaries. Est Coast Shelf Sci 22:415–424
Wolanski, E (1989) Measurements and modelling of the water circulation in mangrove swamps. UNESCO/COMARAF regional project for research and training on coastal marine systems in Africa-RAF/87/038.

Serie Documentarie No. 3, 1–43

Wolanski E (1992) Mangrove hydrodynamics. In: Robertson AI, Alongi DM (eds) Tropical mangrove ecosystems, pp 43–62. American Geophysical Union, Washington, DC

Wolanski, E (1995) Transport of sediment in mangrove swamps. Hydrobiologia 295:31–42

Wolanski E (2007) Estuarine ecohydrology. Elsevier, Amsterdam

Wolanski E, Cassagne B (2000) Salinity intrusion and rice farming in the mangrove-fringed Konkoure River delta, Guinea. Wetlands Ecol Manag 8:29–36

Wolanski E, Gibbs RJ (1995) Flocculation of suspended sediment in the Fly River estuary, Papua New Guinea. J Coast Res 11:754–762

Wolanski E, Ridd P (1986) Tidal mixing and trapping in mangrove swamps. Est Coast Shelf Sci 23:759–771

Wolanski E, Jones M, Bunt JS (1980) Hydrodynamics of a tidal creek-mangrove swamp system. Aust J Mar Freshw Res 31:431–450

Wolanski E, Chappell J, Ridd PV, Vertessy R (1988) Fluidization of mud in estuaries. J Geophys Res 93:2351–2361

Wolanksi E, Mazda Y, King B, Gay S (1990) Dynamics, flushing and trapping in Hinchinbrook Channel, a giant mangrove swamp, Australia. Est Coast Shelf Sci 31:555–579

Wolanski E, Gibbs RJ, Spagnol S, King B, Brunskill GJ (1998) Inorganic sediment budget in the mangrove-fringed Fly River Delta, Papua New Guinea. Mangr Salt Marsh 2:85–98

Wolanski E, Spagnol S, Thomas S, Moore K, Alongi DM, Trott LA, Davidson A (2000) Modeling and visualizing the fate of shrimp pond effluent in a mangrove-fringed tidal creek. Est Coast Shelf Sci 50:85–97

Wolanski E, McKinnon AD, Williams D, Alongi DM (2006) An estuarine ecohydrology model of Darwin Harbour, Australia. In: Wolanski E (ed) The environment of Asia Pacific harbours, pp 477–488. Springer, Dordrecht

Wolff M, Koch V, Isaac V (2000) A trophic flow model of the Caeté man-

grove estuary (North Brazil) with considerations for the sustainable use of its resources. Est Coast Shelf Sci 50:789–803
Woodroffe CD (1981) Mangrove swamp stratigraphy and Holocene transgression, Grand Cayman Island, West Indies. Mar Geol 41:271–294
Woodroffe CD (1985a) Studies of mangrove basin, Tuff Crater, New Zealand. I. Mangrove biomass and production of detritus. Est Coast Shelf Sci 20: 265–280
Woodroffe CD (1985b) Studies of mangrove basin, Tuff Crater, New Zealand. II. Comparison of volumetric and velocity-area methods of estimating tidal flux. Est Coast Shelf Sci 20:431–445
Woodroffe CD (1992) Mangrove sediments and geomorphology. In: Robertson AI, Alongi DM (eds) Tropical mangrove ecosystems, pp 7–41. American Geophysical Union, Washington, DC
Woodroffe CD (2003) Coasts: form, process and evolution. Cambridge University Press, Cambridge
Woodroffe CD, Bardsley KN, Ward PJ, Hanley JR (1988) Production of mangrove litter in a macrotidal embayment, Darwin Harbour, N.T., Australia. Est Coast Shelf Sci 26:581–598
Wösten JHM, deWilligen P, Tri NH, Lien TV, Smith SV (2003) Nutrient dynamics in mangrove areas of the Red River Estuary in Vietnam. Est Coast Shelf Sci 57:65–72
Yabuki K, Kitaya Y, Sugi J (1985) Studies on the function of the mangrove pneumatophore. In: Sugi J (ed) Studies on the mangrove ecosystem, pp 76–79. Tokyo Institute of Agriculture, Toyko
Yamada I (1997) Tropical rain forests of Southeast Asia. University of Hawaii Press, Honolulu, HI
Yánez-Arancibia A, Chavez GS, Sanchez-Gil P (1985) Ecology of control mechanisms of natural fish production in the coastal zone. In: Yánez-Arancibia A (ed) Fish community ecology in estuaries and coastal lagoons: towards an ecosystem integration, pp 571–594. UNAM Press, Mexico
Yates EJ, Ashwath N, Midmore DJ (2002) Responses to nitrogen, phospho-

rus, potassium and sodium chloride by three mangrove species in pot culture. Trees 16:120–125

Ye Y, Lu C, Lin P (1999) Seasonal and spatial changes in CH_4 emissions from mangrove wetlands of the Hainan Island and Xiamen. Chin J Atmos Sci 23:303–310

Youssef T (1995) Ecophysiology of waterlogging in mangroves. Ph.D. dissertation. Southern Cross University, Lismore, NSW

Youssef T, Saenger P (1996) Anatomical adaptive strategies and rhizosphere oxidation in mangrove seedlings. Aust J Bot 44:297–313

Youssef T, Saenger P (1998) Photosynthetic gas exchange and accumulation of phytotoxins in mangrove seedlings in response to soil physico-chemical characteristics associated with waterlogging. Tree Physiol 18:317–324

Yu K-F, Zhao J-X, Liu T-S, Wang P-X, Qian J-L (2004) Alpha-cellulose $\delta^{13}C$ variation in mangrove tree rings correlates well with annual sea level trend between 1982 and 1999. Geophys Res Lett 31: L11203, doi:10.1029/200GL019450

Zalewski M, Janauer GA, Jolankaj G (1997) Ecohydrology: A new paradigm for the sustainable use of aquatic resources. In: Conceptual background, working hypothesis, rationale and scientific guidelines for the implementation of the IHP-V projects 2.3/2.4, pp 1–56. Technical documents in Hydrology No.7. UNESCO, Paris

Zotz G, Harris G, Königer M, Winter K (1995) High rates of photosynthesis in the tropical pioneer tree, *Ficus insipida* Willd. Flora 190:265–272

訳者あとがき

本書は、2009年にシュプリンガー社から上梓されたダニエル・アロンギ著「The Energetics of Mangrove Forests」の翻訳書である。熱帯潮間帯に成立するマングローブ林は、原著者自身が序論で述べているように、「海と陸のエコトーン（移行帯）」にあたる。これは、陸と海の両方の生態系の特徴を持つとか単に移行的といったことではなく、マングローブ林がこの森特有な生態学的特徴を持つということである。本書は、その独特なマングローブ林の成り立ちとこの森に依存して生きる様々な生物の営みを、生態系生態学的な視点からまとめたものである。

生態系生態学は、生態系におけるエネルギーや物質（水、炭素、栄養塩）の貯留や流れを定量化するとともに、その貯留や流れを規定している生理生態プロセスや生態系の物理化学性の影響を明らかにする学問である。例えばマングローブ林は、冠水により土壌が嫌気的になるため、有機物の分解が遅い。一方、耐塩性など高度に進化した生理メカニズムを持ち、かつ樹木の生育に適した熱帯環境下にあるため、マングローブ樹木の生産性は極めて高い。そのため地下部に大量の有機態炭素が貯留されることになり、マングローブ林の炭素貯留量は世界の森林生態系の中で最大を誇ることが知られている。以上は、マングローブ林における炭素の貯留、生産、分解に関する簡単な記述であるが、本書ではその詳細なメカニズム、測定方法、研究史、世界のマングローブ林や他の森林生態系との比較が多くの研究事例とともに詳述されている。もちろん樹木以外にも真菌、細菌、動植物プランクトン、エビやカニ、魚類など多くの生物分類群の生態系プロセス、また土壌、水、セジメントの物理化学性、様々な形態の炭素、窒素、リン、微量元素の貯留や動態について、多数の研究例を引用しつつ詳しく紹介されている。後半の章では、マングローブ林の持続的森林管理についても言及されている。マングローブ林の面積は、過去半世紀で約50％も減少してしまった。持続的に管理されているマングローブ林での物質循環研究やモデル研究を豊富に引用しつつ管理指針作成の考え方まで記されていることから、マングローブ林保全に興味のある方々にも是非読んで頂きたい内容になっている。

マングローブは、生活の場として、観光資源として、エビ養殖池造成による環境破壊のシンボルとして、また最近では地球温暖化にとって重要なブルーカーボン（海域で貯留される炭素）の貯留地として、政策・市民レベルからも注目が集まっている。しかし、マングローブに関する和書は、マングローブ植物の分類や生態[1]、現存量とその動態[2]、微地形や地形発達史との関係[3]、水文学的な物理プロセス[4]、マングローブを含む浅海域やアマモ場における炭素動態[5]に関するものに限られてきた。そこで、マングローブに関する幅広いトピックを生態系生態学的視点から読み解く面白さを、研究者だけでなく、大学生や環境NGOの方々にも広く知ってほしいと願い本書を翻訳した。

原著者のダニエル・アロンギ博士は、オーストラリア海洋研究所の上席主任研究員として、マングローブの藻類、水生生物、樹木、土壌、森林の炭素・栄養塩動態など非常に幅広いトピックを研究してこられた。100本以上の論文が5,000回以上引用されている、世界トップクラスのマングローブ研究者である。本書の目次を見れば分かるように、網羅的と言えるほど幅広いトピックをたった一人で記されたその知識・経験の深さと広さには驚くばかりである。海性線虫類の採餌特性に関する研究からそのキャリアをスタートした後、海洋のデトリタス-微生物の食物網構造、マングローブ林・サンゴ礁・大陸棚など熱帯沿岸生態系における底生微生物の機能、そしてマングローブ樹木を含む生態系全体の生物地球化学的な研究へとその対象を広げてこられた。原著者の卓越したマングローブ研究と原書執筆の原動力は何か？博士とやり取りをする中で、本書エピローグで触れている、パプアニューギニアで初めて見た巨大なマングローブ林に関する短い文章にそれが表れていると感じた。この森が「本当にユニークな生態系で」「その巨大さ、美しさ、力強いオーラに、深い畏敬の念」を抱かずにはいられないこと、そして「現在この森の多くは、富裕国の各家庭で使われる外国産広葉樹材として伐採」されており「悲しみに堪えない」こと。この2つを、私も本書翻訳の理由に加えたい。

---

[1] 中村 武久，中須賀 常雄（1998）マングローブ入門：海に生える緑の森．めこん
[2] 小見山 章（2017）マングローブ林：変わりゆく海辺の森の生態系．京都大学学術出版会
[3] 宮城 豊彦，藤本　潔，安食 和宏（2003）マングローブ：なりたち・人びと・みらい．古今書院
[4] 松田 義弘（2011）マングローブ環境物理学．東海大学自然科学叢書
[5] 堀　正和，桑江 朝比呂　編著（2017）ブルーカーボン：浅海におけるCO_2隔離・貯留とその活用．地人書館

本書は、今井が全文を下訳した後に序文、1、2、6、7章を、古川が3章を、中嶋が4章を、檜谷が5章を主に担当した。訳文は互いに確認し合うとともに、不明瞭な点は著者に確認したうえ修正した。訳文には不備や思いがけない誤りがあるかもしれないが、それらはひとえに訳者代表の力不足によるものである。本書の出版までに多くの方々にご協力いただいた。訳文の原稿を読んで有益な指摘をしていただいた前田拓人さん、安田純矢さん、玉本めぐみさん、下訳に協力してくれた今井真弓さん、表紙と裏表紙の素晴らしいイラストを描くためにわざわざ奄美大島まで出掛けてくださったアサリマユミさん、東京農業大学出版会をご紹介いただいた関岡東生博士、そして遅れがちな翻訳作業を温かく見守ってくださった東京農業大学出版会の袖山松夫さんに、心から御礼申し上げる。

訳者代表　今井 伸夫

著者紹介

Daniel M. Alongi（ダニエル M. アロンギ）
オーストラリア Tropical Coastal & Mangrove Consultants代表
1984年、アメリカ ジョージア大学（動物学）でPh Dを取得。デンマーク オーフス大学客員准教授、オーストラリア Australian Institute of Marine Science上席主任研究員を経て現職。編著書に"Tropical Mangrove Ecosystems" American Geophysical Union、"Coastal Ecosystem Processes" CRC Press、"Blue Carbon: Coastal Sequestration for Climate Change Mitigation" Springer。

訳者紹介

今井 伸夫（いまい のぶお）
東京農業大学 森林総合科学科 准教授
2007年、東京農業大学大学院 農学研究科林学専攻 修了、博士（林学）。京都大学 生態学研究センター、同大大学院農学研究科、同大霊長類研究所 博士研究員を経て現職。専門は森林生態学。主に1、2、6、7章を担当。

古川 恵太（ふるかわ けいた）
海辺つくり研究会 理事長
1988年、早稲田大学大学院理工学研究科建設工学専攻 修士、博士（工学）。運輸省港湾技術研究所（現、国土技術政策総合研究所）、笹川平和財団海洋政策研究所を経て現職。専門は沿岸生態系再生、海洋政策、海の再生への市民参画。主に3章を担当。

中嶋 亮太（なかじま りょうた）
国立研究開発法人 海洋研究開発機構 副主任研究員
2009年、創価大学大学院工学研究科修了、博士（工学）。創価大学助教、海洋研究開発機構ポストドクトラル研究員、米スクリップス海洋研究所海外特別研究員を経て現職。専門は生物海洋学。主に4章を担当。

檜谷　昂（ひのきだに こう）
東京農業大学 地域環境科学部　博士研究員
2020年、東京農業大学大学院 農学研究科 国際農業開発学専攻 修了、博士（国際農業開発学）。専門は熱帯生態学、環境動態学。主に5章を担当。

マングローブ林の生態系生態学

2021年4月3日　　第1版第1刷発行

著　者　ダニエル M. アロンギ
訳　者　今井 伸夫
古川 恵太
中嶋 亮太
檜谷　昴
発行者　一般社団法人東京農業大学出版会
代表理事　進士 五十八
〒156-8502 東京都世田谷区桜丘1-1-1
Tel 03-5477-2666　Fax 03-5477-2747

印刷／共立印刷
ISBN097-4-88694-505-1 C3045 ¥2500E